计算机基础
与 MS Office 高级应用

主　编　宋晓秋　　张洁玲　　谢玉枚
副主编　杨　华　　陈晓芳　　唐　磊

北京理工大学出版社
BEIJING INSTITUTE OF TECHNOLOGY PRESS

内容简介

本书从实用的角度出发，系统地介绍了计算机的基础理论知识、微机的基本操作、MS Office 组件的应用基础与共享，侧重介绍文字处理软件 Word、电子表格软件 Excel 和演示文稿软件 PowerPoint 的基础操作及高级应用功能。全书分为 5 篇共 11 章，每篇均配有习题，根据三大软件的知识模块配套多个经典案例，每个案例配有操作步骤以及二维码视频演示。本书的知识点分布以及难易度设计均参照全国计算机等级考试二级 MS Office 高级应用与设计的考试大纲要求，帮助读者提高计算机应用和解决实际问题的能力。

本书既可作为高等学校计算机通识课程的教材，也可作为全国计算机等级考试二级 MS Office 高级应用与设计科目的教材，适用于零基础的初学者和具备计算机一级操作水平的学习者。

图书在版编目（CIP）数据

计算机基础与 MS Office 高级应用／宋晓秋，张洁玲，
谢玉枚主编. -- 北京：北京理工大学出版社，2023.8
　　ISBN 978-7-5763-2727-4

　　Ⅰ.①计… Ⅱ.①宋…②张…③谢… Ⅲ.①电子计
算机-高等学校-教材②办公自动化-应用软件-高等学
校-教材　Ⅳ.①TP3

中国国家版本馆 CIP 数据核字（2023）第 149104 号

出版发行／北京理工大学出版社有限责任公司
社　　　址／北京市海淀区中关村南大街 5 号
邮　　　编／100081
电　　　话／（010）68914775（总编室）
　　　　　　（010）82562903（教材售后服务热线）
　　　　　　（010）68944723（其他图书服务热线）
网　　　址／http：//www.bitpress.com.cn
经　　　销／全国各地新华书店
印　　　刷　涿州市新华印刷有限公司
开　　　本／787 毫米×1092 毫米　1/16
印　　　张／21　　　　　　　　　　　　　　　　责任编辑／时京京
字　　　数／544 千字　　　　　　　　　　　　　文案编辑／时京京
版　　　次／2023 年 8 月第 1 版　2023 年 8 月第 1 次印刷　　责任校对／刘亚男
定　　　价／98.00 元　　　　　　　　　　　　　责任印制／李志强

图书出现印装质量问题，请拨打售后服务热线，本社负责调换

前　言

随着信息技术的不断发展，计算机基础和办公软件应用等通识教育已成为现代大学生必不可少的素质教育。习近平总书记指出，素质教育是教育的核心，教育要注重以人为本、因材施教，注重学用相长、知行合一。鉴于目前大学生普遍具有一定的计算机操作能力，但知识学习不够系统、深入的情况，针对应用型本科高校不同专业人才培养目标的要求，本书将计算机基础和办公软件应用两个学习模块融合在一门课程中，可以兼顾不同水平的学习者。

本书系统地介绍了计算机的基础理论知识、微机的基本操作方法、MS Office 组件的应用基础与共享，三大办公软件 Word、Excel、PowerPoint 的基础及高级功能的应用，全书分为 5 篇共 11 章，学习内容包括：计算机基础知识，微机的基本操作；Office 应用基础，MS Office 组件间的共享；Word 的基本编辑、排版与美化，长文档的编辑与管理，Word 其他常用功能；Excel 制表基础，数据分析与处理；演示文稿的设计和制作，演示文稿的交互和输出。

本书将理论教学与实践操作相结合，采用拆分式案例教学模式设计习题和实验，各章节知识点均有配套案例、文字操作步骤，以及二维码讲解视频，帮助学生更直观地理解与掌握软件的操作技巧。本书每篇结尾均配有综合案例习题，可巩固和加深读者对所学知识的理解，有助于培养和提高解决实际问题的能力，激发创新思维。本书在传授知识、培养能力的同时，注重素质教育，并在部分章节融入思政元素。

本书配套有相应的教学课件、教学进度安排表、素材库、习题答案等，可从北京理工大学出版社网站下载。

本书由宋晓秋、张洁玲统稿，内容均由经验丰富的一线教师编写完成，其中第 1 章、第 2 章、第 3 章、第 4 章和第 7 章由谢玉枚编写，第 5 章、第 6 章由宋晓秋编写，第 8 章、第 9 章、第 10 章和第 11 章由张洁玲编写，视频剪辑由杨华和陈晓芳共同完成，电子课件由唐磊制作。在本书的编写过程中，卓琳、王剑峰和杨玮老师提供了很多帮助，在此一并表示感谢。另外还要感谢北京理工大学出版社编辑的悉心策划和指导。

由于时间仓促、能力有限，书中难免存在待商榷之处，敬请广大读者批评指正。

目　录

第一篇　计算机基础

第二篇　MS Office 组件的应用基础与共享

第三篇　文字处理软件 Word 2016

第四篇　电子表格软件 Excel 2016

第五篇　演示文稿软件 PowerPoint 2016

第一篇
计算机基础

　　计算机是人类历史上最伟大的科学技术发明之一，应用领域从最早的军事科研扩展到社会的各个方面，形成了规模巨大的计算机产业，带动着全球范围的技术进步，并依然以强大的生命力飞速发展，对人类的生产及社会活动都产生了极其重要的影响。

　　本篇从理论和实践两个方面精要介绍计算机的基础知识和微机的基本操作，为后续学习 MS Office 高级应用奠定坚实的基础。

　　本篇涉及的知识点如下：

- 计算机的发展概述、分类、特点与应用
- 计算机中信息的表示与存储
- 计算机的硬件系统和软件系统
- 计算机病毒
- 计算机网络和 Internet
- 常用字符的输入
- Windows 10 的基本操作

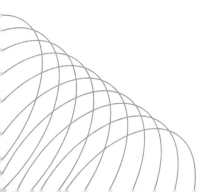

第1章

计算机基础知识

计算机是按照程序运行，能够自动、高速存储并处理海量数据的电子设备。计算机从问世以来，它的应用逐渐扩展到社会的各个领域，已成为人们日常生活、学习和工作必不可少的工具。学习计算机的基础知识也是现代信息社会必备的基本文化修养。

1.1 计算机概述

从古至今，计算工具经历了由简单到复杂、从低级到高级的不同演化阶段，例如从绳结到算筹、算盘、算尺、机械计算机等，启发了现代计算机的研制思想。

1.1.1 计算机的产生与发展

为了满足"二战"中弹道研究的计算需要，1946 年由美国军方定制的世界上第一台通用电子计算机 ENIAC（Electronic Numerical Integrator and Calculator）在美国宾夕法尼亚大学问世。ENIAC 每秒能进行 5 000 次加法运算或者 400 次乘法运算，一条弹道的计算由原来的 20 多分钟缩短为 30 秒，从此打开了科学计算的大门，具有划时代的意义。

ENIAC 存在两个问题——没用存储器、用布线接板进行控制，低下的搭接效率大幅抵消了计算速度节省的时间，为此研制出新机型 EDVAC（Electronic Discrete Variable Automatic Computer）。

冯·诺依曼对EDVAC的制造原理和设计思想进行了归纳总结，提出了著名的冯·诺依曼理论：计算机中采用二进制；程序和数据存放在存储器中，计算机按程序顺序执行。

人们把冯·诺依曼理论称为冯·诺依曼体系结构，迄今为止的计算机依然采用冯·诺依曼体系结构，而根据计算机采用主要元器件的不同，将现代计算机的发展分为以下四个阶段。

第一代计算机（1946—1959年）：采用电子管作为主要元器件，采用机器语言和汇编语言进行编程，主要应用于军事领域，以科学计算为主。缺点是体积大、功耗高、可靠性差、速度慢（一般为每秒数千次至数万次）且价格昂贵，但为计算机的发展奠定了基础。

第二代计算机（1960—1964年）：采用晶体管作为主要元器件，开始使用高级语言编程，并出现了操作系统，应用领域以科学计算和事务处理为主，并开始进入工业控制领域。特点是体积缩小、能耗降低、可靠性提高、运算速度提高（一般为每秒数万次至数十万次）、性能比第一代计算机有了很大的提高。

第三代计算机（1965—1972年）：主要元器件采用中小规模集成电路，运算速度可达每秒数百万次。开始使用结构化、模块化程序设计方法，操作系统逐渐完善，高级语言种类增多。应用领域进一步扩大。

第四代计算机（1973年至今）：主要元器件采用大规模、超大规模集成电路，随着集成度的提升，计算机朝着巨型化和微型化方向发展，计算机主机和外部设备不断更新换代，出现了数据库管理系统、网络管理系统、分布式操作系统等软件，开始使用面向对象的程序设计。应用领域逐渐遍及各行各业。

1.1.2　计算机的分类、特点和应用领域

随着计算机技术和应用的不断发展，计算机的种类日益增多。

1. 计算机的分类

按处理的对象及其数据的表示形式可将计算机分为数字计算机、模拟计算机和数字模拟混合计算机。按用途可将计算机分为通用计算机和专用计算机。通用计算机按其规模、速度和功能等又可分为巨型机、大型机、中型机、小型机和微型机。

2. 计算机的主要特点

计算机具有以下主要特点。

1）运算速度快、精度高

在2022年6月发布的全球超级计算机最新排行榜单中，我国的神威·太湖之光（Sunway TaihuLight）位列第六，峰值速度达到93.015PFlops（每秒千万亿次的浮点运算），天河二号（Tianhe-2A/MilkyWay-2A）以61.44PFlops位列第九。随着科学技术的进步，计算机的计算速度仍在迅速提高。

2）逻辑判断准确

计算机内部采用二进制使得逻辑判断功能得以实现，且计算机根据程序可以自动并准确地进行逻辑处理，完成各种过程控制以及数据处理等任务。

3）存储能力强

计算机能够长期存储大量的信息，如文本、图形、图像、声音、动画、视频等。

4）自动执行

计算机可以在程序的控制下自动完成各种操作，无须人工干预，且可以反复执行。

3. 计算机的应用领域

计算机的应用十分广泛，目前已渗透到社会活动的各行各业。

1）数值计算

数值计算又称科学计算，是计算机最早的应用领域，目前仍然是计算机应用的一个重要领域，如地震预测、气象预报、航天技术等。

2）数据处理

数据处理又称为信息处理，即计算机对数据进行存储、管理与操作，从而生成有用的信息。计算机中的数据除了包含数字、文字、符号等文本外，还包括图形、图像、声音、动画、视频等。数据处理是目前计算机应用最多的一个领域，如企业管理、物资管理、办公自动化、事务处理、信息情报检索等。

3）过程控制

过程控制又称实时控制，是指使用计算机按时采集检测数据，并根据检测情况对控制对象进行自动控制，完成生产、制造或运行，常应用于农业和各种工业环境中。

4）计算机辅助技术

计算机辅助技术是指以计算机为工具，辅助用户在特定应用领域内完成任务。如计算机辅助设计（Computer Aided Design，CAD）、计算机辅助制造（Computer Aided Manufacturing，CAM）、计算机辅助教学（Computer Aided Instruction，CAI）、计算机辅助测试/翻译/排版（Computer Aided Testing/Translation/Typesetting，CAT）等。

5）网络应用

计算机网络可以实现不同区域数据的传输和资源的共享，已成为当前计算机技术最重要的应用领域之一。网络应用正逐步渗透到人类生活、学习和工作的各个领域，如校园网互联、浏览和检索信息、网络购物、电子邮件服务、在线会议、远程医疗服务等。

6）人工智能

人工智能又称 AI（Artificial Intelligence），是指利用计算机模拟人类的思维和智能，使其能够识别语言、认知文字、具备推理和适应环境等能力，该领域的研究方向包括机器人、语言识别、图像识别和专家系统等。

7）嵌入式系统

嵌入式系统是根据应用需求进行灵活裁剪软硬件模块的专用计算机系统，如数字机床、GPS设备、手机、远程自动抄表系统、智能 ATM 终端等。

1.2

计算机中信息的表示与存储

冯·诺依曼体系结构的计算机内部采用二进制数制表示与存储信息，具有以下优点。

（1）易于物理实现，可靠性高。二进制的 0 和 1 两种符号，可以对应具有两种稳定状态的物理器件有很多，因此二进制编码的抗干扰能力强，可靠性高。

（2）运算和技术实现简单。二进制的求和与求积运算规则各只有三种，同时二进制的 0 和 1 也分别用于表示布尔值 False 和 True 进行逻辑运算，可以简化运算器等物理器件的设计。

1.2.1　数制及其转换

数制又称"计数制"，是用一组固定的符号和统一的规则来表示数值的方法，包含基数和位权两个基本要素。

1. 常见数制

与计算机相关的数制用 R 表示，R 进制的进位计数规则为"逢 R 进一、借一当 R"，与数制相关的基本概念定义如下。

（1）数码：数制中表示基本数值大小的不同数字符号。

（2）基数：数制所用数码的个数，R 数制的基数为 R。

（3）位权：数制中某一位 i 上为 1 时所表示数值的大小（所处位置的权值），为 R^i。i 为整数，表示所处位置，如 $i=0$ 时表示小数点左边第 1 位，$i=-1$ 时表示小数点右边第 1 位，……。

各数制的数码、基数、位权和表现形式见表 1-1。

表 1-1　各数制的数码、基数、位权和表现形式

数制	数码	基数	位权	字母表示	常见书写示例
十进制	0，1，2，3，4，5，6，7，8，9	10	10^i	D	135、101B、11_2、$(37)_8$、$5F_{(16)}$、$(A8)_H$ 等
二进制	0，1	2	2^i	B	
八进制	0，1，2，3，4，5，6，7	8	8^i	O	
十六进制	0，1，…，9，A，B，C，D，E，F	16	16^i	H	

2. 数制转换

数制转换又称进制转换，下面介绍常见的数制转换方法。

1）非十进制转换为十进制

将非十进制转换为十进制的规则为"按权展开相加"，转换过程如图 1-1 所示。

案例	$(1011.01)_B$	$(520)_O$	$(16D)_H$
各数码的位权	$2^3\ 2^2\ 2^1\ 2^0\ 2^{-1}\ 2^{-2}$	$8^2\ 8^1\ 8^0$	$16^2\ 16^1\ 16^0$
按权展开相加	$1*2^3+0*2^2+1*2^1+1*2^0+0*2^{-1}+1*2^{-2}$	$5*8^2+2*8^1+0*8^0$	$1*16^2+6*16^1+13*16^0$
最终结果	$(11.25)_D$	$(336)_D$	$(365)_D$

图 1-1　非十进制转十进制

2）十进制转换为非十进制

将十进制转换为非十进制时，整数和小数部分的数值分别采用不同的转换规则。整数部分转换规则为"除 R 取余倒排"，直到商为 0；小数部分转换规则为"乘 R 取整顺排"，直到乘积为 0 或得到要求的精度位数。

例如，将十进制数 106.39 转换成二进制数，保留 3 位小数，转换过程如图 1-2 所示。

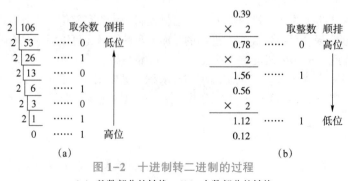

(a)

图 1-2　十进制转二进制的过程

（a）整数部分的转换；（b）小数部分的转换

转换结果（保留3位小数）：$(106.39)_D = (1101010.011)_B$

3）二进制、八进制与十六进制间的转换

因二进制位数太长，不方便读写和记忆，所以引入八进制和十六进制的概念。

每1位八进制数可转换为3位二进制数，每1位十六进制数可转换为4位二进制数，其等值转换关系见表1-2。

表1-2 八/十六进制数与二进制数间的等值转换关系

八进制数	二进制数	十六进制数	二进制数	十六进制数	二进制数
0	000	0	0000	8	1000
1	001	1	0001	9	1001
2	010	2	0010	A	1010
3	011	3	0011	B	1011
4	100	4	0100	C	1100
5	101	5	0101	D	1101
6	110	6	0110	E	1110
7	111	7	0111	F	1111

多位八/十六进制数与二进制数间的等值转换规则如下。

（1）二进制数与八进制数的相互转换的规则为"三位一组，不足补0"。

①二进制数转换为八进制数。

• 先分组：整数部分从右到左，每3位二进制数分为1组，不足3位的部分，在左侧补0后分为1组；小数部分从左到右，每3位二进制数分为1组，不足3位的部分，在右侧补0后分为1组。

• 再转换：分组完毕后，依次将每组二进制数转换为1位八进制数。

②八进制数转换为二进制数：与二进制数转换为八进制数相反，依次将每1位八进制数等值转换为一组二进制数（3位）。

（2）和二进制数与八进制数相互转换的方法相似，二进制数与十六进制数相互转换的规则为"四位一组，不足补0"。

例如，将八进制数472.65转换成十六进制数，十六进制数B30FC.D6转换成八进制数，转换过程如图1-3所示。

案例	$(472.65)_O$	$(B30FC.D6)_H$
转为二进制	$(000100111010.11010100)_B$	$(0101100110000011111100.110101100)_B$
最终结果	$(13A.D4)_H$	$(2630374.654)_O$

图1-3 八进制与十六进制之间的转换过程

1.2.2 数据的存储单位

在计算机内部，所有的数据都以二进制形式进行表示和存储，常见的存储单位有"位""字节""千字节"和"兆字节"等。

位（bit）：用来表达二进制数的位数，是计算机中数据的最小存储单位。

字节（Byte）：8位二进制数组成1个字节，字节是计算机中数据的基本存储单位。

随着计算机存储能力的提高，目前常用的存储容量单位有 KB、MB、GB 和 TB，它们之间的换算关系见表 1-3。

表 1-3 存储单位及其换算关系

存储单位	名称	换算关系
Bit 或 b	位	1 Byte = 8 bit
Byte 或 B	字节	
KB	千字节	1 KB = 1 024 B = 2^{10} B
MB	兆字节	1 MB = 1 024 KB = 2^{20} B
GB	吉字节	1 GB = 1 024 MB = 2^{30} B
TB	太字节	1 TB = 1 024 GB = 2^{40} B

1.2.3 字符编码

对中国用户来说，字符有西文字符和中文字符两类，需要将其转换为二进制数才能被计算机内部存储及处理，这个转换方案就是字符编码。通过了解字符的存储编码，可以解决很多因编码不匹配造成的乱码问题。

1. 西文字符编码

最常用的西文字符编码 ASCII 码（American Standard Code for Information Interchange，美国信息交换标准代码），它是国际标准的单字节字符编码。

在计算机内部，标准 ASCII 编码使用 7 位二进制数表示 $2^7 = 128$ 个西文字符，见表 1-4。实际存储时，每个西文字符占用 1 个字节的空间，每个字节的最高位为"0"。

标准 ASCII 编码中的西文字符排列规则如下：

（1）0~31 及 127（共 33 个）为控制字符，控制文本显示效果或者控制外部设备等。

（2）32~126（共 95 个）为可显示字符，其 ASCII 码值有如下大小规律。

①常见字符的 ASCII 码值的排列顺序为：空格<数字<大写字母<小写字母。

②对相同的英文字母，小写的 ASCII 码值比大写的 ASCII 码值大 $(32)_D$。

表 1-4 7 位 ASCII 编码表

符号　　$b_6b_5b_4$ $b_3b_2b_1b_0$	000	001	010	011	100	101	110	111
0000	NUL	DLE	SP	0	@	P	`	p
0001	SOH	DC1	!	1	A	Q	a	q
0010	STX	DC2	"	2	B	R	b	r
0011	ETX	DC3	#	3	C	S	c	s
0100	EOT	DC4	$	4	D	T	d	t

符号　$b_6b_5b_4$ $b_3b_2b_1b_0$	000	001	010	011	100	101	110	111
0101	ENQ	NAK	%	5	E	U	e	u
0110	ACK	SYN	&	6	F	V	f	v
0111	BEL	ETB	´	7	G	W	g	w
1000	BS	CAN	(	8	H	X	h	x
1001	HT	EM	)	9	I	Y	i	y
1010	LF	SUB	*	:	J	Z	j	z
1011	VT	ESC	+	;	K	[	k	|
1100	FF	FS	,	<	L	\	l	|
1101	CR	GS	–	=	M	]	m	}
1110	SO	RS	.	>	N	^	n	~
1111	SI	US	/	?	O	_	o	DEL

2. 中文字符编码

我国于 1980 年发布了《信息交换用汉字编码字符集·基本集》，标准编号为 GB 2312—1980。汉字国标码 GB 2312—1980 是汉字交换码标准，通用于中国大陆和新加坡等地，被许多中文系统和国际化软件使用。

1）区位码和国标码

GB 2312—1980 作为简体中文字符集，收录了 6 763 个常用汉字和 682 个非汉字字符，排列在 94 行×94 列的二维表中。在该二维表中，行称为"区"，列称为"位"，区号和位号的取值范围为 1~94（用十进制表示），将每个字符的区、位编号合并，即为该字符的区位码，如"国"字的区位码是 2590，表示"国"字在第 25 区第 90 位。

GB 2312—1980 虽然也对 ASCII 码中的西文字符和一些特殊符号重新进行了编码，但未对 ASCII 中前 32 个控制字符进行编码，为了继续沿用 ASCII 中前 32 个控制字符的编码，需要将汉字编码全部向后偏移 32（即十六进制 20H），所以规定每个字符的区号和位号分别加上 20H 后，得到该字符的国标码/交换码。

ASCII 编码的字节最高位为 0，而国标码每个字节的最高位也为 0，为了避免双字节的国标码与单字节的 ASCII 编码混淆，将国标码两个字节的最高位分别改为"1"作为汉字的标识，即加上 8080H，从而得到汉字机内码（简称内码），它是汉字在计算机中存储、处理和传输所使用的编码。

综上所述，国标码与机内码都用两个字节表示，国标码每个字节的最高位都是 0，机内码每个字节的最高位都是 1，且区位码、国标码和机内码之间存在如下关系。

国标码＝区位码+2020H ⎫
机内码＝国标码+8080H ⎬⟹ 机内码＝区位码+A0A0H

例如，已知汉字"祖"的区位码为 $(5570)_D$，其国标码和机内码如图 1-4 所示。

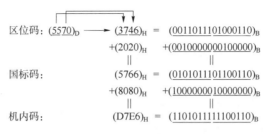

图 1-4 区位码、国标码和机内码的转换

2）汉字的处理过程

计算机对汉字的处理过程实际就是汉字编码的转换过程，如图 1-5 所示。

图 1-5 汉字的处理过程

下面以汉字"次"为例，介绍计算机对汉字从键盘输入到输出的处理过程。

（1）机外码简称外码，即汉字输入码，指通过键盘把汉字输入计算机的编码。常见的汉字输入码有区位码、搜狗拼音、极点五笔等（参见"2.1.3 汉字的输入"节中关于汉字输入法的介绍）。例如，"次"字的区位码为 2046、搜狗拼音为 ci、极点五笔为 uqw 。

（2）机外码通过转换模块依次进行如下转换："次"字的区位码为 $(2046)_D \rightarrow (142E)_H$、国标码为 $(344E)_H = (0011010001001110)_B$、机内码为 $(B4CE)_H = (1011010011001110)_B$。

（3）汉字机内码通过函数对应关系转换为汉字地址码，得到存储汉字字形信息的逻辑地址，从而获取汉字的字形码。

（4）汉字字形码又称为汉字字模码，通常有点阵和矢量两种表示方法。

①点阵表示法：是将汉字按字形经过点阵数字化后形成的一串二进制数，用于汉字的显示或打印输出。常用的点阵字模有 16×16 点、32×32 点等，点数越多，占用的存储空间越大，输出的汉字越精细。通过汉字的点阵可以算出一个汉字占用的存储空间，即字节数 = 点阵行数×点阵列数÷8。例如，宋体字"次"的 16×16 点阵编码如图 1-6 所示，占用的存储空间为 32B。

0	0	0	0	0	0	0	0	1	0	0	0	0	0	0	0	$(0080)_H$
0	0	0	0	0	0	0	0	1	0	0	0	0	0	0	0	$(0080)_H$
0	0	1	0	0	0	0	0	1	0	0	0	0	0	0	0	$(2080)_H$
0	0	0	1	0	0	0	0	1	0	0	0	0	0	0	0	$(1080)_H$
0	0	0	1	0	0	0	1	1	1	1	1	1	1	1	0	$(11FE)_H$
0	0	0	0	0	1	0	1	0	0	0	0	0	0	1	0	$(0502)_H$
0	0	0	0	1	0	0	1	0	1	0	0	0	1	0	0	$(0944)_H$
0	0	0	0	1	0	1	0	0	1	0	0	1	0	0	0	$(0A48)_H$
0	0	0	1	0	0	0	0	0	1	0	0	0	0	0	0	$(1040)_H$
0	0	0	1	0	0	0	0	0	1	0	0	0	0	0	0	$(1040)_H$
0	1	1	0	0	0	0	0	1	0	1	0	0	0	0	0	$(60A0)_H$
0	0	1	0	0	0	0	0	1	0	1	0	0	0	0	0	$(20A0)_H$
0	0	1	0	0	0	0	1	0	0	0	1	0	0	0	0	$(2110)_H$
0	0	1	0	0	0	0	1	0	0	0	0	1	0	0	0	$(2108)_H$
0	0	1	0	0	0	1	0	0	0	0	0	0	1	0	0	$(2204)_H$
0	0	0	0	1	1	0	0	0	0	0	0	0	0	1	1	$(0C03)_H$

图 1-6 宋体字"次"的 16×16 点阵编码

②矢量表示法：通常使用贝塞尔曲线、绘图指令和数学公式等计算绘制汉字，字体的实际尺寸可以任意缩放旋转而不失真，解决了点阵字体放大后出现锯齿的问题。目前主流的矢量字体格式有 3 种：Type1、TrueType 和 OpenType。

3）其他汉字编码

自 GB 2312—1980 发布至今，国家陆续对汉字编码进行了更新和扩展，如 1995 年发布的 GBK 编码，以及 GB 18030—2000、GB 18030—2005，2022 年 7 月 19 日发布的 GB 18030—2022 中文编码字符集，于 2023 年 8 月 1 日开始实施。

中国台湾、香港等地区常用的是繁体中文字符集 BIG5 编码（简称大五码）。

3. 其他常见的字符编码

同一组二进制数在不同的编码方式中可以被解释成不同的符号，选用错误的编码方式将会出现乱码。除了前面介绍的编码方式，还有以下常用字符编码。

（1）Unicode 编码：容纳了全世界所有国家符号的国际标准编码，是所有编码转换的中间介质，适用于跨平台、跨语言的文本转换和处理。

（2）UTF-8 编码：是互联网上使用最广的一种 Unicode 编码的变长存储实现方式，可以节省存储空间。

1.3 计算机系统

完整的计算机系统由硬件系统和软件系统两部分组成。硬件指有形的物理设备，为计算机的运行提供物质基础；软件指计算机程序及其相关文档，控制计算机中各个硬件按指定要求进行工作。

1.3.1 硬件系统

硬件系统是各种物理装置按系统结构组成的一个整体，只有硬件系统的计算机又称为裸机，裸机只能识别由 0、1 组成的机器代码。

1. 硬件系统的组成

采用冯·诺依曼型体系结构的计算机，其硬件系统由控制器、运算器、存储器、输入设备和输出设备五个部分组成。

1）控制器

控制器是整个计算机硬件系统的控制中心，由指令寄存器、指令译码器、程序计数器和操作控制器等组成。它从内存中按指定顺序依次取出机器指令，分析每条指令规定的操作，向计算机其他部件发出控制信号，指挥计算机各部件协调工作，共同完成指令操作。

机器指令是按一定格式构成的二进制编码，通常由操作码和操作数两部分组成。操作码指明该指令要完成的操作功能，操作数指明参与操作的对象，可以是数据本身，也可以是运算结果所存放的存储单元地址或寄存器名称。

2）运算器

运算器是指计算机中对二进制数进行算术运算、逻辑运算以及移位等操作的部件，又称为算术逻辑部件（Arithmetic Logic Unit，ALU）。运算器的操作由控制器决定，其处理的数据来自存储器，处理后的结果数据通常送回存储器或暂存在运算器中。

3）存储器

存储器是计算机记忆或暂存数据的部件，可分为主存储器（又称内存储器，简称主存/内存）和辅助存储器（又称外存储器，简称辅存/外存）两大类。

4）输入设备

输入设备是向计算机输入信息的设备，它是重要的人机接口，负责将输入的数据和指令转换成计算机能识别的二进制数。

5）输出设备

输出设备是输出计算机处理结果的设备，负责将计算机内部的二进制数转换成人可识别的形式。

2. 微型计算机的主要硬件组成

1）中央处理器

中央处理器（Central Processing Unit，CPU）是计算机的核心部件，主要由控制器和运算器组成。

字长、运算速度和时钟频率是衡量微机 CPU 性能的重要指标。

（1）字长：指计算机一次并行处理的二进制数的位数，通常是字节的整数倍。字长越长，计算机的运算精度越高、处理速度越快。

（2）运算速度：指计算机每秒处理的百万级机器指令数（Million Instructions Per Second，MIPS），运算速度越快的计算机具有越高的 MIPS 值。

（3）时钟频率（即主频）：指同步电路中时钟的基础频率。目前主频以吉赫兹（GHz）为单位。一般来说，主频越高，CPU 的速度越快。

2）内存

内存主要用于存放临时性数据，如 CPU 中的运算数据、与外存交换的数据等，按功能可分为随机存取存储器（Random Access Memory，RAM）、只读存储器（Read Only Memory，ROM）和高速缓冲存储器（Cache）。

（1）随机存取存储器：RAM 工作时，可以随时从中读取数据，也可以向其写入数据。当计算机断电或重启后，存于 RAM 中的数据会全部丢失。

计算机内存容量通常指 RAM 的容量，目前市场上常见的内存条容量有 4GB、8GB、16GB、32GB 等。按存储单元的工作原理可将 RAM 分为静态随机存储器（Static RAM，SRAM）和动态随机存储器（Dynamic RAM，DRAM）两种，目前主流内存条均为 DRAM。

（2）只读存储器：ROM 中的数据只能读取不能写入，即使断电，ROM 中的数据也不会丢失。ROM 中的数据由其制造厂写入并固化，通常用于存放基本输入/输出系统模块 BIOS 等，主要完成对系统的加电自检、系统中各功能模块的初始化、系统的基本输入/输出的驱动程序及引导操作系统等功能。

（3）高速缓冲存储器：Cache 由 SRAM 组成，通常集成在 CPU 内部，是一个容量小但读写速度比 DRAM 快很多的存储器，用于解决 CPU 和 DRAM 之间速度差异大的问题。

3）外存

外存用于存放需要长时间保存的数据，其中的数据在计算机重启或断电后不会丢失。CPU 不能访问外存，外存中的数据需要先调入内存中才能被 CPU 读取。外存的存取速度远小于内存，但存储容量一般比内存大。目前微机常见的外存储器有硬盘、U 盘、光盘等。

（1）硬盘：是计算机最主要的外部存储设备，操作系统、可执行程序文件和用户的数据文件一般都保存在硬盘中。

目前微机硬盘按原理主要分为机械硬盘（Hard Disk Driver，HDD）和固态硬盘（Solid State Disk 或 Solid State Drive，SSD）两种。

①机械硬盘：作为传统硬盘，HDD 是集精密机械、微电子电路、电磁转换为一体的存储设备，具有大容量、高可靠性和低价格优势，但振动和磁性干扰会影响其稳健性。目前微机主流HDD 容量有 1TB、2TB、……、16TB、18TB、20TB 等。

②固态硬盘：SSD 是用固态电子存储芯片阵列制成的硬盘，没有机械部件，具有优秀的抗磁抗震性能和小巧尺寸的优势，在数据存储速度和功耗性能方面均优于机械硬盘。目前微机 SSD主流容量为 128GB、256GB、512GB、1TB 等。SSD 常用于做启动盘，将操作系统和软件安装在固态硬盘上，可加快启动速度。

（2）U 盘：USB 闪存盘（USB flash disk）的简称，是一种无须物理驱动器的微型高容量移动存储设备，即插即用且便于携带。目前 U 盘主要通过 USB（Universal Serial Bus，通用串行总线）接口与计算机连接，也有双接口的 U 盘可以与手机等设备相连。常见的 U 盘容量有 4GB、8GB、16GB、……、512GB、1TB 等。

根据 USB 传输标准，可以将 USB 接口划分为 USB1.1、USB 2.0、USB 3.0、USB 3.1、USB3.2 等多种版本。其中，USB2.0 的传输速率为 480Mbps（Million bits per second），USB3.0 的传输速率为 5.0Gbps，USB3.1 的传输速率为 10.0Gbps。

（3）光盘：以激光记录信息、通过反射激光读取信息的存储介质。

根据数据读取和写入的方式划分，可将光盘分为只读型光盘、一次写入型光盘和可擦写型光盘三种。

①只读型光盘中的数据由生产厂家预先写入，用户只能读取数据、不能对数据进行更改，如CD-ROM、DVD-ROM 等，可通过光盘驱动器对其进行数据的读取。

②一次写入型光盘中的数据仅允许写入一次，写入后可多次读取，但无法更改。如 CD-R、DVD-R、DVD+R 和 BD-R 等，可通过刻录光驱对光盘进行数据的读取和写入。

③可擦写型光盘是一种可以多次重复读写的光盘，如 CD-RW、DVD-RW、DVD+RW、BD-RE 等。

综上所述，现代计算机系统基本采用 Cache、内存和外存三级存储结构，内存可以与 CPU 交换信息，是外存与 CPU 沟通的桥梁，其关系如图 1-7 所示。

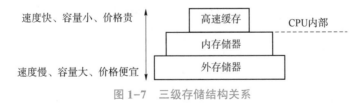

图 1-7　三级存储结构关系

4）输入设备

微机的输入设备有：键盘、鼠标、扫描仪、摄像头、数码相机、麦克风、触摸板、触摸屏、条码阅读机、数字化输入板及输入笔等，其中最基本的输入设备为键盘和鼠标。

5）输出设备

微机的输出设备有：显示器、打印机、音箱、耳机、扬声器、投影仪、绘图仪等，其中最基本的输出设备为显示器和打印机。

显示器的主要技术指标包括分辨率、点距、带宽、刷新率等。分辨率指屏幕总像素的个数，一般表示为水平分辨率（一个扫描行中像素的数目）和垂直分辨率（扫描行的数目）的乘积，如 1 024×768、1 920×1 080、2 560×1 600 等。分辨率越高，显示的像素点越多，图像就越小、越细腻清晰。

打印机的种类很多，按工作方式可分为击打式打印机（如针式打印机）和非击打式打印机（如喷墨打印机、激光打印机等），主要性能指标包括打印分辨率、打印速度和噪声等。

有的设备既是输入设备也是输出设备，如调制解调器（Modem）、光盘刻录机等。

6）体系结构

目前微机以总线结构连接各功能部件，体现在硬件上即计算机主板（Main board）。各部件之间传送信息的公共通道称为总线，按照信号的性质可将总线分为数据总线、地址总线和控制总线三种，分别用来传输数据、数据地址和控制信号。

常见的总线标准有 ISA 总线（Industry Standard Architecture）、PCI 总线（Peripheral Component Interconnect）、AGP 总线（Accelerated Graphics Port）、VESA 总线（Video Electronics Standard Aricitecture）和 PCI-E 总线（PCI-Express）等。

1.3.2 软件系统

软件系统是各种程序、数据和文档的总称，根据用途不同分为系统软件和应用软件两类。计算机软件是用户与硬件之间的接口，用户可以通过软件对计算机硬件进行使用和管理。

1. 程序设计语言

程序设计语言是软件的基础和组成，实现人与计算机之间的交流。随着计算机技术的发展，程序设计语言也不断更新换代。

1）机器语言

机器语言由二进制代码 0 和 1 构成，是唯一能被计算机硬件系统识别并执行的语言。所以，机器语言的处理效率最高、执行速度最快。但不同的 CPU 具有不同的指令系统，机器语言的程序难编写、不易阅读、编程效率极低，而且机器语言的编写依赖于特定的机器，可移植性差。

2）汇编语言

为了便于记忆和书写，人们使用英文单词或缩写作为助记符来编写程序，从而出现了汇编语言，汇编语言指令和机器语言指令一一对应，从一定程度上改善了程序的可阅读性。

汇编语言无法被计算机识别，必须使用汇编语言编译器将汇编指令转换为机器语言，才可以在计算机中执行，处理效率和执行速度不如机器语言。由于汇编语言是机器语言的符号化，与机器语言存在着的对应关系，所以汇编语言依旧是面向机器、可移植性差的低级语言。

3）高级语言

高级语言最接近人类的自然语言，人们可以用更易理解的方式参照数学语言设计编写程序，且不依赖于机器的硬件系统。因此，高级语言易学易读、编程效率高、程序可移植性强。

同样，用高级编程语言编写的程序需要翻译成机器所能识别的二进制数才能由计算机去执行。通常有两种翻译方式：编译和解释。

编译指使用编译程序将源程序翻译成机器指令形式的目标程序，再通过链接程序把目标程序链接成可执行程序后才能执行。编译后的可执行程序不可修改，保密性较好，且多次执行不需要重新编译，执行效率高。编译型高级语言有 C、C++、Pascal 等。

解释指通过解释器读入源程序，按源程序动态逻辑顺序逐句分析并翻译成机器指令，解释一句即执行一句，不产生目标程序，如果发现错误将出现出错信息并停止解释和执行，否则继续解释并执行到程序结束。其优点是可移植性好，可在不同的操作系统上运行，但程序每执行一次就要翻译一次，运行效率较低。解释型高级语言有 Python、JavaScript、Matlab 等。

2. 系统软件

系统软件是调度、监控和维护计算机系统，控制计算机中各个硬件协同工作，支持应用软件开发和运行的软件。系统软件主要包括操作系统（Operating System，OS）、编译程序、汇编程序、数据库管理系统和系统辅助处理程序等。

操作系统是计算机软件中最重要、最基本的系统软件，是计算机系统的控制和管理中心，控制计算机中所有运行的程序并管理整个计算机的资源。它是计算机裸机与应用程序及用户之间的桥梁，是最底层的软件。没有操作系统，用户就无法使用其他软件或程序。目前常用的操作系统有 Windows、UNIX、Linux、Mac 等。

3. 应用软件

应用软件是为满足不同领域、不同问题的应用需求而设计的软件，它可以拓宽计算机系统的应用领域，扩展硬件的功能。

常见的应用软件有办公系列软件（如 Microsoft Office、WPS Office 等）、多媒体处理软件（如 Photoshop、Illustrator、Coreldraw、InDesign、Flash、3D Studio Max、Maya、Premiere、After Effects 等）、杀毒软件、Internet 工具软件等。

1.4

计算机病毒

计算机病毒是危害计算机系统正常运行的重要因素，严重威胁着信息资源的安全。了解计算机病毒的概念、特征和感染病毒的症状，可以加强对计算机病毒的防范。

1.4.1 计算机病毒的概念、特征和常见症状

计算机病毒（Computer Virus）是指编制或者在计算机程序中插入的破坏计算机功能或者毁坏数据，影响计算机使用，并能自我复制的一组计算机指令或者程序代码。

1. 计算机病毒的特征

计算机病毒一般具有破坏性、传染性、隐蔽性、潜伏性和寄生性等特点。

1）破坏性

计算机病毒的最终目的是实施破坏行为，任何侵入系统的计算机病毒都会对系统或信息产生不同程度的破坏，例如，降低计算机工作效率，占用系统资源，甚至导致数据丢失、系统崩溃等，给计算机用户造成不同程度的损失。

2）传染性

传染性是判断计算机病毒的重要条件。在未经操作者授权的情况下，计算机病毒能够通过U盘、网络等途径自动复制或变种入侵计算机。病毒一旦进入计算机得到执行，就会搜索其他符合条件的环境，实现自我复制和扩散。随着网络技术的不断发展，病毒能够在短时间之内实现大范围的恶意入侵。

3）隐蔽性

计算机病毒多以隐藏文件或程序代码的方式存在，或者伪装成正常程序，增大了实时查杀病毒的难度。例如，一些病毒被设计成病毒修复程序，诱导用户使用，进而实现病毒植入。

4）潜伏性

计算机中毒后不一定会马上发作，计算机病毒可能会长期潜伏在系统中，在满足特定条件时才会被激发运行并对计算机产生破坏作用。例如，26日发作的CIH病毒、每逢13号的星期五发作的"黑色星期五"病毒等。

5）寄生性

通常情况下，计算机病毒是一段可执行程序，但它不是一段完整的程序，需要寄生在其他正常程序或数据中，享有宿主的一切权利。一旦宿主程序运行或达到某种设置条件，病毒就会被激活和发作，从而产生破坏作用。

2. 计算机感染病毒的常见症状

计算机感染病毒后，通常可能出现的异常症状如下。

（1）计算机经常死机、突然重新启动或无法正常启动。

（2）正常情况下可以运行的程序不能正常运行或执行时间明显变长。

（3）磁盘坏簇莫名其妙地增多。

（4）磁盘文件数无故增多或空间变小。

（5）文件的日期或时间非人为被修改。

（6）数据和程序丢失。

（7）出现异常的声音、音乐或出现一些无意义的画面问候语等。

1.4.2　计算机病毒的防治

病毒对系统的攻击是主动的，计算机系统无论采取多么严密的保护措施都不可能彻底防范病毒对系统的攻击，以下介绍几种预防病毒的常见措施。

（1）及时更新安装系统补丁，安装有效的杀毒软件并根据实际需求进行安全设置，经常全盘查杀病毒，并定期升级杀毒软件。目前常用的杀毒软件有：腾讯电脑管家、360杀毒软件、火绒安全软件、金山毒霸、瑞星杀毒软件、卡巴斯基、小红伞等。

（2）在连接U盘、移动硬盘等移动存储设备时，应先对其查毒确认无风险后再使用。

（3）对重要数据分类备份，防止损失。

（4）浏览网页、下载文件时选用正规网站，不要执行从网络上下载后未经查毒的软件，不要打开陌生的可疑电子邮件。

（5）禁用远程功能，关闭不需要的服务。

（6）关注目前流行病毒的感染途径、发作形式和防范方法，做到预先防范。

当感染计算机病毒后，应及时使用杀毒软件进行全盘查杀病毒，格式化磁盘是比较彻底的清毒方式。

1.5

计算机网络和 Internet

随着科学技术的迅猛发展，计算机网络现已成为信息社会的命脉，对社会生活及社会经济的发展有着不可估量的影响。

1.5.1 计算机网络基础

计算机网络是计算机技术和通信技术结合的产物。

1. 计算机网络的相关概念

计算机网络是指将地理位置不同的具有独立功能的多个计算机系统，通过通信设备和通信线路相互连接，在网络软件的管理下实现数据通信和资源共享的系统。

1）数据通信的常用术语

（1）模拟信号和数字信号：模拟信号是一种连续变化的信号，容易实现，但分辨率不高，且抗干扰能力差，易被窃听。数字信号是一种人为抽象出来的在幅度取值上不连续的离散信号，受噪声影响小，易于使用数字电路对其进行处理。

（2）调制和解调：随着通信技术的发展，使用数字系统传输数据可以有效增强通信的保密性和抗干扰性。在数字系统中，当输入或输出的信号为模拟信号时，需要对模拟信号和数字信号进行相互转换。将数字信号转换成模拟信号的过程称为调制（Modulation）；将模拟信号还原成数字信号的过程称为解调（Demodulation）。

（3）数据传输速率：又称数据率或比特率，表示每秒传送的二进制位数，单位为 bps（比特每秒，即 bit per second）或 b/s（bit/s），是数据通信的主要性能指标之一。

（4）误码率：指通信过程中传输二进制代码出错的数量占传输二进制总数量的比率，是衡量通信系统传输可靠性的指标，局域网一般要求误码率低于 10^{-6}。通常数据的误码率越低，网络性能越好，数据通信的质量就越高。

（5）信道：指信息的传输通道，由传输介质和相关的通信设备组成。

根据传输数据类型的不同，信道可分为数字信道和模拟信道。根据传输介质的不同，信道又可分为有线信道和无线信道。常见的有线信道包括同轴电缆、双绞线、光缆等，无线信道包括无线电波、红外线、微波、卫星信道等。

（6）带宽：表示信道传输信息能力的性能指标。模拟通信中的"带宽"指信号具有的频带宽度（上限频率−下限频率），即限定允许通过该信道信号的频率通带，单位为赫（Hz）、千赫（kHz）、兆赫（MHz）、吉赫（GHz）等。数字通信中的"带宽"是指数字信号的数据传输速率，因信道带宽与数据传输速率的关系可以用奈奎斯特（Nyquist）准则与香农（Shanon）定律描述，所以带宽也用来表示网络的通信线路所能传送数据的能力，即单位时间内从网络中的某一点到另一点所能通过的最大数据率。

2）常用的通信设备

（1）网卡（Network Interface Controller，NIC）：网卡主要实现数据的封装与解封、链路管理、数据编码与译码等功能。计算机通过网卡与网络传输介质（双绞线、光纤、微波等）相接，从而实现网络数据的接收和发送。

（2）调制解调器（Modem）：具备调制器和解调器的功能，实现数字信号和模拟信号的相互转换。

（3）中继器（RP repeater）：对信号进行再生和还原的网络连接设备。适用于完全相同的两个网络的互连，主要功能是通过对数据信号的复制、调整和放大，来扩大网络传输的距离。

（4）集线器（Hub）：对接收到的信号进行再生整形放大的纯硬件网络底层设备。Hub可以扩大网络的传输距离，同时把所有节点集中在以它为中心的节点上，可被视作多端口的中继器，属于局域网中的基础设备。

（5）交换机（Switch）：是组建局域网最常用的网络互联设备。以太网交换机通常有8、16、32、48等多种端口数量，各端口可支持不同带宽，通过端口可接入多台计算机设备，并为其提供独享的电信号通路，从而增加网络的整体带宽。

（6）路由器（Router）：可用于连接多个异构网络和子网，是实现局域网与广域网互联的主要设备。其主要作用是通过路由算法为数据找寻最佳网络传输路径，将数据有效地传输到目的地址。

（7）网关（Gateway）：又称网间连接器、协议转换器，在网络层以上实现网络互连，是最复杂的网络互连设备，实现不同协议的转换。

2. 计算机网络的分类

计算机网络类型有不同的划分标准，以下介绍两种常见的网络分类。

1）根据网络覆盖的地理范围分类

根据地理覆盖范围的大小，可将计算机网络划分为局域网、城域网和广域网。

（1）局域网（Local Area Network，LAN）：是最常见、应用最广的一种网络，所覆盖的地理范围较小，一般在数米至数十千米范围内，例如，一栋楼、一所学校、一个社区等。

（2）城域网（Metropolitan Area Network，MAN）：其地理覆盖范围一般为几十千米，例如，将同一城市不同地点的局域网连接起来，形成城域网。

（3）广域网（Wide Area Network，WAN）：也称远程网，可以连接不同的局域网或者城域网，地理范围可从几十千米到几千千米，可以覆盖一个国家或横跨几个洲，甚至可达全球。例如，因特网就是一种典型的广域网。

2）根据网络拓扑结构分类

计算机网络拓扑结构是从逻辑上将计算机网络中的节点和连接节点的线路抽象为点和线，用几何关系描述计算机、网络设备与传输媒介相互连接的结构关系。常见的网络拓扑结构有：星型拓扑、总线型拓扑、环型拓扑、树型拓扑和网状拓扑等，如图1-8所示。

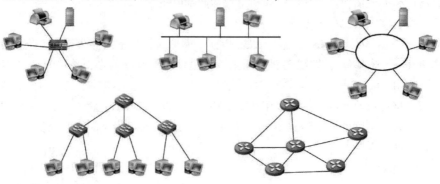

图1-8　计算机网络拓扑结构

1.5.2　因特网的基础与应用

因特网（Internet）又称国际互联网，起源于 20 世纪 60 年代的阿帕网（ARPANET），它将全世界各个国家和地区的百万个计算机网络、数亿台计算机连接起来，是目前全球规模最大、信息资源最丰富的计算机网络。

1. 因特网采用的协议

在网络互联过程中为了实现数据交换而制定的规则、标准和约定的集合，称为网络协议。在因特网中，计算机通信必须共同遵守的协议为 TCP/IP 协议（Transmission Control Protocol/Internet Protocol，传输控制协议/网际协议）。TCP/IP 是一个协议簇，包括了 HTTP、FTP、Telnet、SMTP、TCP、IP 等多种协议。其中，TCP 协议和 IP 协议最具代表性。

（1）超文本传输协议（Hyper Text Transmission Protocol，HTTP）：万维网（WWW）服务器和客户端浏览器之间传输超文本数据的协议。

（2）文件传输协议（File Transfer Protocol，FTP）：用于互联网中进行文件传输的协议，提高文件的共享性。

（3）远程登录协议（Telnet）：用于本地主机登录、连接和控制远程主机的协议，提供在本地主机上完成远程主机工作的能力。

（4）简单邮件传输协议（Simple Mail Transfer Protocol，SMTP）：用于发送电子邮件的传输协议。相应地，用于接收电子邮件的协议为 POP3（Post Office Protocol-Version 3）协议，也称为邮局协议版本 3。

（5）传输控制协议（Transmission Control Protocol，TCP）：用于在因特网中提供面向连接的、可靠的、基于字节流的通信协议，确保传输数据的完整性和可靠性。

（6）网际协议（Internet Protocol，IP）：通过 IP 寻址和路由选择，将 IP 信息包从源设备传送到目的设备的通信协议。

2. 因特网的 IP 地址和域名

1）IP 地址

因特网中的每个节点（计算机、路由器等）都有一个唯一的逻辑地址标识——IP 地址（Internet Protocol Address，互联网协议地址，也称为网际协议地址），通过 IP 地址可以区分因特网中的不同节点，也可以对节点进行定位。

IP 地址是 IP 协议中定义的一种统一的地址格式，分为 IPv4 和 IPv6 两种版本。由于 Internet 发展迅猛，IP 地址的需求量愈来愈大，为解决 IPv4 地址短缺等问题，推出了 IPv6 地址（采用 128 位地址长度），两者对于地址的表示方式不同。目前因特网主要使用 IPv4 地址，下面对 IPv4 地址进行介绍。

（1）IP 地址的组成：IP 地址是一个 32 位的二进制数，占用 4 个字节的存储空间。

为了便于阅读和使用，IP 地址通常用"点分十进制"表示。具体表示为：将 32 位 IP 地址分为 4 段，每段包含 8 位二进制数，并将每段二进制数分别转换为十进制数、十进制数之间用圆点"."隔开，每个十进制的值不大于 255。例如，32 位二进制数的 IP 地址 01100100.00010100.01000101.00000110，其点分十进制 IP 地址为 100.20.69.6。

（2）以下是一些被保留作特殊用途的常见特殊 IP 地址，不作为网络地址随意分配使用。

①每一个字节均为 0 的 IP 地址（0.0.0.0），用于表示所有不确定的主机和目的网络。

②每一个字节均为 1 的 IP 地址（255.255.255.255），用于表示受限的广播地址。

③每个字节均由全1和全0构成（如255.255.255.0、255.255.0.0、255.0.0.0等）：用于表示划分子网的子网掩码。

④以十进制"127"作为开头的IP地址（127.0.0.1–127.255.255.255），用于回路测试。例如，127.0.0.1是用于本机测试的IP地址。

2）域名

IP地址是计算机能识别的地址标识，但对用户来说，IP地址不方便记忆，且不能显示地址组织的名称和性质，因此，人们设计出了域名（Domain Name）来代替IP地址。

域名是由一串易于记忆的字符型名字组成，可用于表示因特网上某一台计算机或计算机组的名称，采用层次结构表示，各层次之间用圆点"."分隔，如图1-9所示。

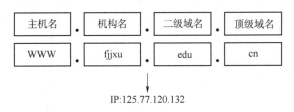

图1-9 域名的层次结构

一级域名通常又称为顶级域名，分为组织机构和国家地区代码两类，常见的一级域名标准代码见表1-5。其中，组织机构代码有COM、EDU、GOV等；国家地区代码有CN（中国）、DE（德国）、UK（英国）等。

表1-5 常见的一级域名标准代码

域名代码	含义	域名代码	含义
COM	商业组织	INT	国际组织
NET	网络服务	MIL	军事部门
EDU	教育机构	ORG	其他非营利组织
GOV	政府部门	\<country code\>	国家地区代码

3）IP地址和域名的相互转换

IP地址和域名都是网络中主机地址的表示方式，域名与IP地址一一对应，其对应信息被存放在域名解析服务器（Domain Name Server，DNS）内，域名解析服务器负责实现域名和IP地址的相互转换。

3. 因特网的常见应用

因特网提供的主要应用包括万维网服务、电子邮件收发服务、文件传输服务、远程登录服务、网络新闻服务等，下面主要对万维网服务和电子邮件服务这两种常见应用进行介绍。

1）万维网服务

万维网（World Wide Web，WWW），也称为环球信息网，即利用网页间的超链接将各个网站的网页链接成一张信息网，是因特网最常用的网络应用之一。

万维网使用URL来指明因特网上信息资源的位置，URL是统一资源定位器（Uniform Resource Locator）的缩写，用于描述Web网页的地址和访问它所用的协议。

URL的格式为"协议：//IP地址或域名/路径/文件名"，例如，图1-10地址栏中所示的"https：//ncre.neea.edu.cn/html1/category/1507/899–1.htm"。

同一网页在不同内核浏览器里的显示效果可能不同，浏览器是需要安装的用于浏览万维网的客户端软件，例如，Microsoft Edge、谷歌、360、火狐、QQ、世界之窗等，下面介绍 Microsoft Edge 浏览器的常用操作方法。

（1）在地址栏输入 URL 或搜索关键字打开网页。

打开 Microsoft Edge 浏览器，在新建标签页（又称选项卡）的地址栏中输入 URL 或输入搜索关键字后，按下 Enter 键，即可访问指定网页或获得来自 Web 的搜索结果。单击"新建标签页"按钮 + （快捷键 Ctrl+T）可以创建新的标签页，如图 1-10 所示。

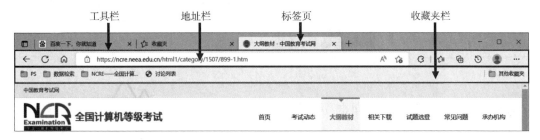

图 1-10　Microsoft Edge 浏览器的窗口

（2）使用浏览器工具浏览网页。

网页不仅包含文本信息，还包含图形、图像、声音、动画、视频等多媒体信息，以多种形式进行信息的表达。以下介绍几种浏览网页的常用操作方法。

①单击超链接对象实现网页跳转。

各 Web 站点默认打开的页面被称为首页或主页，主要呈现该网站的服务项目和特点，与其他网页一样具有超链接对象，单击任意超链接对象可实现网页的跳转。

②使用工具栏左边的操作按钮 ← ↻ ⌂ 浏览网页。

• "单击以返回"按钮 ← ：单击该按钮，可以返回并跳转到已浏览过的网页，实现历史网页的后退。若单击右侧出现的"单击以继续"按钮 → ，则可以实现历史网页的前进。

• "刷新"按钮 ↻ ：单击该按钮，可以重新加载当前页面，更新网页内容。

• "主页"按钮 ⌂ ：单击该按钮，可以快速跳转到浏览器默认的主页。

③通过查看历史记录浏览网页。

单击工具栏最右侧的"设置及其他"按钮 … ，在下拉列表中选择"历史记录"命令（快捷键 Ctrl+H），在打开的"历史记录"列表面板中，单击任意的网页浏览历史记录，即可再次打开相关网页。

（3）对网页进行收藏及管理。

对经常访问的网页可以使用收藏夹进行按类收藏及管理。如果要多次浏览已收藏的网页，不需要在地址栏中重新输入 URL，只要在收藏夹栏中相应位置单击，即可在当前标签页中打开该网页，提高浏览网页的效率。

①收藏网页：单击地址栏内右侧的"将此页面添加到收藏夹"按钮 ☆ （快捷键 Ctrl+D），打开"已添加到收藏夹"面板（此时 ☆ 按钮变为 ★ ），如图 1-11 所示；在"名称"框中为网页指定对应的名字，在"文件夹"下拉列表中选择收藏的位置，单击"更多"按钮可以进入"编辑收藏夹"面板进行收藏夹的选择和新建等操作，单击"完成"按钮可以完成当前收藏操作，单击"删除"按钮则取消当前收藏操作，单击"完成"按钮完成收藏操作。

收藏夹中保存的是网页地址，即在"编辑收藏夹"面板中可以查看其 URL。

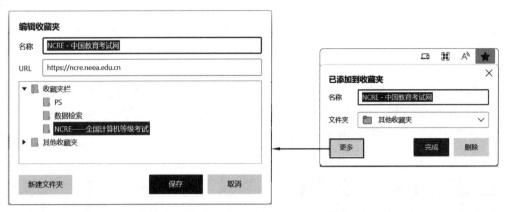

图1-11 网页的收藏

②管理网页：在工具栏中，单击"设置及其他"按钮 …，在下拉列表中选择"收藏夹"命令，也可以单击"收藏夹"按钮 ☆，或者按下快捷键Ctrl+Shift+O。在打开的"收藏夹"列表面板中可以执行展开/折叠收藏夹内容、搜索收藏夹中的网页名称、拖动列表选项以调整列表顺序、右击列表选项以打开/剪切/重命名/删除等操作，单击"收藏夹"列表面板中的"更多选项"按钮 …，在下拉列表中选择"打开收藏夹页面"命令，可在新的标签页中以树状方式显示收藏夹，便于对收藏夹中的内容进行整理。

（4）将网页内容保存到本地。

对于喜欢的网页，可以将其保存为本地文件实现脱机浏览，也可以仅对网页中的图片等对象单独进行保存。

①保存Web页面：单击"设置及其他" … 按钮，在下拉列表中选择"更多工具"下的"将页面另存为"命令，打开"另存为"对话框，可以按以下三种方式保存网页："网页，仅HTML（ * .html； * .htm）""网页，单个文件（ * .mhtml）"和"网页、完成（ * .htm； * .html）"。

②保存图片：右击图片，在快捷菜单中可以选择复制图片到剪贴板，或者将图片保存为文件。

③下载网页中的视频等文件。

在网页中单击提供文件下载的超链接（鼠标指向该下载链接时，状态栏中会显示该文件所在的位置），则可以下载文件，下载进度及对下载文件的操作可以通过单击"设置及其他"按钮 …，在下拉列表中选择"下载"命令，打开"下载"列表面板查看。

2）电子邮件收发服务

电子邮件（E-mail）是因特网经常使用的一种服务，采用存储转发的方式传递信件，具有传输速度快、形式及内容多样、使用方便和安全性好等特点。

（1）具有电子邮箱是收发电子邮件的必要条件。

使用电子邮件服务，首先需要通过提供电子邮件服务的机构申请电子邮箱，如新浪、搜狐、网易163等，获取电子邮箱账号。

每个电子邮箱的账号（地址）都是唯一的，格式为：<用户名>@<主机域名>。例如，12345678@ qq. com、Wenwen@ sina. com等。

（2）下面以网页界面为例，介绍接收和发送电子邮件的主要操作。

打开登录电子邮箱的网页，输入用户名和密码进入电子邮箱，即可接收和发送电子邮件。

①接收电子邮件：单击"未读邮件"或者"收件箱"，在具体邮件列表中单击邮件即可阅读邮件内容，在阅读界面可以执行回复、转发、下载、打印、删除及标记当前邮件等操作。在"收件箱"中也可以批量地对选中的邮件执行标记、排序、删除等操作。此外，单击"收信"按钮可以刷新收件箱中的邮件。

②发送电子邮件：单击"写邮件"按钮，进入邮件编辑界面，可以进行添加收件人地址、主题、附件和信件内容等操作。

- 收件人：在该栏输入或单击地址簿中收件人的电子邮箱地址，可以输入多个收件人地址，地址间通常用分号隔开。
- 主题：指可以概括邮件主要内容的文字。
- 附件：指随邮件正文一起发送的文件。
- 信件内容：指邮件的正文内容，正文文本可以进行简单的格式设置。
- 邮件发送的附加设置：有"紧急""要求回执"和"定时发送"三种方式可以选择。
- 发送方式：分为"抄送""密送""分送"三种。

抄送：指发给应当知会的人（抄送人）。在这种发送方式下，收件人和抄送人不仅都能看到邮件，还能看到彼此的地址，知道邮件被发送及抄送的人群。

密送：指发给应当知会但不方便让其他人知道的人（密送人），这种发送方式下，收件人和抄送人都看不到密送人的地址，密送人可以看到收件人和抄送人，但不能看到其他密送人。

分送：指将邮件一一发送给每个人，每个收信人将收到单独发送的邮件，收信人之间互不知晓，无法确认该邮件内容是否被发给其他人，相当于单独分别发信给每个人。

设置好以上内容后，单击"发送"按钮即可发送电子邮件，也可以将编辑好的信件保存到草稿箱中备用。

第2章

微机的基本操作

在 Windows 10 操作系统下，微机的常见基本操作包括中英文字符和特殊符号的输入、桌面及窗口的使用，以及对文件/文件夹进行操作等。

2.1

常用字符的输入

在计算机中输入字符的方法有语音输入、手写输入以及键盘输入等，下面主要介绍键盘输入的方法。

2.1.1 输入法的选择

在系统中若已经安装多种输入法，通过鼠标单击任务栏右侧的输入法图标，在打开的输入法列表中单击其一，即可切换到对应的输入法；也可以通过快捷键实现输入法的快速切换，常见的快捷键与输入法切换对应关系见表 2-1。

表 2-1　快捷键与输入法切换

序号	按下快捷键	功能	示例
1	Ctrl+Space 键	中、英文输入法切换	中 / 英
2	⊞+Space 键	各种输入法轮流切换	S / 五
3	Ctrl+Shift 键		

序号	按下快捷键	功能	示例
4	Ctrl+⌑ 键	中、英文标点切换	°，/ ·，
5	Shift+Space 键	全角/半角切换	● / ◗

注意：表中序号为1、4、5的操作也可以通过单击汉字输入法工具栏上的按钮进行切换。

2.1.2 英文和数字的输入

在英文输入状态下，通过键盘可以输入大小写英文和数字。在中文输入法状态下，通过键盘可以输入数字和大写英文字母；若输入小写英文字母，则默认识别为中文输入码，按下 Enter 键可将其转换为小写英文字母输入。

1. 输入英文

在英文输入法状态下，默认输入小写字母，通过以下方法可实现大小写状态的切换。

（1）按下 Caps 键，可实现大小写字母状态的切换。

（2）按住 Shift 键不放的同时按下字母键，可实现大小写字母的临时切换。

在中文输入法状态下，按下 Shift 键，可实现中英文输入状态的切换。

2. 输入数字

除了可以在主键盘区输入数字外，还可以使用辅助键区输入数字（辅助键区的数字键模式可使用 Num Lock 键开启）。

2.1.3 汉字的输入

常见的汉字输入法主要有三种类型：第一类是音码，使用汉语拼音作为汉字的编码方式，容易学习但重码率高，如搜狗拼音、QQ 拼音、微软拼音、智能 ABC 等；第二类是形码，对汉字形体进行拆分后依据规则组成编码，重码率低且输入速度快，但规则复杂不易学习，如极点五笔、搜狗五笔、笔画输入法、郑码等；第三类是音形码/形音码，以汉字的音和形为编码方式，兼具了前两种类型的优点，如自然码、极点二笔、超强两笔输入法等。

下面以"搜狗拼音输入法"为例，介绍汉字的多种输入方式，以及输入法工具栏的定制。

1. 使用"搜狗拼音输入法"输入汉字

"搜狗拼音输入法"有以下四种常用输入方式。

（1）全拼形式输入：使用字/词的完整拼音作为汉字编码输入汉字，重码率相对降低，但按键次数多，常用于输入单字。

对不常使用的单字，可以在全拼后使用笔画的声母首字母（h 横、s 竖、p 撇、n 捺、z 折）进行快速定位。例如，快速定位"薅"字，先输入汉字编码"hao"后，按下 Tab 键，再按笔画顺序输入相应声母的首字母，如"hs"，直到候选窗口中出现该字为止。

（2）简拼形式输入：只输入声母或声母的首字母，按键次数少，但重码率高，常用于输入多字词（三字词及以上）。例如，"大自然"的汉字编码为"dzr"，"中国共产党"的汉字编码为"zggcd""zhggcd"或"zhggchd"等。

（3）混拼形式输入：可以对词语中的单字采用全拼或简拼的方式，兼具了前两种方式的优点，常用于输入二字词。例如，"规则"的汉字编码为"guiz"或"gze"。

（4）u 模式拆分方式输入：先按下 u 键，再输入该汉字拆分后各个组成部分的汉字拼音（拆分顺序由书写顺序决定），常用于输入不认识的汉字。例如，"蕈"由"艹"+"西"+"早"组成，汉字编码可以为"ucaoxizao"或"ucxzao"等。

2. 定制"搜狗拼音输入法"工具栏

汉字的输入法工具栏可以显示当前输入状态、快速启动指定的输入功能等，根据实际需求对输入法工具栏进行个性化定制，可以让用户有更好的输入体验。

右击任务栏右侧的输入法图标，在快捷菜单中选择"显示/隐藏输入法工具栏"命令，可显示或者隐藏中文输入法工具栏，默认显示的搜狗拼音输入法工具栏如图 2-1（a）所示。单击该输入法工具栏中的 S 按钮或右击其上任意位置，在如图 2-1（c）所示的快捷菜单中选择"定制状态栏"命令，打开"定制状态栏"对话框，通过选择相应的选项，可以对工具栏进行功能和颜色的定制，如图 2-1（d）所示，完成定制后的搜狗拼音输入法工具栏如图 2-1（b）所示。

搜狗拼音输入法还具有支持模糊音、自定义短语、自动调整词频、更新词库等功能，在如图 2-1（c）所示快捷菜单中单击"更多设置"按钮，即可根据需要设置更多属性，进一步提高输入效率。

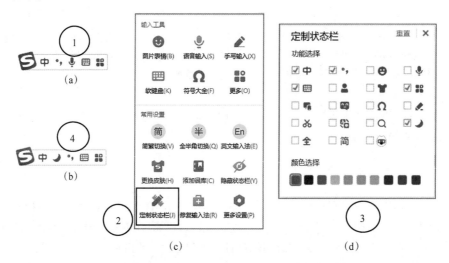

图 2-1 搜狗拼音输入法工具栏的定制

（a）默认状态；（b）定制后状态；（c）快捷菜单；（d）定制状态栏

注意：在不同"搜狗拼音输入法"版本中，工具栏、快捷菜单和操作步骤等略有不同。

2.1.4 常用符号的输入

除了英文、数字和汉字之外，有时候还需要输入多种符号，如数学符号、标点符号、特殊符号等，下面介绍三种输入常用符号的方法。

1. 按键输入符号

通过键盘按键可以快速输入键盘中标识的常用符号，例如，在英文状态下，按下 Shift+⑥ 键输入符号"^"，按下 ⑦ 键输入符号"/"等。当切换到"搜狗拼音输入法"时，在英文标点状态下输入的符号没有变化，但在中文标点状态下，按下相同的按键输入的符号可能不同，例如，按下 Shift+⑥ 键输入符号"……"，按下 ⑦ 键输入符号"、"等。

2. 使用软键盘输入符号

软键盘是指通过软件模拟物理键盘效果、在屏幕上显示的键盘界面。启动软键盘后，可以通过敲击物理键盘对应的按键或鼠标单击软键盘的方式输入字符。大部分汉字输入法中都提供软键盘功能，下面以"搜狗拼音输入法"为例，介绍软键盘的使用方法。

1）打开软键盘

在输入法工具栏中单击"输入方式"按钮 ⌨，出现软键盘界面，默认显示"PC 键盘"类型，常用于代替键盘中的坏键，或用于防止木马记录键盘输入的密码，如图 2-2 中①所示。

单击 ⌨ 按钮，在打开的菜单中选择不同的软键盘类型，可以进行各种软键盘类型的切换，如图 2-2 中②所示。例如，选择"数字序号"选项，如图 2-2 中③所示，可以打开如图 2-2 中④所示的软键盘界面。

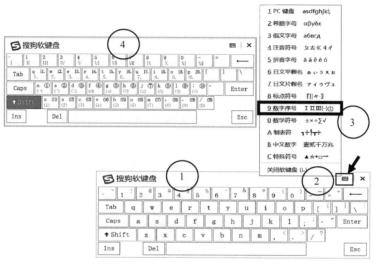

图 2-2　搜狗拼音输入法软键盘的使用

2）使用软键盘

单击软键盘中的按键，可以输入该符号或双符号键的下方符号；单击"Shift"按键后，再单击软键盘中的双符号键，可以输入其上方符号。

3）关闭软键盘

打开软键盘界面后，再次单击输入法工具栏中的"输入方式"按钮，或单击搜狗软键盘右上角的"关闭"按钮等方法，均可关闭软键盘。

3. 使用输入法输入符号

以"搜狗拼音输入法"为例，在输入法工具栏中单击 S 按钮或右击任意位置，在快捷菜单中选择"符号大全"命令，打开搜狗拼音输入法的"符号大全"对话框，单击所需的符号即可完成输入。

2.2

●Windows 10 的基本操作

Windows 操作系统在个人计算机软件领域有很高的普及度，负责对硬、软件资源进行管理。下面以 Windows 10 操作系统家庭中文版为例进行介绍。

2.2.1　桌面

桌面是操作系统启动后显示的工作界面，是计算机硬盘中的一个隐藏子文件夹，以下主要介绍 Windows 10 桌面的组成和管理操作。

桌面主要由桌面图标、桌面背景和任务栏组成，如图 2-3 所示。

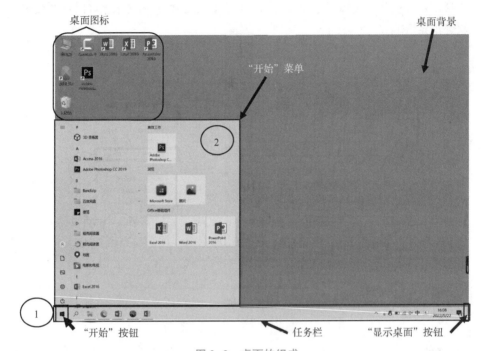

图 2-3　桌面的组成

1. 桌面图标

Windows 10 操作系统中，所有的文件夹、文件及应用程序等都以图标的形式表示，图标一般由图片和文字两部分组成。一些常用的文件、文件夹或应用程序的快捷方式等图标通常被放置在桌面上，方便使用。

拖动桌面图标可以手动改变图标的排列顺序；右击桌面空白处，在快捷菜单中通过选择"排列方式"选项或者"查看"选项，可以由系统自动设置图标的排序方式。

2. 桌面背景

桌面背景可以是纯色、静态图片或者以幻灯片放映方式播放的图片。使用以下方法可以更换桌面背景。

（1）右击桌面空白处，在快捷菜单中选择"个性化"命令，打开"设置"窗口更换。

（2）右击任意图片文件图标，在快捷菜单中选择"设置为桌面背景"命令。

3. 任务栏

任务栏是默认放置在桌面最下方的一个长条型区域，主要由左侧的"开始"按钮、中间的快速启动区、右侧的任务托盘（系统图标显示区）和"显示桌面"按钮组成，显示正在运行的任务、输入法、日期时间状态等内容。

1）显示/隐藏任务栏中的对象

任务栏中对象（如：工具栏、搜索、资讯和兴趣、人脉等）的显示/隐藏状态，可以通过右

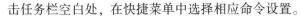

击任务栏空白处，在快捷菜单中选择相应命令设置。

2）调整任务栏的位置和大小

在任务栏空白处按住鼠标左键拖动，可以将其放置到桌面的左侧、右侧和上方；在任务栏边缘处按住鼠标左键拖动可以调整任务栏的高度。若右击任务栏空白处，在快捷菜单中执行"锁定任务栏"命令，则任务栏的位置和大小被固定、不允许调整。

3）使用"开始"菜单

单击"开始"按钮，或者按下 Windows 键，均可打开"开始"菜单。

在 Windows 10 的"开始"菜单中，左侧面板包含当前登录系统的账户名、文档、图片、设置和电源等选项；中间面板包含按字母排序的系统工具、应用程序快捷方式等选项；右侧面板即"开始"屏幕，包含各种应用磁贴图标，用户可以将经常使用的系统工具或软件快捷方式贴在"开始"屏幕中。

以下介绍几种关于磁贴的常见操作。

①拖动磁贴可以改变其排列位置；将一个磁贴拖曳到另一个磁贴上，可自动将两个磁贴合并到一个文件夹中。

②右击磁贴，在快捷菜单中选择"调整大小"命令，可以调整磁贴的大小。

③右击"开始"菜单中间面板中的选项，在快捷菜单中选择"固定到'开始'屏幕"命令，可将该选项以磁铁的方式添加到"开始"屏幕。

④右击"开始"屏幕中的任意磁贴，在快捷菜单中选择"从'开始'屏幕取消固定"命令，可以删除该磁贴。

2.2.2　窗口

窗口是一种常见的用户界面，其大小和位置均可以改变。

1. 窗口的打开

可以使用以下几种常用操作方法打开窗口。

（1）双击图标。

（2）右击图标后，在快捷菜单中选择"打开"命令。

（3）单击"开始"按钮，在"开始"菜单中单击图标。

2. 窗口的组成

以采用 Ribbon 界面样式的"文件资源管理器"窗口为例，窗口各组成部分的名称如图 2-4 所示。

1）标题栏

标题栏位于窗口的最上方，包含以下四个部分。

（1）控制菜单图标：位于标题栏的最左侧，图标随窗口类型而变化，单击该图标或者按下快捷键 Alt+Space 将打开控制菜单，通过菜单命令可以对窗口进行移动、最小化、最大化/还原、调整大小、关闭等操作。

（2）快速访问工具栏：位于控制菜单图标的右侧，其功能参见"3.1.1 快速访问工具栏"节中的相关介绍。

（3）标题：位于快速访问工具栏的右侧，显示该窗口所打开的文件/文件夹名称。

（4）窗口控制按钮：位于标题栏的最右侧，通过"最小化"按钮 −、"最大化"按钮 □、"向下还原"按钮 □ 以及"关闭"按钮 ✕ 可以对窗口进行相应的控制。

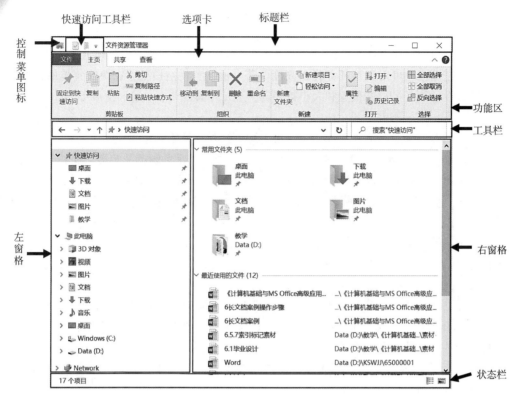

图 2-4 "文件资源管理器"窗口

2）选项卡和功能区

Windows 10 使用"选项卡"区分不同类别的功能，点击不同的选项卡即可展现不同的内容，节约页面空间。

按下快捷键 Ctrl+F1 或者单击选项卡最右侧的"最小化功能区"按钮 ∧ /"展开功能区"按钮 ∨ ，可以对功能区进行折叠/展开。

功能区中放置了按钮、下拉按钮、列表框、复选框等对象，并根据功能效果对其进行分组，各分组的组名位于功能区下方。例如，"主页"选项卡中包含"剪贴板"组、"组织"组、"新建"组、"打开"组和"选择"组。

3）工具栏

工具栏从左到右分为控制按钮区、地址栏、刷新按钮、搜索框四个部分。

（1）左侧控制按钮 ← → ˅ ↑ ：依次为"后退""前进""最近浏览的位置"及"向上"按钮。其中"向上"按钮的作用是切换到当前位置的上一级目录。

（2）地址栏：呈现当前文件/文件夹对象所在的目录路径。单击地址栏中的任意目录名可跳转到该目录下；单击地址栏空白处可获取当前位置的绝对路径；单击地址栏的右侧的下拉按钮，可在下拉列表中点击任意一个历史浏览路径并实现跳转。

（3）"刷新"按钮 ↻ ：可刷新当前位置在右窗口中的显示内容。

（4）搜索框：输入搜索的关键字，可以快速查找当前目录下包含指定关键字的文件/文件夹。关键字中可以加入通配符" * "和"？"，其中， * 可代表任意个字符，？代表任意一个字符。例如，在查找目录下包含以下文件：a. txt、a1. txt、1a. txt、Aa. txt、abcde. txt、a1. docx，那么，在"搜索框"输入搜索关键字"a * . txt"可以查找到所有 a 开头的文本文件（不区分大小写），即：a. txt、a1. txt、Aa. txt、abcde. txt 四个文件；输入 "a? . txt" 则查找到的文件为 a1. txt 和 Aa. txt。

4）左窗格

左窗格显示 "快速访问" "网络" "此电脑" 及其内部文件夹列表，单击文件夹左侧的 ＞／＞ 按钮可以对其折叠/展开，以树形结构展示目录间的层次关系。单击左窗格中的任意文件夹对象，可将其定位为窗口当前显示目录，地址栏将切换到该文件夹所在路径。

5）右窗格

右窗格显示当前目录下包含的所有文件/文件夹对象。通过以下常见操作，可以改变右窗格中文件/文件夹对象的显示方式和排列方式。

右窗口中项目的显示方式和排列方式可以改变，有以下两种常用的操作方法。

（1）在 "查看" 选项卡中，单击 "布局" 组中任意一种显示方式按钮，可以使右窗格中的文件/文件夹对象以超大图标、小图标、列表和详细信息等不同方式显示；单击 "当前视图" 组中的 "排序方式" 下拉按钮，可以在下拉列表中选择任意一种排序方式，如根据 "名称" "修改日期" "类型" 和 "大小" 等方式重新排列文件/文件夹对象。

（2）在右窗格中任意空白位置右击，可通过快捷菜单的 "查看" 和 "排序方式" 这两个选项，选择和调整文件/文件夹对象的显示方式和排列顺序。

6）状态栏

位于窗口的最下方，左侧显示当前文件夹中的项目个数；右侧的 ▦ 和 ▤ 按钮分别为 "详细信息" 和 "大图标" 两种显示方式。

3. 桌面与窗口的切换

在桌面与打开的窗口之间进行界面的快速切换，可以使用以下四种常见操作方法。

（1）单击任务栏最右侧的 "显示桌面" 按钮。

（2）右击任务栏空白处，在快捷菜单中选择 "显示桌面" 命令。

（3）右击 "开始" 按钮，在快捷菜单中选择 "桌面" 命令。

（4）按下快捷键 ▦+D。

4. 活动窗口的切换

当有多个打开的窗口时，同时只能对一个窗口进行移动及改变大小等操作，该窗口称为活动窗口，又称当前窗口，可以使用以下三种常见方法切换活动窗口。

（1）在任务栏中单击相应的窗口。

（2）使用快捷键 Alt+Tab：按住 Alt 键不放，多次按下 Tab 键，进行窗口选择。

（3）按下快捷键 ▦+Tab 后松开，再使用鼠标或者方向键选择窗口。

2.2.3　文件与文件夹的基本操作

文件与文件夹的基本操作包括新建、选择、移动与复制、删除、重命名和设置属性等。

1. 新建

新建操作主要包括新建文件/文件夹，以及新建文件/文件夹/应用程序的快捷方式。

1）新建文件/文件夹

新建文件/文件夹的操作步骤如下：执行以下两种基本操作方法之一后，输入名称，按下 Enter 键或者单击名称外任意位置。

（1）在 "主页" 选项卡的 "新建" 组中，单击 "新建文件夹" 按钮，或者 "新建项目" 下拉按钮，在打开的下拉列表中选择指定类型的选项。

（2）在创建位置的空白处右击，在快捷菜单中选择"新建文件夹"命令，或者在快捷菜单中选择"新建"下的选项。

2）新建快捷方式

"快捷方式"是 Windows 提供的一种快速启动程序、打开文件/文件夹的方法，即为某一项目建立的快速链接，快捷方式图标左下角默认带有 ↗ 的显著标记。为文件/文件夹创建的快捷方式扩展名为".lnk"，为 Internet 地址创建的快捷方式扩展名为".url"。

快捷方式的创建方法除了上述两种外，还可以找到要创建快捷方式的对象，将其右键拖动到指定位置后松开鼠标，在快捷菜单中选择"在当前位置创建快捷方式"命令。

2. 选择

选择文件/文件夹主要有以下几种常用的操作方法。

（1）选择一个文件/文件夹：单击。

（2）选择多个文件/文件夹，分为以下几种情况。

①选择多个连续的文件/文件夹：拖动鼠标选择一个区域内的连续文件/文件夹；或者先选择一个文件/文件夹，按住 Shift 键再选择最后一个文件/文件夹。

②选择多个不连续的文件/文件夹：先选择一个或多个文件/文件夹，再按住 Ctrl 键依次选择其他文件/文件夹。

③选择所有的文件/文件夹：按下快捷键 Ctrl+A；或在"主页"选项卡的"选择"组中单击"全部选择"按钮。

④反向选择文件/文件夹：选择部分文件/文件夹后，在"主页"选项卡的"选择"组中，单击"反向选择"按钮，即可反向选择所有未选中的文件/文件夹。

3. 移动与复制

对文件/文件夹执行移动或复制操作，主要可以通过剪贴板和鼠标拖动两种方式实现。

1）使用剪贴板

在源文件夹中选择要移动/复制的文件/文件夹，执行移动/复制操作将其临时存入剪贴板，然后打开目标文件夹并执行粘贴操作。其中，执行移动/复制/粘贴操作有以下三种常见方法。

（1）使用选项卡中的按钮：在"主页"选项卡的"剪贴板"组中，可选择"剪切"/"复制"、"粘贴"按钮；也可以在"主页"选项卡的"组织"组中，单击"移动到"/"复制到"下拉按钮完成相关操作。

（2）使用快捷键：按下快捷键 Ctrl+X 实现移动操作、按下快捷键 Ctrl+C 实现复制操作、按下快捷键 Ctrl+V 实现粘贴操作。

（3）使用快捷菜单：右击选中的文件/文件夹，在快捷菜单中选择"剪切"或"复制"命令；打开目标文件夹，右击任意空白处，在快捷菜单中选择"粘贴"命令。

2）使用鼠标拖动

使用鼠标左键拖动和右键拖动两种方式，均可以完成文件/文件夹的移动和复制操作。

（1）按住鼠标左键对文件/文件夹进行拖动，可以分为以下几种情况。

①如果源文件夹与目标文件夹在相同的磁盘分区中，拖动文件/文件夹可实现"移动"操作，按住 Ctrl 键的同时，拖动文件/文件夹则实现"复制"操作。

②如果源文件夹与目标文件夹在不同的磁盘分区中，拖动文件/文件夹可实现"复制"操作，按住 Shift 键的同时，拖动文件/文件夹则实现"移动"操作。

（2）在源文件夹中选中文件/文件夹，右键拖动到目标文件夹后松开鼠标，在快捷菜单中选择"移动到当前位置"/"复制到当前位置"命令。

4. 删除

对选中的文件/文件夹，有以下几种常用的删除方法。

（1）在"主页"选项卡的"组织"组中，单击"删除"按钮。

（2）按下 Delete 键。

（3）右击文件/文件夹，在快捷菜单中选择"删除"命令。

以上方法若用于删除存储在硬盘外的文件/文件夹，可实现永久删除；若用于删除存储在硬盘上的文件/文件夹，这些文件/文件夹将被移入"回收站"。在"回收站"中，右击文件/文件夹，通过快捷菜单还可以选择还原或者永久删除这些文件/文件夹。

如果希望硬盘中的文件/文件夹不经过回收站而永久删除，可以通过以下方法实现。

（1）在"主页"选项卡的"组织"组中，单击"删除"下拉按钮，在下拉列表中选择"永久删除"命令。

（2）按下快捷键 Shift+Delete。

（3）右击文件/文件夹，按住 Shift 键的同时在快捷菜单中选择"删除"命令。

5. 重命名

对选中的文件/文件夹，有以下几种常用的重命名方法。

（1）通过以下操作方法可使单个文件/文件夹进入重命名状态。

①选中文件/文件夹，然后在文件/文件夹名称上单击。

②右击文件/文件夹，在快捷菜单中选择"重命名"命令。

③选中文件/文件夹，按下 F2 键。

④选中文件/文件夹，在"主页"选项卡的"组织"组中，单击"重命名"按钮。

在重命名状态，输入新名称，按下 Enter 键或在其他空白位置处单击均可完成重命名操作。名称中不区分大小写，系统会判断名称是否合法，如果输入不合法字符，则显示如图 2-5 所示的提示信息。

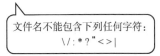
文件名不能包含下列任何字符：
\ / : * ? " < > |

图 2-5 文件名不合法的提示信息

（2）同时对多个文件/文件夹重命名：选中多个文件/文件夹，按下 F2 键后输入新名称，按下 Enter 键。如果同时为多个文件夹或多个同种类型的文件重命名，为了避免名称重复，系统会自动在名称后面加上数字序号，例如"合同文件（1）．docx、合同文件（2）．docx、合同文件（3）．docx、……"。

注意：以上对文件的重命名操作仅针对主文件名，不包含对扩展名的更改。在"查看"选项卡的"显示/隐藏"组中，通过"文件扩展名"复选框可以决定文件名是否显示扩展名。

6. 设置属性

文件/文件夹包含只读和隐藏两种基本属性。设置为"只读"属性的文件只能读取、不能修改；设置为"隐藏"属性的文件/文件夹默认显示为半透明图标，在"查看"选项卡的"显示/隐藏"组中，取消勾选"隐藏的项目"复选框，可以使"隐藏"属性的文件/文件夹图标完全隐藏不被显示。

对选中的文件/文件夹，可以使用以下两种常用的操作方法设置属性。

（1）在"主页"选项卡的"打开"组中，单击"属性"按钮或者单击"属性"下拉按钮后选择"属性"命令。

（2）右击，在快捷菜单中选择"属性"命令。

使用以上两种方法打开文件/文件夹的属性对话框后，通过勾选"只读"或"隐藏"复选框，即可进行属性的设置。

本篇习题

1. 单项选择题

（1）下列关于世界上公认的第一台通用电子计算机说法正确的是（　　）。

A. 该计算机于 1945 年在美国问世　　　　B. 其主要电子元器件为晶体管

C. 其名称为 UNIVAC-1　　　　　　　　D. 其主要作用是进行弹道计算

（2）办公自动化是计算机在（　　）领域的应用。

A. 科学计算　　　　B. 数据处理　　　　C. 计算机辅助　　　　D. 过程控制

（3）下列关于现代计算机说法错误的是（　　）。

A. 依然采用冯·诺依曼体系结构，采用存储程序和二进制编码

B. 计算机系统由硬件系统和软件系统组成

C. 硬件系统由 CPU、存储器、输入设备和输出设备组成

D. 计算机软件系统由操作系统和应用软件组成

（4）下列（　　）不是存储容量的单位。

A. MIPS　　　　　　B. Byte　　　　　　C. bit　　　　　　D. MB

（5）某笔记本的内存容量为 16 GB、硬盘容量 2 TB，则硬盘容量是内存容量的（　　）倍。

A. 128　　　　　　　B. 125　　　　　　C. 8 192　　　　　D. 8 000

（6）存储 10 个 32×32 点阵的汉字字形码需要（　　）的存储空间。

A. 1 024 B　　　　　B. 10 KB　　　　　C. 1. 25 KB　　　　D. 1. 28 KB

（7）下列数值中最小的是（　　）。

A. $(10110)_B$　　　B. $(35)_O$　　　　C. $(30)_D$　　　　D. $(20)_H$

（8）在标准 ASCII 码表中，已知英文字母 Q 的 ASCII 码值为 $(51)_H$，则英文字母 m 的 ASCII 码值为（　　）$_B$。

A. 1101100　　　　　B. 1101101　　　　C. 1101110　　　　D. 1011011

（9）下列关于存储器的说法正确的是（　　）。

A. CPU 可以访问外存

B. 光盘、U 盘、硬盘都是主存

C. 存取速度：Cache>DRAM>外存

D. RAM 具有可读/写性，断电后 ROM 中的内容会全部丢失

（10）下列描述中错误的是（　　）。

A. 在微机中，主机是指 CPU 和内存

B. 用高级语言编写的源程序必须经过编译或解释后计算机才能执行

C. 计算机内部只能使用二进制

D. 计算机的字长都是 8 位

（11）下列关于字符编码说法错误的是（　　）。

A. 区位码也是一种汉字输入方法

B. 按 ASCII 码值大小的排列顺序是：空格>数字>小写英文字母>大写英文字母

C. 7 位 ASCII 码用 1 个字节存储，字节最高位为 0

D. 汉字的国标码和机内码都用 2 个字节存储，机内码＝国标码+$(8080)_H$

（12）输入简体中文时，使用下列（　　）字符编码最合适。

A. ASCII 码　　　　B. GB 2312—1980　　C. Big5　　　　　D. GBK

（13）下列设备中，全部属于输入设备的是（　　）。

A. 摄像头、打印机、调制解调器　　　　B. 数位板、扫描仪、麦克风

C. 绘图仪、音箱、显示器　　　　　　　D. 键盘、鼠标、磁盘驱动器

（14）计算机中能够识别和执行的语言是（　　）。

A. 机器语言　　　　B. 汇编语言　　　　C. 高级语言　　　　D. 自然语言

（15）下列关于计算机指令说法错误的是（　　）。

A. 指令由操作码和地址码组成　　　　　B. 指令执行功能的部分称为操作码

C. 地址码不包括操作数本身　　　　　　D. 所有指令的集合称为指令系统

（16）在列出的软件中：1. MS Office、2. Unix、3. Linux、4. Windows、5. Photoshop，属于系统软件的是（　　）。

A. 1, 2, 3　　　　B. 2, 3, 4　　　　C. 3, 4, 5　　　　D. 1, 2, 3, 4

（17）下列有关病毒的说法错误的是（　　）。

A. 计算机病毒是一个具有破坏性、传染性、寄生性、潜伏性和隐蔽性的特殊程序

B. 计算机病毒主要通过移动存储介质和计算机网络进行传播

C. 感染过计算机病毒的计算机具有对该病毒的免疫性

D. 反病毒软件必须随着新病毒的出现而不断升级，提升其查杀病毒的能力

（18）下列（　　）是实现局域网与广域网互联的主要设备。

A. 集线器　　　　B. 交换机　　　　C. 网桥　　　　D. 路由器

（19）下列（　　）可以保存网页地址。

A. 收藏夹　　　　B. 收件箱　　　　C. 下载　　　　D. 快速访问

（20）下列（　　）是正确的 IP 地址。

A. 192. 168. 10　　B. 192. 168. 10. 256　C. 192. 168. 10. 100　D. 192. 168. 0. 0

2. 操作题

1）输入数据

（1）新建一个文本文件，文件名为"ZiFuShuRu. txt"，输入如"字符输入 - 1"素材文件中所示字符，要求：每段首字符前均输入 4 个半角空格，前三段冒号后的符号之间均插入 1 个全角空格，按段落标记分段。

（2）上述内容输入结束后按下 Enter 键另起一段，输入如"字符输入 - 2"素材文件中所示字符，保存并关闭文件。

2）对文件/文件夹的基本操作

（1）新建文件夹"综合实验"，作为考生文件夹。

（2）将"综合实验素材 . zip"中的所有内容解压到考生文件夹中，要求不产生与压缩文件同名的文件夹。

（3）打开考生文件夹，将"ZiFuShuRu. txt"文件移动到考生文件夹中，并将"EXCEL. xlsx""Word. docx"和"yswg. pptx"这 3 个文件移动到"Office"文件夹中。

（4）将"ZiFuShuRu. txt"文件设置为只读属性。

（5）将"ZiFuShuRu. txt"文件改名为"字符输入 . txt"。

（6）为考生文件夹下"Kzxwj"文件夹中的"YJDEAL. EXE"文件建立名为"KDAV"的快捷方式，并存放在考生文件夹中。

（7）搜索考生文件夹下的"EAPH. BAK"文件。

（8）将找到的"EAPH. BAK"文件删除。

（9）对考生文件夹中的文件/文件夹按大小递增方式排序，并以详细信息布局显示。

（10）将考生文件夹压缩成同名文件提交。

第二篇
MS Office 组件的应用基础与共享

Microsoft Office 是 Microsoft（微软）公司为 Windows 和 Mac OS 操作系统开发的办公软件套装，包含多个组件。每一代 Microsoft Office 都有多个版本，每个版本会根据用户的实际需求选择不同的组件。各套装版本都有的三大基础组件分别是 Word、Excel 和 PowerPoint。本教材选用的是 Microsoft Office 2016 套装中功能最全的最高版本——专业增强版。

Microsoft Office 三大基础组件具有相同的操作方式、统一的操作界面，并且各组件之间可以相互传递、共享数据，从而更高效地完成任务。

本篇涉及的知识点如下：

- Office 组件的工作界面和视图
- 获取帮助
- Office 组件的基本操作
- Office 组件间的主题共享和数据共享

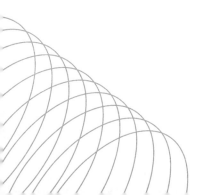

第3章

Office 应用基础

Microsoft Office 三大组件的工作界面具有统一的组成和风格，以任务为导向，具有相似的基础功能和操作方式。

3.1

工作界面

Microsoft Office 组件具有风格统一的操作界面，主要由标题栏、选项卡、功能区、工作区、状态栏等组成。例如，Word 2016 专业增强版的工作界面如图 3-1 所示。

3.1.1 快速访问工具栏

快速访问工具栏默认位于标题栏的左侧，包含"保存""撤消键入"和"重复键入"三个命令按钮。用户可以改变快速访问工具栏的位置，也可以自定义添加或移除快速访问工具栏中的按钮。

1. 改变快速访问工具栏的位置

用户可以根据操作需求，自行调整快速访问工具栏的位置，具体操作步骤如下：

（1）单击快速访问工具栏最右侧的"自定义快速访问工具栏"按钮 ▼。

（2）在"自定义快速访问工具栏"下拉列表中选择"在功能区下方显示"命令，可以将快

图 3-1　Word 2016 专业增强版的工作界面

速访问工具栏移动至功能区的下方、工作区的左上方位置，此时，"在功能区下方显示"命令会变更为"在功能区上方显示"命令。

（3）单击"在功能区上方显示"命令，快速访问工具栏即可返回默认位置。

2. 自定义快速访问工具栏

在快速访问工具栏中既可以添加其他命令按钮，也可以移除现有的命令按钮，从而自定义一个个性化的快速访问工具栏。

1）添加命令按钮

使用以下两种常用方法可以在快速访问工具栏中添加所需的命令按钮。

（1）通过快速访问工具栏添加命令按钮。具体操作步骤如下：

单击"自定义快速访问工具栏"按钮，在下拉列表中单击勾选任意的命令选项，即可在快速工具栏中添加相对应的命令按钮，例如，"新建"命令按钮的添加操作如图 3-2 所示。

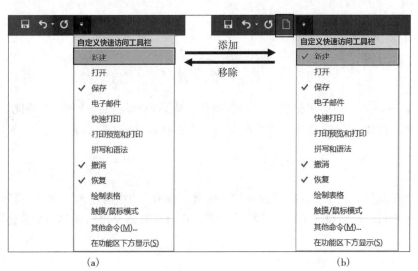

图 3-2　自定义快速访问工具栏

（a）"新建"命令按钮添加前；（b）"新建"命令按钮添加后

（2）通过"（软件名）选项"对话框添加更多命令按钮。具体操作步骤如下：

①在"自定义快速访问工具栏"下拉列表中选择"其他命令"，或者右击快速访问工具栏中的任意一个命令按钮，在快捷菜单中选择"自定义快速访问工具栏"命令，均可打开"（软件名）选项"对话框。

②在"（软件名）选项"对话框的"快速访问工具栏"选项卡中，在"从下列位置选择命令"下拉列表中选择命令所在的位置，然后在下面的列表框中选择具体的命令，单击"添加>>"按钮。

例如，在"从下列位置选择命令"下拉列表中选择"'文件'选项卡"选项，在列表框中选中"打开"命令，单击"添加>>"按钮，即可在快速访问工具栏上添加一个"打开"命令按钮，如图3-3所示。

图3-3　"Word选项"对话框中的"快速访问工具栏"选项卡

2）移除命令按钮

使用以下三种常用方法可以在快速访问工具栏中移除命令按钮。

（1）在快速访问工具栏中，右击需要移除的命令按钮，在快捷菜单中选择"从快速访问工具栏删除"命令。

（2）单击"自定义快速访问工具栏"按钮，在"自定义快速访问工具栏"下拉列表中，单击取消任意命令选项的勾选，即可在快速工具栏中移除相对应的命令按钮。

（3）打开"（软件名）选项"对话框，在"快速访问工具栏"选项卡的"自定义快速访问工具栏"列表框中，选中任意命令选项，单击"<<删除"按钮，即可将该命令按钮从快速访问工具栏中移除。

3.1.2 标题栏

标题栏位于软件窗口的顶端，左侧为快速访问工具栏，中间显示文件名、右侧分别显示"功能区显示选项"按钮、"最小化"按钮、"最大化"/"还原"按钮，以及"关闭"按钮。

3.1.3 选项卡

以任务为导向，MS Office三大组件以选项卡的方式对命令按钮进行分组和显示。选项卡共有三种类型："文件"选项卡、主选项卡和工具选项卡。

1. "文件"选项卡

"文件"选项卡提供了一系列对文件操作的命令，包括信息、新建、打开、保存、另存为、打印、共享、导出、发布、关闭账户和选项等，如图3-4所示。

"文件"选项卡以后台视图的方式呈现，由若干窗格组成。左侧窗格列出"文件"选项卡的所有命令，中间及右侧窗格为所选命令的进一步操作界面。

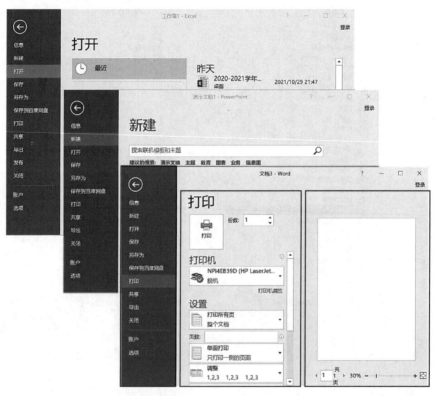

图3-4 三大组件的"文件选项卡"窗口

2. 主选项卡

主选项卡是三大组件引导用户开展工作的主要操作方式，例如，Word 2016专业增强版在默认状态下的主选项卡有：开始、插入、设计、布局、引用和邮件等。

3. 工具选项卡

工具选项卡又称为"上下文选项卡"，显示在主选项卡的右侧，仅在选中特定的对象时自动出现。工具选项卡显示为上、下两部分：上部分为工具选项卡名称，指明工具的类型；下部分为各子选项卡名称，由若干子选项卡组成，指明命令按钮所属的类别。本教材使用"|"符号分隔

工具选项卡上、下部分的名称，例如，“绘图工具|格式”选项卡、“图表工具|设计”选项卡和“图表工具|格式”选项卡等。

3.1.4　功能区

从MS Office 2007版本开始，功能区取代了传统菜单和工具栏，用于显示各选项卡、组及组中的命令。用户可以对功能区进行隐藏、折叠和显示，也可以对功能区进行自定义选项卡和组等操作。

1. 隐藏或折叠功能区

对功能区进行隐藏或折叠，均可以使工作区拥有更大的显示空间。

（1）使用以下常用方法可以折叠功能区，在窗口中仅显示选项卡名称。

①按下快捷键Ctrl+F1。

②单击功能区右下角的“折叠功能区”按钮。

③单击“功能区显示选项”按钮，在如图3-5所示的下拉列表中选择“显示选项卡”命令。

（2）隐藏功能区：单击“功能区显示选项”按钮，在下拉列表中选择“自动隐藏功能区”命令，可以自动隐藏功能区，使工作区全屏显示。

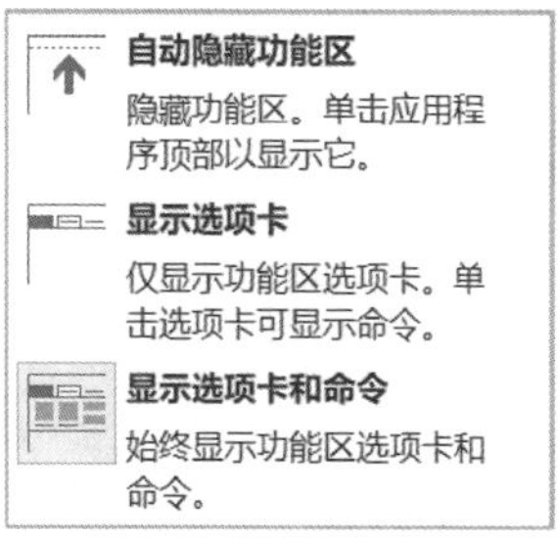

图3-5　“功能区显示选项”列表

2. 显示功能区

（1）在功能区折叠的状态下，使用以下三种常用操作方法可以取消折叠状态。

①按下快捷键Ctrl+F1。

②单击功能区中的任意选项卡，然后单击功能区右下角的“固定功能区”按钮。

③单击“功能区显示选项”按钮，在下拉列表中选择“显示选项卡和命令”选项。

（2）在功能区隐藏的状态下，使用以下常用方法可显示功能区。

①自动显示功能区：单击应用程序的顶部，可自动显示功能区。此时，单击工作区任意位置，功能区会自动隐藏。

②固定显示功能区：单击应用程序的顶部，再单击“功能区显示选项”按钮，在下拉列表中选择“显示选项卡和命令”选项，可以使功能区始终处于显示状态。

3. 自定义功能区

打开“（软件名）选项”对话框，选中“自定义功能区”选项卡，可以对功能区进行如下自定义操作，如图3-6所示。

（1）显示/隐藏选项卡：对右侧列表中的选项卡进行勾选/取消勾选，可以使其在功能区显示/隐藏。

（2）调整选项卡/组的位置：在右侧列表中选中要调整的选项卡/组，单击“上移”/“下称”按钮，或者使用鼠标将其拖动到指定位置，可以调整该选项卡/组在工作界面中的显示顺序。

（3）新建自定义选项卡：单击“新建选项卡”按钮，可以创建新的主选项卡或所选工具选项卡的子选项卡。

（4）新建组：单击“新建组”按钮，可以在指定选项卡中创建新的组。

（5）改名：单击“重命名”按钮，可以对选中的选项卡/组/命令定义新名称，还可以对选中的自定义组/命令选择符号图标。

（6）添加选项卡/组/命令：在左侧列表选中所需的选项卡/组/命令，在右侧列表设置指定位置，单击“添加”按钮，可以将左侧列表中的选项卡/组/命令添加到右侧列表指定的选项卡/组中。

图 3-6 "Word 选项"对话框中的"自定义功能区"选项卡

（7）删除选项卡/组/命令：选中右侧列表中要删除的对象，单击"删除"按钮。

（8）恢复成默认设置：单击"重置"下拉按钮。

3.1.5 浮动工具栏

使用鼠标选中或者右击文本、图片等对象时，窗口中会弹出"浮动工具栏"。例如，在 Word 文档中，选中文本"数理科学奖"，可弹出如图 3-7 所示的"浮动工具栏"，快速设置格式。

图 3-7 Word 的"浮动工具栏"

如果不需要显示"浮动工具栏"，可以打开"（软件名）选项"对话框，选中"常规"选项卡后，取消勾选"选择时显示浮动工具栏"复选框。

3.1.6 实时预览

当选中对象执行某些操作时，例如设置字体、字号、底纹等，将鼠标指针悬停在各个选项上，屏幕中会显示该选项生效时的实时预览效果。例如，在 Word 文档中，对文本"数理科学奖"应用底纹时的实时预览，如图 3-8 所示。

设置是否启用"实时预览"功能的具体操作：打开"（软件名）选项"对话框，选中"常规"选项卡后，单击"用户界面选项"的"启用实时预览"复选框。

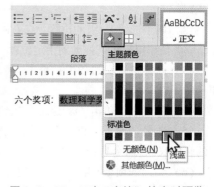

图 3-8 Word 对"底纹"的实时预览

3.2 视图

操作文件时，可以对窗口、视图等进行调整，满足不同的显示需求。

3.2.1 视图模式

Word、Excel 和 PowerPoint 软件具有不同的视图模式，以不同的显示方式呈现文档内容。

1. 视图模式种类

MS Office 三大组件的视图模式各不相同。

1）Word 视图模式

Word 视图模式包括阅读视图、页面视图、Web 版式视图、大纲视图和草稿视图，默认情况下为页面视图。

（1）阅读视图：可以使用专为阅读设计的工具，模拟翻阅书本的效果，是阅读文档的最佳方式，在该视图下不能编辑文档。

（2）页面视图：模拟纸张的外观显示文档的全部内容及排版效果，显示效果接近打印结果，是编辑排版最常用的视图模式。

（3）Web 版式视图：以网页形式显示文档，在该视图下可以对文档编辑排版。

（4）大纲视图：可以显示文档的层次结构，通过"大纲"选项卡，可以分级显示及调整文档的结构，在该视图下部分对象不可见，例如图形、图片、文本框、图表和艺术字等。

（5）草稿视图：仅显示文本内容，适用于对文本进行快速编辑。

2）Excel 视图模式

Excel 视图模式包括普通视图、分页预览视图、页面布局视图和自定义视图，默认情况下为普通视图。

（1）普通视图：是对数据进行输入和处理的最佳视图方式。

（2）分页预览视图：是查看电子表格打印结果的最佳视图方式。

（3）页面布局视图：以页面效果显示文件，是检查打印页面起始位置、结束位置，以及设置页眉/页脚的最佳视图方式。

（4）自定义视图：可以对当前的显示及打印设置方案进行保存并重复应用。

3）PowerPoint 视图模式

PowerPoint 视图模式包括普通视图、大纲视图、幻灯片浏览视图、备注页视图和阅读视图，默认情况下为普通视图。

（1）普通视图：可以对整个演示文稿进行设计、对幻灯片进行创建和编辑。

（2）大纲视图：左侧的大纲窗格仅用于显示幻灯片中的大纲文字内容；右侧包含幻灯片窗格和备注窗格，与普通视图类似。

（3）幻灯片浏览视图：可在同一窗口显示多张幻灯片，每张幻灯片以缩略图的形式显示，幻灯片下方显示编号。该视图方式下，可以对幻灯片进行添加、复制、移动、删除、设置切换效果和更换设计主题等全局性操作，但不能对幻灯片中的内容进行编辑操作。

（4）备注页视图：该视图可以方便地添加和编辑每张幻灯片的备注内容，上部分显示幻灯片缩略图；下部分为备注内容占位符，用于添加备注内容。

（5）阅读视图：在窗口中放映幻灯片，可以查看链接、动画和切换等效果。

2. 切换视图

在不同视图模式间切换，可以使用以下两种常用操作方法。

（1）单击"视图"选项卡，在"视图"组中选择所需视图。

（2）单击状态栏右侧的视图按钮切换视图。

注意：可通过右击状态栏任意位置，在快捷菜单中选择"视图快捷方式"命令，设置视图按钮的显示/隐藏。

3.2.2 视图显示比例的设置

使用以下三种常用操作方法可以对文档设置合适的显示比例。

1. 使用"视图"选项卡

在"视图"选项卡的"显示比例"组中单击相应按钮进行设置，例如，单击"显示比例"按钮，在打开的"显示比例"对话框中可以设置要缩放的具体比例。

2. 使用"显示比例控制栏"

"显示比例控制栏"位于状态栏的最右侧，可右击状态栏任意位置，在快捷菜单中选择"缩放滑块"和"显示比例"命令，设置"显示比例控制栏"的显示/隐藏。

"显示比例控制栏"主要有以下三种操作方式，如图3-9所示。

（1）拖动"缩放"滑块调整显示比例。

（2）单击"缩小"/"放大"按钮调整显示比例。

（3）单击"显示比例"按钮，可以打开"显示比例"对话框设置显示比例。

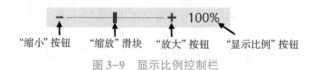

图3-9　显示比例控制栏

3. 使用滚轮

按住Ctrl键滑动鼠标滚轮，可以快速调整文件的显示比例。

3.2.3 窗口的操作

如果需要对多个文档进行比对，或者对同一个文档的不同部分进行编辑，可以通过以下操作，对文档窗口进行新建、切换、排列和拆分等，使文档操作更加高效。

1. 新建窗口

在"视图"选项卡的"窗口"组中，单击"新建窗口"按钮，为当前文档新建窗口，可以实现同一个文档同时在多个窗口中打开和编辑。此时，这些窗口中的文件以"原文件：1""原文件：2"……"原文件：n"等来命名。

2. 切换窗口

在"视图"选项卡的"窗口"组中，单击"切换窗口"下拉按钮，在下拉列表中选择任意一个文件名，即可切换到该文档窗口，使其成为当前活动窗口。

3. 排列窗口

当同一软件打开多个窗口时，各窗口在桌面上所处的位置和大小可以手动调整，也可以在"视图"选项卡的"窗口"组中，通过单击"全部重排"按钮自动调整。MS Office 三大组件对自动调整的结果有以下区别：

（1）Word 软件以"水平并排"方式排列窗口。此时，在"视图"选项卡的"窗口"组中单击"并排查看"按钮，可以将窗口的排列方式改成"垂直并排"，同时可通过单击同组的"同步滚动"按钮，控制两个窗口的内容是否同步滚动。

（2）Excel 软件打开"重排窗口"对话框，可以选择以下四种窗口排列方式：平铺、水平并排、垂直并排和层叠。

（3）PowerPoint 软件以"垂直并排"方式排列窗口。此时，在"视图"选项卡的"窗口"组中单击"层叠"按钮，可以将窗口排列方式改为层叠。

4. 拆分窗口

在"视图"选项卡的"窗口"组中单击"拆分"按钮，将窗口分为多个部分，可以同时对文档的不同部分进行查看，提高编辑效率。

3.2.4　辅助工具的显示/隐藏

在"视图"选项卡的"显示"组中，勾选各复选框或单击按钮，可以显示/隐藏对应的辅助工具，帮助用户编辑文档。MS Office 三大组件的"显示"组如图 3-10 所示。

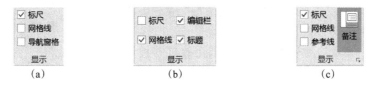

(a)　　　　　　　　　　(b)　　　　　　　　　　(c)

图 3-10　MS Office 三大组件各自的"显示"组

（a）Word 的"显示"组；（b）Excel 的"显示"组；（c）PowerPoint 的"显示"组

3.3

帮助

如果软件操作过程中存在疑问，可以使用以下方法学习软件功能、帮助解决问题。

3.3.1　"帮助"窗口

单击"文件"选项卡，单击标题栏右上角的 ? 按钮，或者按下 F1 功能键，打开"帮助"窗口，在搜索框中输入需要查询的关键字，单击"搜索"按钮，窗口列出搜索结果，单击需要查询的内容链接即可学习。

3.3.2　操作说明搜索框

"操作说明搜索框"位于所有选项卡的右侧，如图 3-11（a）所示。鼠标单击"操作说明搜索框"或按下快捷键 Alt+Q，输入要搜索的关键字，在列表中可以获取帮助信息。例如，在 Word 软件的"操作说明搜索框"中，输入关键字"复制"，在下拉列表中选择所需的选项，如图 3-11（b）所示。

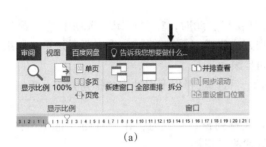

图 3-11　操作说明搜索框

（a）操作说明搜索框；（b）"操作说明搜索框"下拉列表

3.3.3　屏幕提示

当鼠标指针悬停在功能区中的命令按钮、复选框等对象上时，屏幕中将自动显示该对象的相关描述信息，包括名称、功能、操作方法，以及指向详细信息的链接等，辅助学习和操作。例如，在 Word 窗口中，鼠标指针在"边框"按钮上停留时，将弹出如图 3-12 所示的屏幕提示。

屏幕提示默认显示功能说明，如果需要更改屏幕提示的样式，可以打开"（软件名）选项"对话框，选中"常规"选项卡，从"屏幕提示样式"下拉列表中选择所需的样式，如图 3-13 所示。

（1）在屏幕提示中显示功能说明：显示对象的详细提示信息。

（2）不在屏幕提示中显示功能说明：只显示对象的名称。

（3）不显示屏幕提示：无屏幕提示。

图 3-12　"边框"命令按钮的屏幕提示

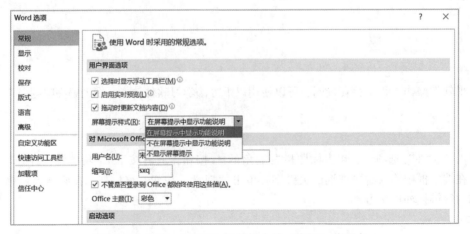

图 3-13　"Word 选项"对话框中的"常规"选项卡

3.4 基本操作

Word、Excel 和 PowerPoint 软件的运行方式相同，对文件也具有类似的操作方法和技巧。

3.4.1　MS Office 三大组件的运行

MS Office 三大组件的运行主要有以下几种常用操作方法。

1. 通过程序图标运行程序

通常使用以下两种方法运行 MS Office 三大组件。

（1）双击 Windows 桌面上相应的快捷方式程序图标。

（2）单击 Windows 任务栏左边的"开始"按钮，在动态磁贴或者应用程序列表中单击对应的程序图标。

2. 通过打开软件文档运行程序

对 Word、Excel 或 PowerPoint 文档执行打开操作时，即可自动运行相应的程序。

3.4.2　文件的创建

MS Office 三大组件具有类似的创建文件方法，新建的文件名默认为"文档 1.docx、文档 2.docx、……""工作簿 1.xlsx、工作簿 2.xlsx、……"或"演示文稿 1.pptx、演示文稿 2.pptx、……"，文件的创建方法主要有以下两种。

1. 创建空白文档

空白文档是基于 Normal 模板创建的文件，文档中没有任何内容，需要自行输入、编辑和处理数据。创建空白文档的方法主要有以下四种。

（1）通过运行相应软件创建：运行 Word、Excel 或 PowerPoint 软件，会自动创建一个空白文档。

（2）通过"文件"选项卡创建：软件运行后，在"文件"选项卡中选择"新建"命令，单击"新建"窗格中的"空白文档/工作簿/演示文稿"选项。

（3）通过快速访问工具栏创建：软件运行后，在快速访问工具栏中单击"新建"按钮。

（4）通过快捷键创建：软件运行后，按下快捷键 Ctrl+N。

2. 使用模板创建文件

使用模板可以创建已排好版面的文件，只需按照模板中的说明文字填入相应的数据，可以极大地提高操作效率。

MS Office 三大组件均为不同需求的用户提供了专业设计的精美模板，在"文件"选项卡中选择"新建"命令，"新建"窗格中可显示多种不同类型的模板。在联网状态下，单击"搜索联机模板"框，输入关键词，可查找并下载其他更多模板。

3.4.3 文件的保存

常用的文件保存方式主要有两种：手动保存和自动保存。

1. 手动保存

手动保存文件的操作方法主要有以下四种。

（1）在"文件"选项卡中选择"保存"命令。

（2）在快速访问工具栏中单击"保存"按钮。

（3）按下快捷键 Ctrl+S，执行保存操作。

注意：使用以上方法首次保存文件时，则自动运行"另存为"命令。

（4）在"文件"选项卡中选择"另存为"命令。单击"浏览"选项，或者单击"这台电脑"选项并选中最近使用过的某一文件夹，均会打开"另存为"对话框，如图3-14所示。

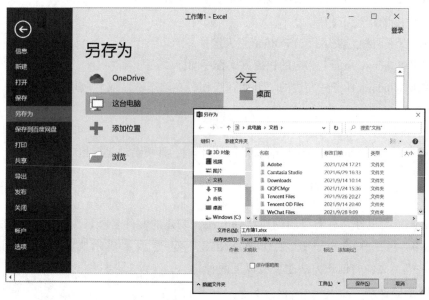

图3-14 Excel 2016专业增强版的"另存为"窗格

在"另存为"对话框中，需要进行以下内容的设置。

● 指定保存位置：在对话框左侧的导航窗格中选择所需位置，在右侧文件夹列表中进一步选择具体位置，文件的保存路径将显示在地址栏中。

● 输入文件名：单击"文件名"框，输入主文件名（不需要输入扩展名）。

● 选择文件类型：单击"保存类型"下拉按钮，在下拉列表中选择文件的保存类型（该项会自动生成文件的扩展名）。

2. 自动保存

通过设置自动保存操作，软件会按设定的间隔时间对文档进行自动保存。设置文件自动保存间隔时间的操作步骤如下：

（1）在"文件"选项卡中选择"选项"命令，打开"（软件名）选项"对话框。例如，"PowerPoint 选项"对话框如图3-15所示。

（2）选中"保存"选项卡，勾选"保存自动恢复信息时间间隔"复选框，在右侧框内设置自动保存时间间隔的数值（1~120之间的整数），默认设置为10分钟。

图 3-15　"PowerPoint 选项" 对话框

3.4.4　文件的关闭

文件关闭后可以释放其占用的内存空间，关闭文件的操作方法主要有以下几种。

（1）在"文件"选项卡中选择"关闭"命令，或者按下快捷键 Ctrl+F4，仅关闭文档窗口，不关闭软件窗口。

（2）通过以下操作，可同时关闭文档窗口及软件窗口。

①按下快捷键 Alt+F4。

②单击软件标题栏右侧的"关闭"按钮。

③双击软件标题栏中快速访问工具栏左侧的空白区域。

④单击软件标题栏中快速访问工具栏左侧的空白区域，或者右击软件标题栏的任意空白位置，在快捷菜单中选择"关闭"命令。

3.4.5　文件的打开

打开文件的操作方法主要有以下两种，可以一次性打开多个文件。

（1）在"文件"选项卡中选择"打开"命令，或者按下快捷键 Ctrl+O，在"打开"窗格中选择文件的位置（方法与"另存为"窗格的操作类似）。

（2）按下快捷键 Ctrl+F12，可弹出"打开"对话框，定位并选择需要打开的文件。

第4章

MS Office 组件间的共享

作为一组套装软件，Word、Excel 和 PowerPoint 之间共享相同的主题，并能相互传输和共享数据。

4.1

主题共享

MS Office 三大基础组件通过共享相同主题，可以快速设置组件工作界面的外观以及具体文档的格式。

4.1.1 共享统一的主题风格

MS Office 组件的主题风格决定了各个软件工作界面的颜色方案，包含"彩色""深灰色"和"白色"三种类型。改变任意一个 MS Office 组件的主题风格，其他组件的主题风格也会随之更改。

MS Office 默认的主题风格为"彩色"，更改 Office 主题风格的操作步骤如下：

（1）打开任意一个 MS Office 组件的"（软件名）选项"对话框。

（2）选中"常规"选项卡，单击"对 Microsoft Office 进行个性化设置"组的"Office 主题"下拉按钮，在下拉列表中选择所需的风格类型。

完成以上设置后，打开其他 MS Office 组件，将会看到相同风格的工作界面。

4.1.2 共享统一的文档外观

对文档设置风格统一、专业美观的格式需要花费很大的精力，可以使用 MS Office 组件提供的主题快速设置整个文档的格式。

1. 认识主题

MS Office 三大组件具有相同的内置主题，每个主题均由一组独特的主题颜色、主题字体和主题效果构成，默认的主题为"Office"。例如，Excel 软件的主题列表如图 4-1 所示。

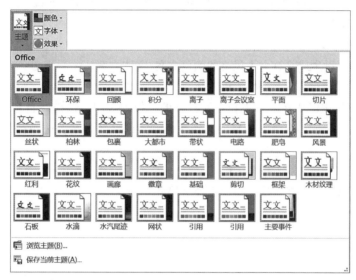

图 4-1　Excel 软件的主题列表

（1）主题颜色：由不同调色板组成的配色方案的集合，不同的主题颜色为文档提供不同的配色方案。

（2）主题字体：不同标题和正文字体方案的集合，应用不同的主题字体可以对文档中所有文本的字体进行快速更改。

（3）主题效果：由不同的填充、轮廓、形状效果等组成的外观搭配方案的集合，不同的主题效果可以使文档中的对象应用不同的外观。

2. 应用主题

在 MS Office 三大组件中，应用主题的具体操作方法如下：

（1）对于 Word 软件，在"设计"选项卡的"文档格式"组中单击"主题"下拉按钮，在下拉列表中选择所需的主题。

（2）对于 Excel 软件，在"页面布局"选项卡的"主题"组中单击"主题"下拉按钮，在下拉列表中选择所需的主题。

（3）对于 PowerPoint 软件，在"设计"选项卡的"主题"组中单击"主题"下拉按钮，在列表中选择所需的主题。

3. 自定义主题

在应用主题的基础上，可以进一步更改当前主题的颜色、字体或效果，设置具有个人风格的文档格式。

1）修改当前主题

在 MS Office 三大组件中，对当前主题的颜色/字体/效果，可以分别应用不同的内置方案进行更改，具体操作方法如下：

（1）对于 Word 软件，在"设计"选项卡的"文档格式"组中，单击"颜色"下拉按钮/"字体"下拉按钮/"效果"下拉按钮，在下拉列表中选择所需的方案选项。

（2）对于 Excel 软件，在"页面布局"选项卡的"主题"组中，单击"颜色"下拉按钮/"字体"下拉按钮/"效果"下拉按钮，在下拉列表中选择所需的方案选项。

（3）对于 PowerPoint 软件，在"设计"选项卡的"变体"组中，单击"变体"列表框右下角的"其他"按钮，在下拉列表中单击"颜色"下拉按钮/"字体"下拉按钮/"效果"下拉按钮，选择所需的方案选项。

2）自定义颜色方案/字体方案

通过以下操作可以生成具有个人风格的颜色方案/字体方案。

（1）添加自定义颜色方案/字体方案。

在"颜色"下拉按钮/"字体"下拉按钮打开的下拉列表中，选择"自定义颜色"/"自定义字体"命令，设计并生成具有个人风格的文档颜色方案或字体方案，这些自定义方案将在三大组件间共享使用。

（2）删除自定义颜色方案/字体方案。

右击任意自定义方案，在快捷菜单中选择"删除"命令，可以删除指定的自定义方案。

4.2 数据共享

在 MS Office 三大组件之间可以通过剪贴板和插入对象等方式共享数据。例如，可以将 Excel 中的电子表格嵌入或以粘贴链接的方式用于 Word 文档或 PowerPoint 演示文稿中，也可以将 Word 文档快速转换成 PowerPoint 中的幻灯片等。

4.2.1 使用"剪贴板"创建内容的链接

使用"剪贴板"创建内容的链接，是指将剪贴板中的内容以文本或图片等形式粘贴到指定位置，且粘贴的数据会随着源数据的更改而更新。

例如，将 Excel 中的单元格内容复制到 Word 文档中，当 Excel 中的单元格内容发生变化时，Word 文档中的粘贴结果也会随之发生变化。"选择性粘贴"的操作过程如图 4-2 所示。

（1）选中 Excel 工作表中需要共享的单元格数据，执行"复制"操作后，再将插入点定位到 Word 文档中的适当位置，按下快捷键 Ctrl+Alt+V，或者在"开始"选项卡的"剪贴板"组中单击"粘贴"下拉按钮，在下拉列表中单击"选择性粘贴"命令。

（2）在打开的"选择性粘贴"对话框中，单击"粘贴链接"单选按钮，在列表框中选择合适的粘贴形式。

注意：若勾选"显示为图标"复选框，则剪贴板中的内容会以图标方式进行粘贴。

如果 Excel 工作表中被复制的单元格数据发生改变，右击 Word 文档中的粘贴内容，在快捷菜单中选择"更新链接"命令，可实现数据的更新。

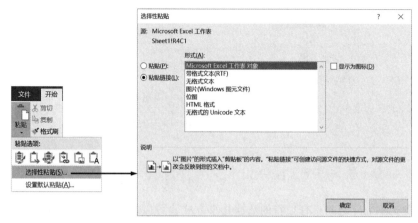

图 4-2　"选择性粘贴"的操作过程

4.2.2　使用"插入对象"嵌入数据

使用"插入对象"的方式，可以在 MS Office 三大组件中实现文件的嵌入或链接。例如，将 Excel 文件以图标的形式嵌入 Word 文档中。具体操作步骤如下：

（1）将插入点定位到 Word 文档中的指定位置，在"插入"选项卡的"文本"组中，单击"对象"按钮。"对象"对话框如图 4-3 所示。

图 4-3　"对象"对话框

（2）在打开的"对象"对话框中，选中"由文件创建"选项卡，单击"浏览"按钮，定位并打开所需的 Excel 工作簿，勾选"显示为图标"复选框，单击"确定"按钮。

图标对象插入后，如果需要修改该对象的图标样式或名称，可右击该对象，在快捷菜单中选择"（文件类型）对象"下的"转换"命令，打开"转换"对话框，单击"更改图标"按钮，打开如图 4-4 所示的"更改图标"对话框，在其中可修改图标和名称。

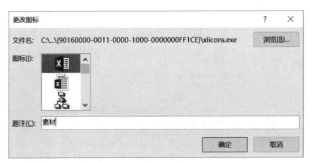

图 4-4 "更改图标"对话框

4.2.3 Word 与 PowerPoint 之间的数据共享

Word 与 PowerPoint 之间具有独特的数据共享方式，可以快速将 Word 文档转换为 PowerPoint 演示文稿，也可以直接将 PowerPoint 演示文稿转换成 Word 讲义。

1. 将 Word 文档转换为 PowerPoint 演示文稿

对 Word 文档进行分级处理后，可以将其快速转换为 PowerPoint 演示文稿。

1）转换方法

首先将 Word 文档中的文本段落分别设置"1 级""2 级"……"9 级"大纲级别，或者应用"标题 1""标题 2""标题 3"等样式，进行分级处理；然后使用以下两种常用转换方法，将 Word 文档转换为 PowerPoint 演示文稿。

（1）在 Word 软件中进行转换。

①打开"Word 选项"对话框，选中"快速访问工具栏"选项卡，在"从下列位置选择命令"下拉列表的"所有命令"中，找到并选择"发送到 Microsoft PowerPoint"命令，单击"添加"按钮，将其添加到快速访问工具栏。

②在快速访问工具栏中，单击"发送到 Microsoft PowerPoint"按钮 。

（2）在 PowerPoint 软件中进行转换。

①在"开始"选项卡的"幻灯片"组中，单击"新建幻灯片"下拉按钮，在下拉列表中选择"幻灯片（从大纲）"命令。

②在"插入大纲"对话框中，定位并选择要导入的 Word 文档。

2）转换规则

将 Word 文档转换为 PowerPoint 演示文稿时，转换规则如下。

（1）文本对象可以被发送和转换，图片、图形和图表等对象则不被发送。

（2）Word 文档中的文本段落大纲级别与 PowerPoint 演示文稿中文本级别的转换，通常有如下对应关系。

①所有大纲级别为"1 级"的文本内容将被转换为 PowerPoint 标题占位符中的内容。

②所有大纲级别为"2 级"～"9 级"的文本内容将被转换为 PowerPoint 文本占位符中的内容，分别对应其中的"第一级文本""第二级文本"……。

注意：段落的大纲级别默认为"正文文本"。如果文档中有任意段落应用了"标题 1"～"标题 9"等样式，那么所有"正文文本"内容不会被发送到 PowerPoint 演示文稿中，否则，所有"正文文本"内容将被转换为 PowerPoint 标题占位符中的内容。

例如，Word 文档中的各级文本与转换后 PowerPoint 幻灯片中的文本级别存在的对应转换效果如图 4-5 所示。

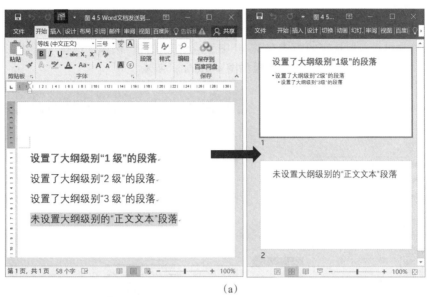

(a)

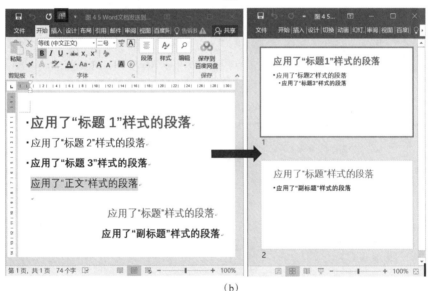

(b)

图 4-5　Word 文档发送到 PowerPoint 的转换效果

（a）未应用样式的 Word 文档转换为 PowerPoint 演示文稿；（b）应用了样式的 Word 文档转换为 PowerPoint 演示文稿

2. 将 PowerPoint 演示文稿共享给 Word

PowerPoint 演示文稿可以直接转换为 Word 讲义文件，便于浏览和打印。

1）操作步骤

打开 PowerPoint 演示文稿，执行以下操作。

（1）打开 "PowerPoint 选项" 对话框，选中 "快速访问工具栏" 选项卡，在 "从下列位置选择命令" 下拉列表的 "所有命令" 中，找到并选中 "在 Microsoft Word 中创建讲义" 命令，单击 "添加" 按钮，将其添加到快速访问工具栏。

（2）在快速访问工具栏中，单击 "在 Microsoft Word 中创建讲义" 按钮。

（3）在如图 4-6（a）所示的"发送到 Microsoft Word"对话框中，选择生成 Word 讲义的版式，以及共享数据的方式。

2）转换效果

所有幻灯片可以按照选定的版式在 Word 中生成讲义文件，例如，选择"备注在幻灯片旁"的版式、以"粘贴"方式进行转换的效果如图 4-6（b）所示。

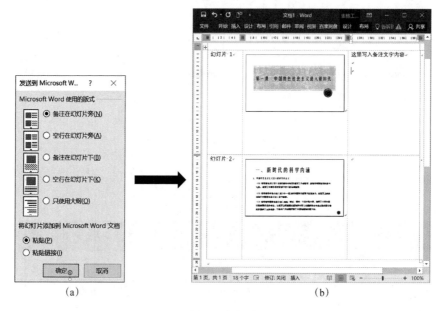

图 4-6　PowerPoint 演示文稿发送到 Word 的转换效果

（a）"发送到 Microsoft Word"对话框；（b）转换效果

本篇习题

1. 单项选择题

（1）下列（　　）不属于 Word 文档视图。

A. 页面视图　　　　　B. 阅读视图　　　　　C. 大纲视图　　　　　D. 放映视图

（2）下面（　　）是 Excel 2016 功能区中的选项卡。

A. 开始、插入、设计、公式、数据等　　　B. 开始、插入、页面布局、公式、数据等

C. 文件、插入、设计、审阅、数据等　　　D. 开始、插入、选项、公式、数据等

（3）以下（　　）属于 PowerPoint 2016 幻灯片浏览视图的主要功能。

A. 浏览动画和幻灯片切换效果　　　　　　B. 编辑修改幻灯片的内容及格式

C. 对幻灯片的内容设计动画效果　　　　　D. 对幻灯片进行移动、复制或顺序调整

（4）根据 Word 编写的教案文档创建 PowerPoint 课件，以下（　　）是最优的操作方法。

A. 打开 Word 教案文档，将相关内容复制到 PowerPoint 的幻灯片中

B. 在 PowerPoint 演示文稿中，通过插入对象的方式将 Word 教案内容插入幻灯片中

C. 打开 Word 教案文档，设置各段落的大纲级别，将 Word 文档发送到 PowerPoint

D. 参考 Word 教案，在 PowerPoint 幻灯片中输入相关内容

（5）对三个 Excel 2016 文件中的数据进行比较的最优方法是（　　）。

A. 通过窗口的全部重排功能，将这三个文件平铺在屏幕上比较

B. 分别打开这三个文件，在各个窗口之间切换查看比较

C. 分别将这三个文件的数据复制到同一个工作表中进行比较

D. 通过并排查看功能，将这三个文件的数据分别进行比较

（6）将 Excel 表格插入 Word 文档中，若希望其表格内容可以随 Excel 源文件的数据变化而自动变化，错误的操作方法是（　　）。

A. 在 Word 中执行"插入"选项卡→"表格"下拉按钮→"Excel 电子表格"命令，链接 Excel 表格

B. 在 Word 中单击"插入"选项卡→"文本"组→"对象"按钮，插入一个可以链接到源文件的 Excel 文件

C. 复制 Excel 源数据，在 Word 中执行右键快捷菜单带有链接功能的粘贴命令

D. 复制 Excel 源数据，在 Word 中执行"开始"选项卡→"剪贴板"组→"粘贴"下拉按钮→"选择性粘贴"命令，进行粘贴链接操作

（7）在 Word 2016 中，新创建的空白文档默认使用的模板是（　　）。

A. Normal. docx　　　B. Normal. docm　　　C. Normal. dotx　　　D. Normal. dotm

（8）在 Office 2016 三大组件中，以下关于自动保存文件的说法，正确的是（　　）。

A. 用户若不设置自动保存时间，则系统不会自动保存

B. 自动保存的默认时间间隔是 10 分钟

C. 自动保存时间间隔越短越好

D. 自动保存时间间隔越长越好

第三篇
文字处理软件 Word 2016

　　Word 作为 MS Office 办公软件套装中的核心组件，是一款流行的文字处理软件，具有文字编辑、格式排版、图文美化、长文档管理、批处理和审阅等强大功能，已成为现代人学习和工作不可或缺的工具。

　　本篇涉及的 Word 2016 知识点如下：

- 文档的基本编辑操作
- 文件的基本排版与美化
- 长文档的编辑与管理
- 使用邮件合并功能对文档进行批处理
- 文档的审阅
- 文档的导出与打印

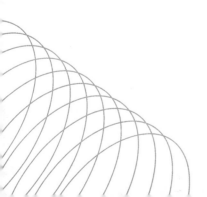

第 5 章

Word 的基本编辑、排版与美化

文档的基础操作包括输入和修改文档内容，对文本、段落及页面进行排版，以及对文档进行美化设置等。

5.1

文档的基本编辑

新建 Word 文档后，即可输入内容，并通过基本编辑对内容进行完善。

5.1.1 文本的输入

输入文档内容通常有如下操作。

1. 插入点定位

在 Word 文档中，系统通常以闪动光标的形式提示插入点的位置，输入的内容会自动出现在插入点处，插入点定位的操作方法通常有以下四种。

（1）使用鼠标在指定位置单击。

（2）使用键盘的按键来移动光标，见表 5-1。

表 5-1 控制光标位置的键盘按键

按键	功能
↑/↓	光标移动到上/下一行
←/→	光标向左/右移动一个字符
Home/End	光标移动到行首/行尾
PageUp/PageDown	光标移动到前一页/后一页
Ctrl+Home/End 键	光标移动到文档首/文档尾
Ctrl+PageUp/PageDown	光标移动到前一页/后一页的起始处
Alt+Ctrl+PageUp/PageDown	光标移动到当前可视内容的开始/结尾
Shift+F5	光标移动到最近修改过的 3 个位置

（3）在"开始"选项卡的"编辑"组中，单击"查找"下拉按钮，在下拉列表中选择"转到"命令，或者单击同组的"替换"按钮，打开"查找和替换"对话框后，选中"定位"选项卡，可将插入点定位到指定的页、节、行、书签、批注、脚注、尾注、域、表格、图形、公式、对象和标题等。

（4）在"视图"选项卡的"显示"组中，勾选"导航窗格"复选框，打开"导航"任务窗格，选中"标题"选项卡，单击相应的标题，即可快速定位到该标题段落的起始位置。

2. 输入内容

除了可以使用"2.1 常用字符的输入"节介绍的方法输入英文、汉字、数字和特殊符号等字符，还可以在"插入"选项卡的"符号"组和"文本"组中，使用按钮生成以下内容。

1）符号

在"插入"选项卡的"符号"组中，单击"符号"下拉按钮，在下拉列表中选择最近使用过的符号；也可以选择"其他符号"命令，打开如图 5-1 所示的"符号"对话框，在"符号"选项卡中选择所需的符号，在"特殊字符"选项卡中可以选择所需的特殊字符。

2）公式

在"插入"选项卡的"符号"组中，通过以下三种常见方法，可以在插入点处输入所需的公式。

（1）单击"公式"下拉按钮，选择列表框中的任意内置公式即可快速完成公式的输入，也可以单击"office.com 中的其他公式"命令，在下拉列表中选择更多公式。

（2）通过插入公式符号并辅以键盘输入公式。使用以下两种常用操作方法可以插入各种公式符号。

①单击"公式"按钮，在"公式工具|设计"选项卡中，单击相应的按钮可插入如根式、积分、函数等公式符号。

②单击"公式"下拉按钮，选择"插入新公式"命令，也可以打开"公式工具|设计"选项卡。

（3）单击"公式"下拉按钮，选择"墨迹公式"命令，打开如图5-2所示的对话框，可以使用鼠标或触笔等输入设备手写输入公式。

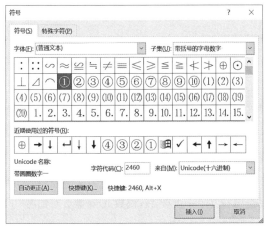

图5-1 "符号"对话框

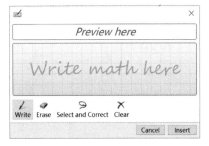

图5-2 墨迹公式

3）编号

在"插入"选项卡的"符号"组中，单击"编号"按钮，打开"编号"对话框，在"编号"框中输入数字，在"编号类型"列表框中选择格式，单击"确定"按钮，将会在插入点位置输入指定格式的编号。

例如，在"编号"框中输入数字5，"编号类型"列表框中选择"甲，乙，丙…"，则结果会输入"戊"，如图5-3所示。

4）日期和时间

在"插入"选项卡的"文本"组中，单击"日期和时间"按钮，打开"日期和时间"对话框，先在"语言"下拉列表中选择语言，然后在"可用格式"列表中选择合适的格式选项，单击"确定"按钮即可输入日期和时间。

图5-3 "编号"对话框的使用

若勾选"日期和时间"对话框中的"自动更新"复选框，则可以使插入的日期和时间与系统日期时间同步。

5）插入对象

在"插入"选项卡的"文本"组中，单击"对象"下拉按钮，有以下两种情况。

（1）插入文档对象：参见"4.2.2 使用'插入对象'嵌入数据"节中的相关介绍。

（2）插入外部文件中的文本：在下拉列表中选择"文件中的文字"命令，打开"插入文件"对话框，定位并选择指定的外部文件后，单击"插入"按钮，可以将外部文件中的全部文本内容复制插入当前光标位置。

3. 使用编辑标记

在Word文档编辑过程中会出现一些不可打印的标记，也称为编辑标记，如段落符号、手动换行符、分节符等。

1）编辑标记

Word文档中常见的编辑标记及其操作方法见表5-2。

表 5-2　Word 文档中常见的编辑标记及其操作方法

名称	标记符号示例	常用操作方法
段落标记	↵	按下 Enter 键
手动换行符	↓	按下快捷键 Shift+Enter "布局"选项卡→"页面设置"组→"分隔符"下拉按钮→"自动换行符"选项
半角空格	·	半角字符状态，按下 Space 键
全角空格	□	全角字符状态，按下 Space 键
制表符	→	按下 Tab 键
分节符	分节符(下一页)	"布局"选项卡→"页面设置"组→"分隔符"下拉按钮→分节符（下一页/连续/偶数页/奇数页）选项
分页符	——分页符——	按下快捷键 Ctrl+Enter "布局"选项卡→"页面设置"组→"分隔符"下拉按钮→"分页符"选项 "插入"选项卡→"页面"组→"分页"按钮
分栏符	……分栏符……	"布局"选项卡→"页面设置"组→"分隔符"下拉按钮→"分栏符"选项
隐藏文字	a̲b̲c̲	"字体"对话框→"字体"选项卡→"隐藏"选项
对象位置	⚓	设置"环绕文字"方式（非"嵌入型"）

2）显示/隐藏编辑标记

在"开始"选项卡的"段落"组中，单击"显示/隐藏编辑标记"按钮，可以设置编辑标记的显示与隐藏。显示编辑标记是一种良好的习惯，便于发现排版问题。

【案例 5-1】按下列要求完成操作。

（1）新建 Word 文档文件，保存为"案例 5-1 文本的输入.docx"，以下操作均在本文件中完成。

（2）插入素材"案例 5-1 字符输入.txt"文件中的全部文本内容。

（3）显示编辑标记，在第三个段落的最左侧输入半角空格和编号"③"，在第三个段落各符号间均输入一个全角空格，效果见"案例 5-1 字符输入效果图-1.jpg"文件。

（4）参照"案例 5-1 字符输入效果图-2.jpg"文件效果，为第七个段落输入相应的符号。

（5）在文档结尾处输入两个手动换行符后，输入"高斯积分公式：$\int_{-\infty}^{\infty} e^{-x^2} dx = \sqrt{\pi}$"。

【操作步骤】操作视频见二维码 5-1。

（1）新建并保存文件。

①单击"开始"按钮→"Word 2016"程序，启动 Word 软件并建立空白文件。

②单击"文件"选项卡→"保存"/"另存为"命令→"浏览"选项。

③在"另存为"对话框中，定位文件的保存位置，并在"文件名"框中

二维码 5-1

输入主文件名"案例 5-1 文本的输入","保存类型"保持不变,单击"保存"按钮。

(2)单击"插入"选项卡→"文本"组→"对象"下拉按钮→"文件中的文字"命令。在"插入文件"对话框中,单击"文件类型"下拉按钮→"所有文件"选项,定位并选择"案例 5-1 字符输入 .txt"文件,单击"插入"按钮。在"文件转换"对话框中,"文本编码"保持选择"其他编码"列表中的"Unicode(UTF-8)"选项,单击"确定"按钮。

(3)显示编辑标记,打开"案例 5-1 字符输入效果图-1.jpg"文件,按所示内容输入空格和编号。

①单击"开始"选项卡→"段落"组→"显示/隐藏编辑标记"按钮,显示编辑标记。

②将插入点定位到第三个段落"特"字的左侧,按下 Space 键三次,单击"插入"选项卡→"符号"组→"编号"按钮。

③在"编号"对话框中,选择"编号类型"列表框中的"①,②,③…",在"编号"框中输入数字"3",单击"确定"按钮。

④输入法切换到"全角"状态,将插入点定位到"§"符号的右侧,按下 Space 键;以此类推,在第三个段落各符号间均输入一个全角空格。

(4)打开"案例 5-1 字符输入效果图-2.jpg"文件,按其效果输入符号。

①单击"插入"选项卡→"符号"组→"符号"下拉按钮→"其他符号"命令。

②将插入点定位到文本"32"的右侧,在"符号"对话框中,单击"符号"选项卡→"字体"下拉按钮→"普通文本"选项,单击"子集"下拉按钮→"类似字母的符号"选项,在符号列表中选中符号"℃",单击"插入"按钮。

③将插入点定位到文本"睛"的右侧,单击"符号"选项卡→"字体"下拉按钮→"Wingdings"选项,在符号列表中双击"✿"符号。以此类推,输入本段落中所有缺失的符号。

(5)输入两个手动换行符和高斯积分公式。

①将插入点定位在文档结尾处,单击"布局"选项卡→"页面设置"组→"分隔符"下拉按钮→"自动换行符"命令,按下快捷键 Shift+Enter,输入两个手动换行符。

②输入文本"高斯积分公式:"。

③单击"插入"选项卡→"符号"组→"公式"按钮,使用"公式工具|设计"选项卡,按效果图从左至右依次输入高斯积分公式。

5.1.2 文本的选择

在 Word 文档中,选中文本后才能对其实现进一步编辑,下面介绍选择文本的几种常用操作。

(1)选择连续的文本:将鼠标指针定位到要选择文本的开始位置,按住鼠标左键并拖动到要选择文本的结束位置,松开鼠标。

(2)选择不连续的文本:先选中一部分连续的文本,按住 Ctrl 键,再按住鼠标左键拖动选择另一处连续文本。

(3)选择一个词语:在词语处双击。

(4)选择一个句子:按住 Ctrl 键,鼠标指针移动到句子中的任意位置处单击。

(5)选择一行或多行文本,主要有以下三种常用操作。

①鼠标指针移动到该行左页边距内,变为右上箭头 ⬈ 时单击,可以选中一行文本。

②鼠标指针移动到该行左页边距内,变为右上箭头 ⬈ 时按住鼠标左键向下拖动,可选择本

行及连续多行文本。

③选中一行或连续多行后，类似操作，按住 Ctrl 键，再按住鼠标左键向下单击或拖动，可选择不连续的多行文本。

（6）选择一整段文本，主要有以下两种常用操作方法。

①在该段落任意处同一位置连续三次快速单击。

②鼠标指针移动到该段左页边距内，变为右上箭头 时双击。

（7）选择矩形文本：按住 Alt 键，再将鼠标指针定位到要选择文本的开始位置，按住鼠标左键并拖动到要选择文本的结束位置。

注意：本操作不适用于表格内的文本选择。

（8）选择跨页长文本：先将插入点定位到要选择文本的开始位置，再使用鼠标拖动垂直滚动条到要选择的长文本的结尾页，按住 Shift 键，单击结束位置。

（9）选择整篇文档的所有内容：主要有以下三种常用操作方法。

①按下快捷键 Ctrl+A。

②鼠标指针移动到文档左页边距内，变为 时在同一位置连续三次快速单击。

③在"开始"选项卡的"编辑"组中，单击"选择"下拉按钮，选择"全选"命令。

（10）选择格式相似的文本：将插入点定位到指定格式的文本中，在"开始"选项卡的"编辑"组中，单击"选择"下拉按钮，在下拉列表中选择"选择格式相似的文本"命令。

5.1.3 文本的插入与删除

在文档的编辑过程中，经常要进行插入文本和删除文本的操作。

1. 插入文本

Word 文档有"插入"和"改写"两种输入模式。默认为"插入"模式。

1）认识输入格式

在"插入"模式下输入文本，插入点及其后的内容将自动向后移动；切换为"改写"模式后，输入的文本会自动替换插入点后面的文本。

若选中内容后再输入文本，则无论在何种输入模式下，输入的内容都会自动替换选中的内容。

2）查看输入模式

右击状态栏任意位置，在快捷菜单中勾选"改写"选项，可在状态栏中显示当前输入模式。

3）切换输入模式

控制输入模式在"插入"和"改写"间切换，有以下两种常见的切换方法。

（1）在状态栏上单击"插入"或者"改写"按钮。

（2）按下 Insert 键。

2. 删除文本

在 Word 文档中删除文本有以下两种常见方法。

（1）按下 Backspace 键可以依次删除光标左侧的字符；按下 Delete 键可以依次删除光标右侧的字符。

（2）选中文本，按下 Delete 或 Backspace 键，可以一次性删除选中的所有文本。

对于误删除的文本，可以按下快捷键 Ctrl+Z，或者单击快速访问工具栏中的"撤消键入"按钮，进行撤消操作。

【案例5-2】打开"案例5-1文本的输入.docx"文件，将其另存为"案例5-2文本的选择、插入与删除.docx"，按下列要求完成操作。

（1）将日期"2021/7/26"更改为可自动更新的当前系统日期。

（2）按素材"案例5-2字符输入效果图-3.jpg"所示效果，插入多个段落标记（注意段落标记的位置）。

（3）删除整段英文内容。

【操作步骤】操作视频见二维码5-2。

二维码5-2

（1）选中文本"2021/7/26"，单击"插入"选项卡→"文本"组→"日期和时间"按钮。在"日期和时间"对话框中，单击"语言"下拉按钮→"中文"选项，在"可用格式"列表中选择第2个选项，勾选"自动更新"复选框，单击"确定"按钮。

（2）打开素材文件"案例5-1字符输入效果图-3.jpg"，插入多个段落标记。

①顶格处空白段落标记的生成：将插入点分别定位到各段落的最左侧，按下Enter键。

②在"③"和"④"段之间空白段落的生成：将插入点定位到"③特殊字符输入……"段落的结尾处，连续按下Enter键两次。

（3）选中英文整段，按下Delete键或Backspace键。

5.1.4 文档内容的复制与移动

文档内容的复制/移动的整个过程都与文件/文件夹的复制/移动类似，但是在使用"剪贴板"做粘贴操作时，可以有以下两种不同的设置。

1. 使用"粘贴选项"

在"开始"选项卡的"剪贴板"组中，单击如图5-4（a）所示的"粘贴"下拉按钮；或者右击目标位置，在如图5-4（b）所示的"粘贴选项"中，单击下列三种相应按钮之一，可以选择更多的格式进行粘贴。

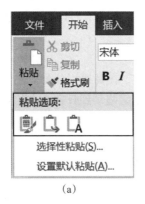

（a）

（b）

图5-4 "粘贴选项"

（a）"粘贴"下拉列表的"粘贴选项"；（b）快捷菜单的"粘贴选项"

（1）"保留源格式"按钮 ：保留所复制/移动文本的原有格式。

（2）"合并格式"按钮 ：仅保留所复制/移动文本原有的被视为强调效果的格式（如加粗、倾斜、下画线等），同时合并应用其目标位置的字符和段落格式。

（3）"只保留文本"按钮 ：粘贴操作的结果仅保留文本，且文本应用其目标位置的字符和段落格式。选择这种方式进行粘贴，则数据源中的非文本元素将会丢失或者转换为纯文本。

2. 使用"选择性粘贴"

在跨文档复制中，选择性粘贴提供了更为实用的操作。

在"开始"选项卡的"剪贴板"组中，单击"粘贴"下拉按钮，在下拉列表中选择"选择性粘贴"命令，打开"选择性粘贴"对话框。

（1）选择"粘贴"项：选择"形式"列表框中的指定格式进行粘贴，如图 5-5 所示。

（2）选择"粘贴链接"项：参见"4.2.1 使用'剪贴板'创建内容的链接"节的相关介绍。

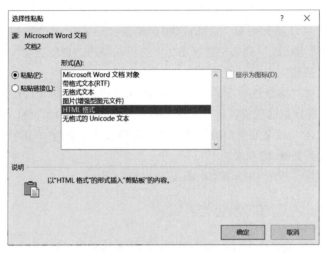

图 5-5 "选择性粘贴"对话框

【案例 5-3】打开"案例 5-2 文本的选择、插入与删除.docx"文件，将其另存为"案例 5-3 文本的复制与移动.docx"，按下列要求完成操作。

（1）将高斯积分公式整行移动到日期的上方，并独立成为一个段落。

（2）复制素材"案例 5-3 成绩.xlsx"中的所有成绩内容，在文档末尾连续做三次不同的粘贴：保留源格式粘贴、只保留文本粘贴和粘贴链接（要求 Excel 文件中的内容发生变化，Word 中的成绩信息会随之发生变化）。

【操作步骤】操作视频见二维码 5-3。

（1）将插入点定位到日期的左侧，按下 Enter 键。在高斯积分公式左侧空白处单击选中整行，将鼠标指针移动到所选行上，左键拖动到日期上方的空白段落处。

二维码 5-3

（2）复制后执行不同的粘贴操作。

①将插入点定位到文档末尾，打开素材"案例 5-3 成绩.xlsx"文件，选中所有成绩内容，执行"复制"操作。

②切换到"案例 5-3 文本的复制与移动.docx"文件窗口，单击"开始"选项卡→"剪贴板"组→"粘贴"按钮。

③单击"粘贴"下拉按钮，在下拉列表的"粘贴选项"中单击第 3 个按钮"只保留文本"。

④按下 Enter 键，单击"粘贴"下拉按钮，在下拉列表中选择"选择性粘贴"命令。在"选择性粘贴"对话框中，单击"粘贴链接"单选按钮，在"形式"列表中选择"Microsoft Excel 工作表对象"选项，单击"确定"按钮。

5.1.5　查找与替换

使用查找与替换功能，可以精准高效地完成内容的搜索与更改操作。

1. 查找

在文档中查找数据，可以通过"导航"任务窗格和"查找和替换"对话框两种方式实现。

1) 使用"导航"任务窗格查找数据

打开"导航"任务窗格并输入要搜索的关键字，可实现数据的查找。具体操作步骤如下：

(1) 使用以下操作方法打开"导航"任务窗格，如图5-6（a）所示。

①在"开始"选项卡的"编辑"组中，单击"查找"按钮。

②在"开始"选项卡的"编辑"组中，单击"查找"下拉按钮后选择"查找"命令。

③按下快捷键Ctrl+F。

④在"视图"选项卡的"显示"组中，单击"导航窗格"按钮。

打开"导航"任务窗格后，拖动"导航"任务窗格的标题区域，可将其调整到任意位置；双击其标题区域，可将其固定在Word窗口的左侧。

(2) 在"导航"任务窗格的搜索框中输入要查找的内容，例如，输入搜索关键字"科学奖"，则查找结果如图5-6（b）所示。

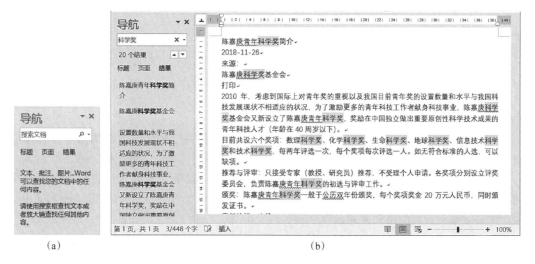

(a)　　　　　　　　　　　　　　　(b)

图5-6　"导航"任务窗格

（a）输入内容前的结果；（b）输入内容后找到的结果

在左侧"导航"任务窗格的"结果"选项卡下，集中显示查找到的结果，右侧文档窗格中所有查找结果均以黄色突出显示。在"导航"任务窗格中单击任意查找结果，文档窗格中会快速定位到相应的查找内容；单击向上或向下箭头按钮 ▲ ▼ ，则光标会跳转到上一条/下一条查找内容。

注意：在"导航"任务窗格中，"标题"选项卡可以方便浏览、定位、添加或更改标题级别的内容，重新组织文档；"页面"选项卡则以缩略图的方式按页显示内容，方便浏览、定位。

2) 使用"查找和替换"对话框查找内容

使用"查找和替换"对话框可以查找更多内容，如带格式的文本、段落标记、脚注/尾注标记、指定字符等，具体操作步骤如下：

（1）在"开始"选项卡的"编辑"组中，单击"查找"下拉按钮后选择"高级查找"命令，打开"查找和替换"对话框的"查找"选项卡。

（2）在"查找内容"框中输入或粘贴要查找的文本。

（3）单击"更多"按钮，可以展开"查找和替换"对话框，通过以下操作进一步设置要查找内容的格式，如图5-7所示。

图 5-7 "查找和替换"对话框

①勾选"搜索选项"中的复选项可以进一步限制搜索条件，例如，要在文档中仅查找全角空格，可以在"查找内容"中输入全角空格后，勾选"区分全/半角"复选框。

②单击左下方的"格式"下拉按钮，进行如"字体""段落"等格式设置，可以将查找对象的格式也作为搜索条件，例如，查找带蓝色波浪线的"科学奖"文本。单击"不限定格式"按钮，则可以取消设置的格式搜索条件。

③如果要在"查找"内容框中输入特殊符号，如"段落标记""域""手动换行符"等内容，可以单击"特殊格式"下拉按钮，在下拉列表中选择需要的选项。此时，若勾选"使用通配符"复选框，再单击"特殊格式"下拉按钮，可以查找更多格式的内容，例如，查找"第1章""第2章"……"第9章"，可以在"查找内容"框中，输入"第［1-9］章"。

（4）单击"在以下项中查找"下拉按钮，可以限定查找的范围（主文档、页眉和页脚、批注、主文档中的文本框）。

（5）执行查找操作：每次单击"查找下一处"按钮，Word会按照"搜索"下拉列表中的指定顺序（全部、向上、向下）依次选中查找内容。其中，默认的"全部"选项表示从插入点位置向下查找到达文档结束位置后，再自动从文档开始位置查找到原插入点位置，以完成全部查找一遍；"向下"/"向上"选项表示从插入点开始向文档尾/首方向查找。

2. 替换

使用替换功能可以批量修改查找的内容及格式，也可以快速删除内容。

在"开始"选项卡的"编辑"组中，单击"替换"按钮或者按下快捷键Ctrl+H，打开"查找和替换"对话框，在"替换"选项卡中可对查找和替换内容进行设置，如图5-8所示。

图5-8　"查找和替换"对话框的"替换"选项卡

（1）在"查找内容"框输入要修改或删除的内容。单击"更多"按钮，可以设置搜索选项、限定查找内容的格式，其操作方法与在"查找"选项卡中的操作相同。

（2）在"替换为"框中输入要替换的内容，并根据需要进行格式设置。

（3）使用下面两种常用方法，可以执行替换操作。

①单击"查找下一处"按钮或"替换"按钮，可逐个定位查找内容或对查找内容进行逐个替换。

②单击"全部替换"按钮，将对整个文档所有查找到的内容一次性做替换操作。

【案例5-4】打开"案例5-3文本的复制与移动.docx"文件，将其另存为"案例5-4查找与替换.docx"，按下列要求完成操作。

（1）使用查找功能，找到"早晨"文本，将其删除。

（2）使用替换功能完成以下操作。

①将所有"字符"文字替换为红色"符号"文字并突出显示。

②删除所有全角空格（半角空格不删除）。

③将手动换行符替换为段落标记。

④删除所有空段。

（3）隐藏编辑标记。

【操作步骤】操作视频见二维码5-4。

（1）单击"开始"选项卡→"编辑"组→"查找"按钮。在"导航"任务窗格中，单击"搜索文档"框，输入文本"早晨"，在正文中选中黄色底纹标记的"早晨"文本，按下Delete键将其删除，单击"导航"任务窗格→"搜索暂停"的"向上"/"向下"按钮，继续查找"早晨"文本，找到后手工删除，直到没有为止。关闭"导航"任务窗格。

二维码5-4

（2）单击"开始"选项卡→"编辑"组→"替换"按钮，使用替换功能完成以下操作。

①在"查找和替换"对话框中，单击"查找内容"框，输入文本"字符"；单击"替换为"框，输入文本"符号"；单击"更多"按钮，将插入点定位到"替换为"框中，单击"格式"下拉按钮→"字体"命令。在"替换字体"对话框中，单击"字体颜色"下拉按钮→"红色"选项，单击"确定"按钮关闭该对话框。然后在"查找和替换"对话框中，单击"格式"下拉按钮→"突出显示"命令；最后单击"全部替换"按钮。

②选中文档中任意一个全角空格"□"，按下快捷键Ctrl+C；在"查找和替换"对话框中，单击"查找内容"框，选中所有内容后按下快捷键Ctrl+V；勾选"搜索选项"中的"区分全/半角"复选框；单击"替换为"框，删除所有内容，并单击"不限定格式"按钮清除格式；单击"全部替换"按钮。

③删除"查找内容"框中的所有内容，单击"特殊格式"下拉按钮→"手动换行符"选项；将插入点定位到"替换为"框中，单击"特殊格式"下拉按钮→"段落标记"选项；单击"全部替换"按钮。

④删除"查找内容"框中的所有内容,单击两次"特殊格式"下拉按钮→"段落标记"选项,"替换为"框中的值为"^p"不变,多次单击"全部替换"按钮和"确定"按钮,直至提示"全部完成。完成0处替换"为止,关闭"查找和替换"对话框。最后,人工检查空段,进行手动删除。

(3)单击"开始"选项卡→"段落"组→"显示/隐藏编辑标记"按钮。

5.2

文档的基本排版

对于已输入文本内容的文档,可进行基本排版操作,包括字符格式、段落格式和页面格式设置,从而使文档布局更加合理和美观。

5.2.1 字符格式

字符格式是指字符的外观显示效果。文本选中后,通过以下常用操作方法可以进行字符格式的设置。

(1)在"开始"选项卡的"字体"组中单击相应的按钮,如图5-9(a)所示。

(2)在"开始"选项卡中,单击"字体"组中右下角的"对话框启动器"按钮 ;或者右击选中的文本,在快捷菜单中选择"字体"命令,均可打开"字体"对话框设置,如图5-9(b)所示。

(3)单击"浮动工具栏"中的按钮,如图5-9(c)所示。

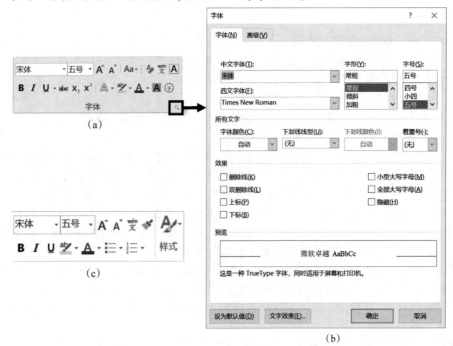

图5-9 字符格式

(a)"开始"选项卡的"字体"组;(b)"字体"对话框;(c)"浮动工具栏"

（4）按下快捷键（指针停放在功能区的按钮上时，快捷键会出现在屏幕提示中），例如，按下快捷键 Ctrl+B 为加粗，按下快捷键 Ctrl+I 为斜体等。

常用的字符格式包括字号、字体、字形、字体颜色等。

1. 字号

字号即字符的大小，文档默认的字号为"五号"。文本选中后，修改其字号的常见方法有以下两种。

（1）在"开始"选项卡的"字体"组中，单击"字号"下拉按钮 五号▾ ，在下拉列表中选择一种字号单击；或者直接在"字号"框中输入字号值，然后按下 Enter 键。

（2）在"开始"选项卡的"字体"组中，单击"增大字号"或者"减小字号"按钮 A˙ A˙ ，进行字号大小的调整，调整后的字号值将自动显示在"字号"框中。

2. 字体

在 Word 文档中，默认的字体为"等线"。选中文本后，在"开始"选项卡的"字体"组中单击"字体"下拉按钮 等线(中文正)▾ ，在下拉列表中选择任意一种字体，或者直接在"字体"框中输入字体名称，均可以快速更改文本字体。

如果需要对中文和西文分别设置不同的字体，可以打开"字体"对话框，在"字体"选项卡中，分别设置中文字体和西文字体。

3. 字形

Word 文档中默认的字形为"常规"。在"开始"选项卡的"字体"组中，单击"加粗"按钮 **B** 、"倾斜"按钮 *I* ，或者通过"字体"对话框设置"加粗""倾斜"字形，可以将选中的文本设置为加粗或倾斜的效果。

4. 字体颜色

Word 文档中默认的字体颜色为"自动"（黑色），在"开始"选项卡的"字体"组中，单击"字体颜色"下拉按钮 A▾ ，可以为所选文本更改字体颜色，主要包括主题颜色、标准色、其他颜色、渐变颜色等设置。

1）主题颜色

Word 文档默认应用"Office"主题，对应的主题颜色集如图 5-10（a）所示。如果在"设计"选项卡的"文档格式"组中，对文档更换了不同的主题，则显示的主题颜色会随之发生变化。例如，文档应用了"离子会议室"主题后，"字体颜色"下拉列表如图 5-10（b）所示。

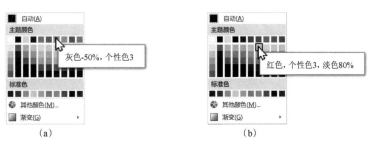

图 5-10　两种不同主题对应的"字体颜色"

（a）"Office"主题的字体颜色；（b）"离子会议室"主题的字体颜色

2）标准色

Word 文档应用任意主题，标准色均为深红、红色、橙色等十种颜色集合。

3）其他颜色

除了标准色和主题颜色以外，选择"其他颜色"命令，可以打开如图 5-11 所示的"颜色"

对话框，通过"标准"选项卡或者"自定义"选项卡选择合适的颜色。

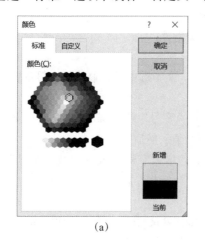 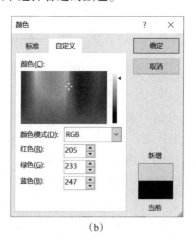

图 5-11 "颜色"对话框

（a）"标准"选项卡；（b）"自定义"选项卡

4）渐变颜色

使用渐变颜色可以为文本设置多种颜色效果。选择"渐变"命令，下拉列表如图 5-12（a）所示，可以选择一种"变体"颜色；或者选择"其他渐变"命令，打开"设置文本效果格式"任务窗格，如图 5-12（b）所示；单击"文本填充与轮廓"选项卡，在"文本填充"组中，单击"渐变填充"单选按钮，通过设置各选项内容为所选文本填充预设渐变颜色。

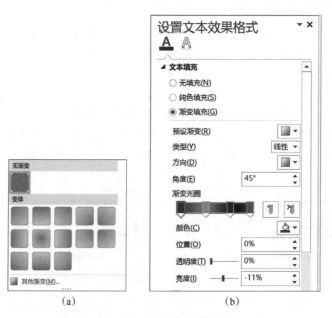

图 5-12 渐变颜色的设置

（a）"渐变"下拉列表；（b）"设置文本效果格式"任务窗格

5. 下画线

Word 文档中默认无下画线，如果需要对选中的文本添加/更改下画线，可以使用以下三种常用操作方法。

（1）在"开始"选项卡的"字体"组中，单击"下画线"按钮 U 。

（2）在"开始"选项卡的"字体"组中，单击"下画线"下拉按钮 U ，在下拉列表中选择指定线型或颜色的下画线。

（3）在"字体"对话框中，通过"下画线线型"下拉按钮或"下画线颜色"下拉按钮，指定下画线的线型或颜色。

6. 着重号

为文本添加着重号可以突出显示该文本。可以在"字体"对话框的"字体"选项卡中，单击"着重号"下拉按钮，选择"."选项，对选中的文本设置着重号。

7. 其他常用效果

在"开始"选项卡"字体"组中，单击按钮 abc / x² / x₂ 等，可以对选中的文本添加删除线/上标/下标等常用效果。

8. 字符间距

Word 文档中默认的字符缩放比例为100%、间距和位置均为"标准"设置。打开"字体"对话框，在"高级"选项卡的"字符间距"组中，可以对字符缩放、间距和位置进行调整设置，效果如图5-13所示。

（1）缩放：通过改变所选字符的宽度比例调整选中文本所占的宽度。

（2）间距：通过改变所选字符的间隔距离调整选中文本所占的宽度。

（3）位置：可以设置所选文本在垂直方向的位置。

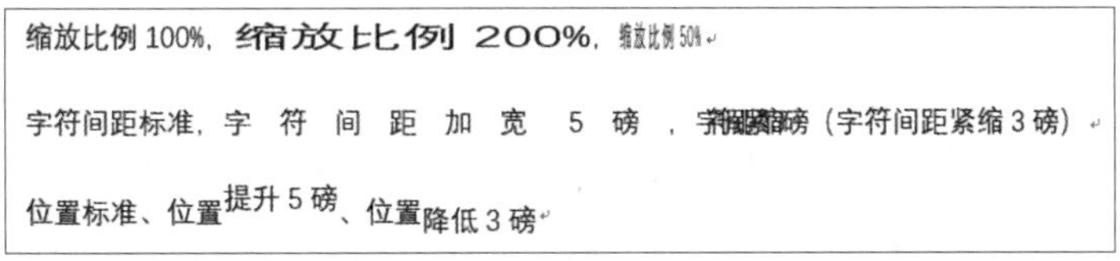

图 5-13 字符间距效果

9. 文本效果

在 Word 文档中，可以为所选文本设置类似艺术字的外观效果，如阴影、映像、发光、轮廓等。具体操作方法如下：在"开始"选项卡的"字体"组中，单击"文本效果和版式"下拉按钮 A ，在下拉列表中选择预设文本效果或自定义文本效果，如图5-14（a）所示；或者在"设置文本效果格式"任务窗格中，单击"文字效果"选项卡，自定义文本效果，如图5-14（b）所示。

10. 清除字符格式

使用"清除字符格式"功能可以取消文本所有的字符格式设置，使其恢复为 Word 文档默认的字符格式，具体操作方法如下：在"开始"选项卡的"字体"组中，单击"清除所有格式"按钮 。

注意：使用"清除所有格式"功能，不能取消"以不同颜色突出显示文本"效果。

11. 自定义字符格式的默认值

如果想要自定义 Word 文档的默认字符格式，可以在"字体"对话框中先进行格式设置，如中文字体设置为"华文彩云"、字体颜色设置为"蓝色"，再单击对话框左下角的"设为默认值"按钮，在打开的对话框中选择应用范围，即可完成对默认字符格式的自定义设置。

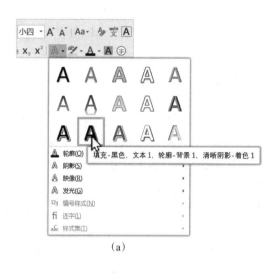

（a）

（b）

图 5-14　文本效果的设置

（a）"文本效果和版式"下拉列表；（b）"文字效果"选项卡

【案例 5-5】 打开"案例 5-5 陈嘉庚青年科学奖 . doc"素材文件，将其另存为"案例 5-5 字符格式 . docx"，按下列要求完成操作。

（1）对全文设置：中文字体为宋体，英文字体为 Times New Roman，字号为四号。

（2）对第一段文字"陈嘉庚青年科学奖简介"进行字符设置：字体为微软雅黑、字号为 28.5、字符间距加宽 3 磅、"右下斜偏移"阴影文本效果。

（3）将"2018-11-26"至"打印"这四段合并为一个段落，然后选中该段落，设置字号为 10.5，字体颜色为"白色，背景 1，深色 50%"。

（4）对文本"年龄在 40 周岁以下"加着重号。

（5）对"目前共设六个奖项："所在段落的六个具体奖项名称添加"橙色，个性色 2"颜色的粗下画线。

（6）对最后 7 行文字应用加粗效果。

【操作步骤】 操作视频见二维码 5-5。

（1）按下快捷键 Ctrl+A 选中全文，单击"开始"选项卡→"字体"组→"对话框启动器"按钮。在"字体"对话框中，单击"字体"选项卡→"中文字体"下拉按钮→"宋体"选项，单击"西文字体"下拉按钮→"Times New Roman"选项；单击"字号"列表框→"四号"选项；单击"确定"按钮。

二维码 5-5

（2）选中文本"陈嘉庚青年科学奖简介"，设置如下字符格式。

①设置字体、字号：单击"开始"选项卡→"字体"组→"字体"下拉按钮→"微软雅黑"选项；单击"开始"选项卡→"字体"组→"字号"框，输入"28.5"，按下 Enter 键确认。

②设置字符间距：打开"字体"对话框，单击"高级"选项卡→"间距"下拉按钮→"加宽"选项，"磅值"改为 3 磅，单击"确定"按钮。

③添加文本效果：首先单击"文件"选项卡→"信息"命令→"转换"按钮，将文档升级到最新格式，解锁禁用功能；然后单击"开始"选项卡→"字体"组→"文本效果和版式"下

拉按钮 → "阴影"下拉按钮→"右下斜偏移"按钮。

（3）四段合一段后，再设置字号和颜色。

①将插入点定位到"2018-11-26"段后，按下 Delete 键，或者将插入点定位到"来源"段前，按 Backspace 键，用同样的方法操作，直至四段合并为一段。

②选中该段所有文字，单击"开始"选项卡→"字体"组→"字号"框，输入 10.5。

③单击"开始"选项卡→"字体"组→"加粗"按钮；单击"开始"选项卡→"字体"组→"字体颜色"下拉按钮→"白色，背景1，深色50%"选项。

（4）单击"开始"选项卡→"编辑"组→"查找"按钮，打开"导航"任务窗格，输入"年龄在40周岁以下"文字，选中正文中黄色底纹的相应文字；打开"字体"对话框，单击"字体"选项卡→"着重号"下拉按钮→单击"确定"按钮。

（5）对不连续的文本加有颜色的粗下画线。

①鼠标拖动选中"数理科学奖"，然后按住 Ctrl 键不放，再拖动鼠标选择"化学科学奖""生命科学奖""地球科学奖""信息技术科学奖"和"技术科学奖"，同时选中这些文字。

②单击"开始"选项卡→"字体"组→"下画线"下拉按钮→"粗线"选项。

③单击"开始"选项卡→"字体"组→"下画线"下拉按钮→"下画线颜色"下拉按钮→"橙色，个性色2"选项。

（6）鼠标指针移动到最后一行的左页边距处单击，并按住向上拖动 7 行，单击"开始"选项卡→"字体"组→"加粗"按钮。

5.2.2　段落格式

段落格式是指段落的外观显示效果。段落格式只对选中的段落（插入点所在段落/选中部分或全部文字的段落）生效，每一个段落都以段落标记作为结束标识。按下 Enter 键生成的新段会自动继承上一段的段落格式。

与设置字符格式类似，设置段落格式通常有以下三种常用操作方法。

（1）在"开始"选项卡的"段落"组中单击相应的按钮，如图 5-15（a）所示。

（2）打开如图 5-15（b）所示的"段落"对话框（在"开始"/"布局"选项卡中，单击"段落"组中右下角的"对话框启动器"按钮 ；或者右击要设置格式的段落，在快捷菜单中选择"段落"命令），在其中可以进行相应的格式设置。

（3）使用快捷键进行格式设置，例如，按下快捷键 Ctrl+L 设置左对齐，按下快捷键 Ctrl+E 设置居中对齐等。

段落格式包括段落的对齐方式、大纲级别、缩进、间距、制表位、换行和分页等。

1. 常规

1）对齐方式

对齐方式是指所选段落在水平方向的排列方式，包括左对齐、右对齐、居中对齐、两端对齐和分散对齐，Word 文档中默认的对齐方式为两端对齐。

- 左对齐：段落中的每行文字均对齐左缩进标记，具有整齐的左边缘。
- 右对齐：段落中的每行文字均对齐右缩进标记，具有整齐的右边缘。
- 居中对齐：段落中的每行文字均位于左、右缩进标记的中间。
- 两端对齐：段落中的每行文字均同时对齐左、右缩进标记。对于不满一行的文字，则实现左对齐。

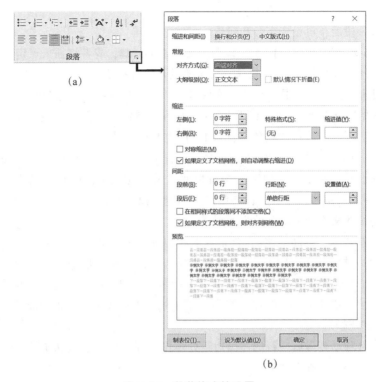

(a)

(b)

图5-15 段落格式的设置

(a)"开始"选项卡的"段落"组；(b)"段落"对话框

• 分散对齐：段落中的每行文字均同时对齐左、右缩进标记。对于不满一行的文字，则加大文本间距，两侧都具有整齐的边缘。

对齐效果如图5-16所示，段落的左、右缩进标记默认位置在左、右页边距边界处。

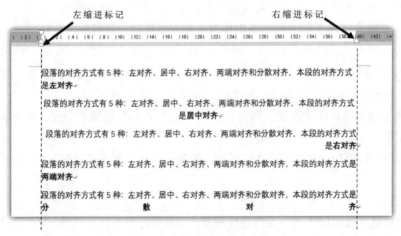

图5-16 各种段落对齐效果

选中段落后，设置对齐方式的常见操作方法有以下两种。

（1）在"开始"选项卡的"段落"组中，单击相应的对齐方式按钮。

（2）在"段落"对话框中，单击"对齐方式"下拉按钮，在下拉列表中选择合适的对齐方式。

2）大纲级别

大纲级别是指文档中段落的等级结构，可以对文档中设置了"1级"～"9级"的段落内容进行折叠或展开，常用于构建自动目录，或者在"导航"任务窗格中自动生成文档的标题结构，方便对其进行查看、定位、移动、修改、删除等操作。

通过以下两种常见方法，可以对所选段落进行大纲级别的设置。

（1）在"段落"对话框中，单击"大纲级别"下拉按钮，在下拉列表中选择需要的大纲级别。

（2）在"视图"选项卡的"视图"组中，单击"大纲视图"按钮，然后在"大纲"选项卡的"大纲工具"组中，单击"大纲级别"下拉按钮，在下拉列表中选择需要的大纲级别。

2. 缩进

通过段落缩进设置，可以调整段落在水平方向上相对于左、右页边距边界的距离。

1）缩进的分类

Word文档的缩进分为四种：左缩进、右缩进、首行缩进和悬挂缩进。

（1）左缩进：段落所有行的最左侧边界相对于左页边距边界的距离。

（2）右缩进：段落所有行的最右侧边界相对于右页边距边界的距离。

（3）首行缩进：段落第一行的左侧边界位于该段其他行左侧边界的右方时，两者间的距离。

（4）悬挂缩进：段落第一行的左侧边界位于该段其他行左侧边界的左方时，两者间的距离。

2）设置缩进

通过以下三种常见方法，可以对所选段落进行缩进的设置。

（1）打开"段落"对话框设置缩进。

①设置左缩进/右缩进：在"缩进"组中，单击"左侧"/"右侧"微调按钮，或者直接在框中输入数值及单位，如图5-17（a）所示。其中，左缩进的正/负号表示左缩进标记在左页边距边界的右侧/左侧；右缩进的正/负号表示右缩进标记在右页边距边界的左侧/右侧，设置效果如图5-17（b）所示。

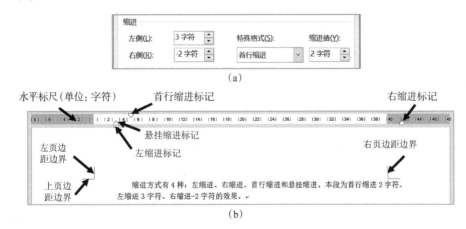

图5-17　缩进设置及效果

（a）"段落"对话框的缩进设置；（b）两组缩进效果

②设置首行缩进/悬挂缩进：单击"特殊格式"下拉按钮，在下拉列表中选择"首行缩进"/"悬挂缩进"选项，在"缩进值"框设置具体值。

（2）使用标尺上的缩进滑块设置缩进。

在"视图"选项卡中的"显示"组中，勾选"标尺"复选框，可在文档窗口中显示标尺。拖动标尺上相应的缩进标记可以设置缩进，拖动过程中按下 Alt 键，可以在标尺上查看缩进值。▽为首行缩进标记；△上部分三角块为悬挂缩进标记，下部分矩形块为左缩进标记；△为右缩进标记。

（3）在功能区设置左/右缩进。

在"布局"选项卡的"段落"组中，设置"左缩进"／"右缩进"的值。

3. 间距

段落间距包括行距、段前间距和段后间距。

1）设置间距

通过以下常用操作方法，可以对所选段落进行行距、段前间距和段后间距的设置。

（1）使用"段落"对话框设置间距。

（2）在"开始"选项卡"段落"组中，单击"行和段落间距"下拉按钮，在下拉列表中选择需要的间距，如图 5-18（a）所示。

（3）在"布局"选项卡的"段落"组中，可以设置所选段落的段前间距和段后间距，如图 5-18（b）所示。

（4）在"设计"选项卡的"文档格式"组中，单击"段落间距"下拉按钮，在下拉列表中选择内置的间距样式或者自定义段落间距，如图 5-18（c）所示，可快速对整个文档应用该间距。

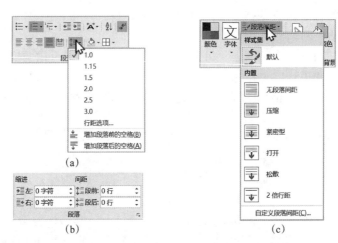

图 5-18　间距的设置

(a)"开始"选项卡"段落"组中的间距；(b)"布局"选项卡"段落"组中的间距；
(c)"设计"选项卡中的"段落间距"

2）行距

行距是指段落中每行内容的高度值，常见的行距选项包括单倍行距、1.5 倍行距、2 倍行距、最小值、固定值和多倍行距，Word 文档中默认的行距为"单倍行距"。

（1）倍数行距："倍"的基数是行跨度（参见"5.2.3 页面格式"节中关于文档网格的介绍），行跨度值即为单倍行距的高度。无论倍数值设置大小，文档均能保证每行内容（文字或嵌入式图片等）的完整显示。

（2）固定值：指为行距设定一个固定高度值，默认单位为"磅"。如果设置的固定值小于某一行内容的高度，可导致该行内容显示不完整。

（3）最小值：可用于设置在行中适应最大字体或图形所需的最小间距量，默认单位为"磅"。

3）段前间距和段后间距

段前间距/段后间距是指所选段落与前一个段落/后一个段落之间要增加的间隔距离，段前间距/段后间距默认值均为"0行"。

例如，为如图5-19所示的样例加入行号、设置行跨度为20磅并添加文档网格线后，通过样例文字描述的各种设置参数，以及选中部分行使其高亮显示，可以更好地展示段落间距的设置效果。

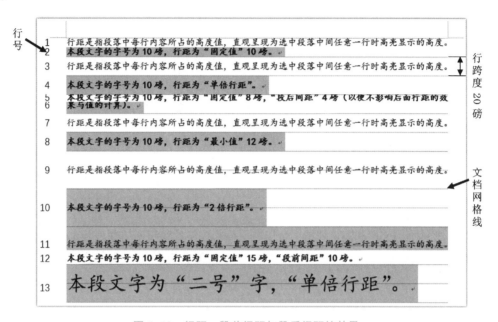

图5-19 行距、段前间距与段后间距的效果

【案例5-6】打开"案例5-5 字符格式.docx"文件，将其另存为"案例5-6 基本段落格式.docx"，按下列要求完成操作。

（1）将第一段设置为居中对齐，5.5倍行距；第二段设置行距为最小值22磅。

（2）将"责任编辑：李峥"所在段落设置为右对齐，并设置右缩进为3字符。

（3）将第三段~第六段（2010年~颁发证书）设置首行缩进2字符，行距为固定值22磅，段前间距0.5行，段后间距0.5行。

（4）将素材"案例5-6 陈嘉庚青年科学奖奖励条例.docx"文件作为对象，插入"陈嘉庚科学奖获奖名单"上方的空白段落中，并显示为图标，图标下方的题注文字为"陈嘉庚青年科学奖奖励条例"，最后更换图标，效果图如"案例5-6 插入对象效果图.jpg"所示。

【操作步骤】操作视频见二维码5-6。

（1）设置第一段和第二段的段落格式。

①将插入点定位到第一段的任意位置，单击"开始"选项卡→"段落"组→"居中"按钮。单击"开始"选项卡→"段落"组→"行和段落间距"下拉按钮→"行距选项"命令。在"段落"对话框中，单击"行距"下拉按钮→"多倍行距"选项，"设置值"改为5.5，单击"确定"按钮。

二维码5-6

②将插入点定位到第二段的任意位置，单击"开始"选项卡→"段落"组→"对话框启动器"按钮。在"段落"对话框中，单击"行距"下拉按钮→"最小值"选项，"设置值"改为22磅，单击"确定"按钮。

（2）将插入点定位到"责任编辑：李峥"所在段落任意位置，打开"段落"对话框，单击"对齐方式"下拉按钮→"右对齐"选项，将"右侧"缩进值改为3字符，单击"确定"按钮。

（3）选中第三段到第六段，打开"段落"对话框，单击"特殊格式"下拉按钮→"首行缩进"选项，将"缩进值"改为2字符；单击"行距"下拉按钮→"固定值"选项，将"设置值"改为22磅；将"段前"间距值改为0.5行，"段后"间距值改为0.5行，单击"确定"按钮。

（4）打开"案例5-6插入对象效果图.jpg"文件做效果参考，插入文件对象并更改图标及文字。

①将插入点定位到"陈嘉庚科学奖获奖名单"上方的空白段落，单击"插入"选项卡→"文本"组→"对象"按钮，打开"对象"对话框，单击"由文件创建"选项卡→"浏览"按钮。在"浏览"对话框中，定位并选中"案例5-6陈嘉庚青年科学奖奖励条例.docx"文件，单击"插入"按钮。

②在"对象"对话框中，勾选"显示为图标"复选框；单击"更改图标"按钮，在"更改图标"对话框中，选择"图标"列表的第一个选项，将"题注"框中的文字改为"陈嘉庚青年科学奖奖励条例"，单击"确定"按钮。

4. 制表位

在 Word 文档中，使用制表位功能，可以在不插入表格的情况下，通过生成不同类型的制表符作出与表格相似的列对齐效果，制表符的类型和功能见表5-3。

表 5-3　制表符的类型和功能

类型	功能
左对齐式制表符	使文本在此制表符位置左对齐
居中式制表符	使文本在此制表符位置居中对齐
右对齐式制表符	使文本在此制表符位置右对齐
小数点对齐式制表符	使小数点在此制表符位置对齐
竖线对齐式制表符	在此制表符位置插入一条竖线

选中段落后，设置制表位操作主要包含设计制表位方案和应用制表位方案两个步骤，下面以图5-20所示的制表位效果为例加以介绍。

图 5-20　制表位效果

1）设计制表位方案

设置制表位方案的常用操作方法有以下两种。

（1）使用"制表位"对话框设置。在"段落"对话框中，单击左下方的"制表位"按钮，打开"制表位"对话框，如图5-21所示。例如，在"制表位位置"框中输入"2.7"，在"对齐方式"组中选择"左对齐"，单击"设置"按钮，添加第1个"左对齐式"制表符；使用同样的方法，分别在"14.85""20.25""28.35"和"36.45"的位置，添加"竖线对齐式""居中式""小数点对齐式"和"右对齐式"制表符。

（2）使用"制表符选择器"设置。如图5-20所示，反复单击水平标尺最左端的"制表符选择器" ∟ ，可依次实现以下符号的切换：居中式制表符、右对齐式制表符、小数点对齐式制表符、竖线对齐式制表符、首行缩进和悬挂缩进。切换到所需的制表符类型，在水平标尺底部任意位置上单击，即可在文档的对应位置添加一个相应类型的制表符。制表符生成后，在标尺上拖动该制表符可以改变其位置，将该制表符拖出标尺即可将其删除。

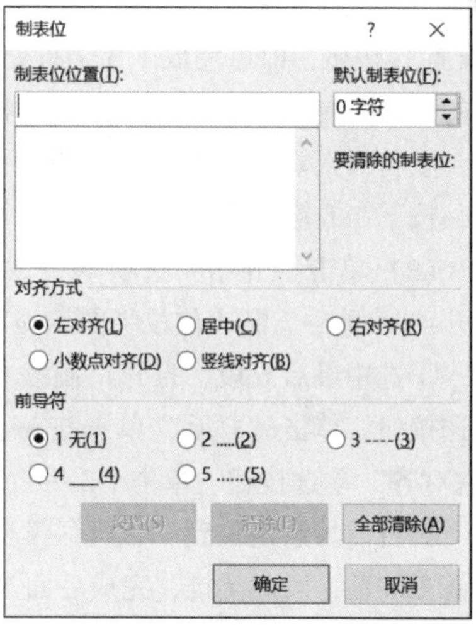

图5-21　"制表位"对话框

注意：本方法默认无前导符，若要精确设置制表符的位置，可以在按住 Alt 键的同时拖动制表符。

例如，当"制表符选择器"为 ∟ 时，在水平标尺底部2字符处单击，添加"左对齐式"制表符，按住 Alt 键拖动该制表符可精确调整位置，将其移动到2.7字符位置；单击"制表符选择器"，使其显示为 ⊥ ，在水平标尺的28字符处单击，即可添加"居中式"制表符；以此类推，依次完成其他制表符的添加。

2）应用制表位方案

根据事先设计好的制表位方案，通过 Tab 键可实现制表位方案的应用。每次按下 Tab 键，即可将插入点快速定位到所在行的下一个制表符位置，同时生成一个制表符标记"→"。下面以图5-20所示的输入效果为例，介绍两种常见的制表位方案应用方法。

（1）应用制表位方案并输入数据：将插入点定位在第一行行首，按下 Tab 键，插入点将定位到2.7字符处（第1个制表位），输入文本"所在地"；按下 Tab 键，生成14.85字符位置的"竖线式"制表符；以此类推，分别按下 Tab 键和输入文本"商品名""单价"和"单位"。按下 Enter 键，插入点跳转到下一行，使用相同的方法完成其他行的数据输入。

（2）对已有数据应用制表位方案：在每一行输入所有文本内容后，将插入点定位到"所"字的左侧，按下 Tab 键，插入点右侧的所有文本将自动调整到2.7字符处（第1个制表位）；再将插入点定位到"商"字的左侧，按下 Tab 键，插入点右侧的所有文本将自动调整到20.25字符处（第3个制表位）；以此类推，多次定位插入点并按下 Tab 键，完成所有数据的位置调整。

【案例5-7】打开"案例5-6 基本段落格式.docx"文件，将其另存为"案例5-7 制表位.docx"，按下列要求完成操作。

（1）在1.3字符、8字符、35字符处对第二段设置左对齐制表符（无前导符），应用该制表位方案，分别调整"2018-11-26""来源"及"打印"这三处文本的位置。

（2）显示编辑标记，为"奖项 获奖人"至文末的所有文本添加合适的制表位，完成如"案例5-7 制表位效果图.jpg"文件所示的效果。

【操作步骤】操作视频见二维码5-7。

（1）将插入点定位在第二段的任意位置，设置制表位并调整文本位置。

①打开"段落"对话框，单击"制表位"按钮，在"制表位"对话框中，

二维码5-7

单击"制表位位置"框，输入1.3，单击"左对齐"单选按钮，单击"1 无"单选按钮，单击"设置"按钮，即可完成1.3字符处制表符的设置；以此类推，在8字符、35字符处设置无前导符的左对齐制表符，单击"确定"按钮。

②将插入点定位到文本"2018-11-26"的左侧，按下 Tab 键；将插入点定位到"来源"左侧，按下 Tab 键；将插入点定位到"打印"左侧，按下 Tab 键。

（2）单击"开始"选项卡→"段落"组→"显示/隐藏编辑标记"按钮，显示编辑标记。打开"案例 5-7 制表位效果图 . jpg"文件，完成如下操作。

①选中最后6段，打开"制表位"对话框，在"制表位位置"框输入3，单击"左对齐"单选按钮，单击"1 无"单选按钮，单击"设置"按钮；在"制表位位置"框输入35，单击"右对齐"单选按钮，单击"3---（3）"单选按钮，单击"设置"按钮，单击"确定"按钮。

②将插入点定位到"数理科学奖"左侧，按下 Tab 键；选中"江颖教授"前面的所有空格，按下 Tab 键；以此类推，完成后面5个段落的设置。

③勾选"视图"选项卡→"显示"组→"标尺"复选框，显示出标尺。将插入点定位到"奖项 获奖人"左侧，在标尺上5字符处单击，添加一个左对齐式制表符，按下 Tab 键；选中"获奖人"前面的空格，在标尺上30字符处单击，添加一个左对齐式制表符，按下 Tab 键。

④在标尺上，分别拖动这两个制表符以调整位置，同时可以按住 Alt 键显示位置精确值，注意不要将制表符拖到标尺外。

5. 换行和分页

在实际排版中，为了使页面美观饱满，在"段落"对话框的"换行和分页"选项卡中，可以通过勾选"分页"组中的复选框，对选中段落进行如下格式设置。

（1）孤行控制：避免段落出现孤行情况（段落中仅一行在页面顶部或者底部）。

（2）与下段同页：控制段落须与下一段在同一页面中，可防止想要放在一起的段落被分页符分开。例如，为表格的题注段落设置"与下段同页"，避免表格题注与表格出现在不同页面。

（3）段中不分页：控制整个段落全部出现在同一页，避免段落中间出现分页符。

（4）段前分页：在指定段落前添加分页符，控制该段落自动显示在下一页。例如，在长文档中，可以为每个章标题所在段落设置"段前分页"，使得每章自动从新的一页开始显示。

5.2.3 页面格式

页面格式是指文档页面的外观显示效果，设置页面格式通常有以下两种常用操作方法。

（1）在"布局"选项卡的"页面设置"组中单击相应的按钮。

（2）在"布局"选项卡的"页面设置"组中，单击右下角的"对话框启动器"按钮，或者直接双击标尺，打开"页面设置"对话框，在其中进行相应的格式设置。

页面格式主要包括纸张大小、纸张方向、页边距以及文档网格等。

1. 纸张大小

Word 文档默认的纸张大小为 A4，调整纸张大小的常用操作方法有以下两种。

（1）在"布局"选项卡的"页面设置"组中，单击"纸张大小"下拉按钮，在下拉列表中可以选择预设的纸张大小，也可以选择"其他纸张大小"命令，在"页面设置"对话框中设置，如图 5-22（a）所示。

（2）在"页面设置"对话框中，选中"纸张"选项卡，单击"纸张大小"下拉按钮，在下拉列表中选择预设的纸张大小，或者通过设置"宽度"值和"高度"值自定义纸张大小，如图 5-22（b）所示。

（a）　　　　　　　　　　　（b）

图 5-22　纸张大小的设置

（a）"纸张大小"的下拉列表；（b）"页面设置"对话框中的"纸张大小"

2. 纸张方向

Word 文档默认的纸张方向为纵向，调整纸张方向的常用操作方法有以下两种。

（1）在"布局"选项卡的"页面设置"组中，单击"纸张方向"下拉按钮，在下拉列表中选择"纵向"/"横向"选项。

（2）在"页面设置"对话框中，选中"页边距"选项卡，在"纸张方向"组中选择"纵向"/"横向"选项。

3. 页边距

页边距是指页面四周的空白区域，在页面视图下，通过页边距边界标记来呈现上、下、左、右页边距的大小，如图 5-23 所示。

设置页边距的常用操作方法有以下两种。

（1）在"布局"选项卡的"页面设置"组中，单击"页边距"下拉按钮，在下拉列表中选择预设页边距，例如，选择页边距为"普通"，如图 5-24 所示。

（2）在"页面设置"对话框中，通过设置上、下、左、右页边距的值自定义页边距，如图 5-25（a）所示。若需要为文档装订留出额外的左/上边距空间，可单击"装订线位置"下拉按钮，在下拉列表中选择装订线的位置，并在"装订线"框中输入装订边距值。

4. 文档网格

纸张大小和页边距确定后，可以通过设置文档网格进行精确排版。

版心是文档内容所在的区域，其中，版心宽度＝每行字符数×字符跨度，版心高度＝每页行数×行跨度。调整版心的行数和字符数的具体操作步骤如下：

（1）打开"页面设置"对话框，单击"文档网格"选项卡，如图5-25（b）所示。

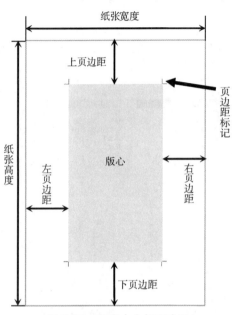

图 5-23　纸张大小与页边距

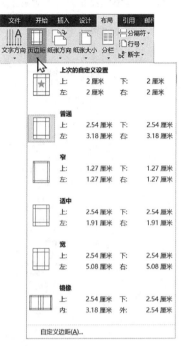

图 5-24　页边距的下拉列表

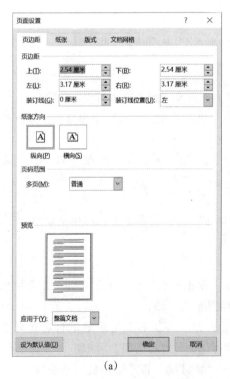

（a）

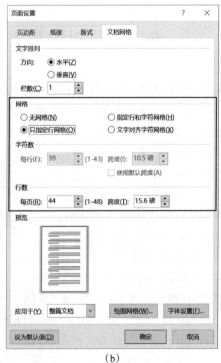

（b）

图 5-25　"页面设置"对话框

（a）"页边距"选项卡；（b）"文档网格"选项卡

（2）单击"网格"组中的"指定行和字符网格"单选按钮，在"字符数"组和"行数"组中设置指定的数值。在"视图"选项卡的"显示"组中，勾选"网格线"复选框，可在页面中显示网格线效果。

【案例5-8】打开"案例5-7制表位.docx"文件，将其另存为"案例5-8页面格式.docx"，按下列要求完成操作。

（1）设置全文的纸张大小为A4。

（2）从文本"陈嘉庚科学奖获奖名单"开始另起一页。新的一页（第2页）设置纸张方向为横向，上下页边距为2厘米，左右页边距为2.5厘米；第1页设置普通页边距，每页36行，每行32字符。

【操作步骤】操作视频见二维码5-8。

（1）单击"布局"选项卡→"页面设置"组→"纸张大小"下拉按钮→"A4"选项。

二维码5-8

（2）分页并设置页面格式。

①将插入点定位到文本"陈嘉庚科学奖获奖名单"左侧，单击"布局"选项卡→"页面设置"组→"对话框启动器"按钮。在"页面设置"对话框中，单击"页边距"选项卡→"应用于"下拉按钮→"插入点之后"选项，单击"横向"按钮，上、下页边距值均改为2厘米，左、右页边距值均改为2.5厘米，单击"确定"按钮。

②将插入点定位到第1页的任意位置，单击"布局"选项卡→"页面设置"组→"页边距"下拉按钮→"普通"选项；鼠标指针在标尺任意位置上双击，在"页面设置"对话框中，单击"文档网格"选项卡→"指定行和字符网格"单选按钮，"每行"字符数值改为32，"每页"行数值改为36，单击"应用于"下拉按钮→"本节"选项，单击"确定"按钮。

5.3

文档的美化

对文档的修饰美化操作，包括添加页面背景、边框、底纹、项目符号或编号，以及插入图形图片等其他对象做图文混排等，可以使文档更富有表现力。

5.3.1 页面背景

为了美化文档、增强视觉效果，可以为文档页面添加水印、页面颜色和边框等效果。

1. 水印

对水印的常用操作包括应用预设水印、自定义水印、更改水印效果以及删除水印等。

1）应用预设水印

在"设计"选项卡的"页面背景"组中，单击"水印"下拉按钮，在下拉列表中选择需要的预设文字水印即可。

2）自定义水印

自定义水印有图片水印和文字水印两种类型，均需要通过"水印"对话框进行设置。

在"设计"选项卡的"页面背景"组中，单击"水印"下拉按钮，在下拉列表中选择"自定义水印"命令，可以打开"水印"对话框，如图 5-26 所示。

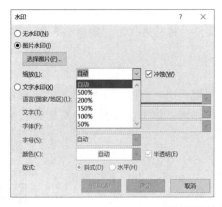

图 5-26　自定义图片水印和自定义文字水印

（1）自定义图片水印。

单击"图片水印"单选按钮，单击"选择图片"按钮，定位并选择指定的图片文件；单击"缩放"下拉按钮，选择图片大小的百分比，或者在"缩放"框中直接输入百分比数值；勾选"冲蚀"复选框可以为图片添加冲蚀效果。

（2）自定义文字水印。

单击"文字水印"单选按钮，单击"文字"下拉按钮，选择需要的文字；或者在"文字"框中输入文字。单击其他按钮，还可以设置文字水印的字体、字号、颜色、版式和透明度。

自定义水印后，单击"应用"按钮，可以在不关闭"水印"对话框的情况下应用水印效果；单击"确定"按钮，关闭"水印"对话框并应用水印效果。

3）更改水印效果

水印生成后，如果要对水印效果进行修改和编辑，例如，修改水印文字的格式、调整水印的版式和位置等，可以通过以下两种常见方法进行操作。

（1）打开"水印"对话框，修改和设置水印效果。

（2）进入页眉/页脚编辑状态，选中水印文字，通过"艺术字工具|格式"选项卡，对水印文字进行修改设置。

4）删除水印

在"设计"选项卡的"页面背景"组中，单击"水印"下拉按钮，选择"删除水印"命令，可以删除文档中的全部水印。

若要删除部分页的水印，可以进入页眉/页脚编辑状态，选中水印后，按 Delete 键或者 Back-Space 键删除。

2. 页面颜色

通过"页面颜色"设置，可以为页面设置颜色、纹理、图案或者图片背景。操作步骤如下：在"设计"选项卡的"页面背景"组中，单击"页面颜色"下拉按钮，在下拉列表中选择一种颜色作为页面背景颜色，也可以选择"填充效果"命令，在"填充效果"对话框中设置渐变颜色作为页面背景色，或者选择任意纹理/图案/图片作为页面背景。

注意：默认情况下，页面背景不会被打印。在"Word 选项"对话框中，选中"显示"选项卡，勾选"打印选项"组的"打印背景色和图像"复选框，即可将页面背景效果打印出来。

3. 页面边框

通过页面边框功能可以为页面添加/修改各种样式的边框，包括自定义线条样式/预设艺术边框、宽度和颜色的边框，使文档更有特色，操作步骤如下：

（1）在"设计"选项卡的"页面背景"组中，单击"页面边框"按钮，打开"边框和底纹"对话框，"页面边框"选项卡如图5-27所示。

（2）在左栏"设置"组选择边框的类型。

（3）在中间栏可设置边框的样式、颜色和宽度，也可以选择内置的艺术型边框。

（4）在右栏中，可以进行如下设置。

①单击"预览"组中的上、下、左、右边框按钮，或者在预览图的边框位置直接单击，可以添加/取消相应的边框。

②单击"应用于"下拉按钮，在下拉列表中可以选择页面边框设置的应用范围（本篇文档、本节、本节-仅首页、本节-除首页外所有页）。

③单击"选项"按钮，打开"边框和底纹选项"对话框，可以设置页面边框与文字/纸张边缘的距离。

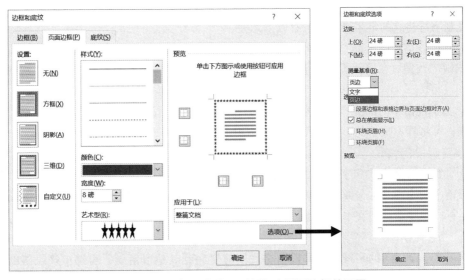

图5-27　"边框和底纹"对话框中页面边框的设置

【案例5-9】打开"案例5-8页面格式.docx"文件，将其另存为"案例5-9页面背景.docx"，按下列要求完成操作。

（1）使用"信纸"纹理作为页面背景。

（2）加入"学习强国"文字水印，字体为隶书，颜色为深红。

（3）对整篇文档添加"阴影"型页面边框。

【操作步骤】操作视频见二维码5-9。

（1）单击"设计"选项卡→"页面背景"组→"页面颜色"下拉按钮→"填充效果"命令，在"填充效果"对话框中，单击"纹理"选项卡→"信纸"选项，单击"确定"按钮。

（2）单击"设计"选项卡→"页面背景"组→"水印"下拉按钮→"自定义水印"命令，在"水印"对话框中，单击"文字水印"单选按钮，"文

二维码5-9

91

字"框的值改为"学习强国",单击"字体"下拉按钮→"隶书"选项,单击"颜色"下拉按钮→"深红"选项,单击"确定"按钮。

(3)单击"设计"选项卡→"页面背景"组→"页面边框"按钮,在"边框和底纹"对话框中,单击"页面边框"选项卡→"阴影"按钮,单击"应用于"下拉按钮→"整篇文档"选项,单击"确定"按钮。

5.3.2 格式刷

格式刷的功能是将一个对象的格式应用到其他同类对象上,即实现格式的复制和粘贴,可以快速美化文档格式。使用格式刷可以对字符格式、段落格式、图形格式、图片格式等进行复制与粘贴。

格式刷的具体操作方法为:首先选中格式样本,然后在"开始"选项卡的"剪贴板"组中,单击或双击"格式刷"按钮 ✔格式刷 复制格式,最后选中目标对象粘贴格式。

注意:单击"格式刷"按钮,可以实现一次格式粘贴;双击"格式刷"按钮,可以实现多次格式粘贴。格式复制完毕,单击"格式刷"按钮或按下 Esc 键,可退出格式刷操作。

1. 仅复制字符格式

仅复制字符格式的常用操作方法有以下几种。

(1)选中段落中的全部/部分样本文本,或者将插入点定位到段落中的任意位置,单击/双击"格式刷"按钮,在目标段落中拖动鼠标选中文本,可将样本文本的字符格式复制到选中文本上。

(2)选中段落中的部分样本文本,单击/双击"格式刷"按钮,在目标段落的任意词组文本中间单击,可将样本文本的字符格式复制到该词组文本上。

2. 仅复制段落格式

对于设置了段落格式和字符格式的文本对象,若仅需要将其段落格式复制到其他段落中,可选中段落中的全部文本,或者将插入点定位到段落中的任意位置,单击/双击"格式刷"按钮,在目标段落中非词组文本的任意位置单击。

3. 同时复制字符和段落格式

如果要将一个段落的字符格式和段落格式同时复制到其他段落上,可选中该段落的全部文本,或者将插入点定位在该段落中的任意位置,单击/双击"格式刷"按钮,拖动鼠标选中目标段落中的全部文本。

4. 复制形状/图片格式

如果要将一个形状/图片的格式,例如,形状轮廓/图片边框、形状样式/图片样式、形状效果/图片效果等格式效果,快速复制到另一个图形/图片上,可选中样本形状/图片,单击/双击"格式刷"按钮,在目标形状/图片上单击。

【案例 5-10】打开"案例 5-9 页面背景.docx"文件,将其另存为"案例 5-10 格式刷.docx",按下列要求完成操作。

(1)将文本"陈嘉庚青年科学奖简介"的字符格式及段落格式应用到文本"陈嘉庚科学奖获奖名单"及"(2018 年度)"所在段落;并设置这两个段落的行距为固定值 45 磅。

(2)设置文本"陈嘉庚科学奖获奖名单"所在段落的段前间距为 30 磅,文本"(2018 年度)"所在段落的段后间距为 2 行。

(3)将文本"2018-11-26……"所在段落的字符格式及段落格式同时应用到文本"2018-

11-27······"所在段落，并按本段落的制表位将"日期""来源"及"打印"调整到适当的位置；设置本段落的段后间距为 2 行。

（4）仅将"来源"的字符格式应用到"责任编辑：李峥"文本。

【操作步骤】操作视频见二维码 5-10。

二维码 5-10

（1）使用"格式刷"复制格式，并设行距。

①在"陈嘉庚青年科学奖简介"行的左页边距内单击，选中整行。在"开始"选项卡的"剪贴板"组，双击"格式刷"按钮；找到第 2 页，在"陈嘉庚科学奖获奖名单"所在行的左页边距内单击、在"（2018 年度）"所在行的左页边距内单击，然后按下 Esc 键。

②同时选中这 2 行，单击"开始"选项卡→"段落"组→"对话框启动器"按钮，在"段落"对话框中，单击"缩进和间距"选项卡→"行距"下拉按钮→"固定值"选项，"设置值"改为 45 磅，单击"确定"按钮。

（2）将插入点定位到"陈嘉庚科学奖获奖名单"所在行的任意位置，打开"段落"对话框，单击"缩进和间距"选项卡→"段前"框，间距值改为"30 磅"，单击"确定"按钮。类似操作，将"（2018 年度）"的"段后"间距值改为"2 行"。

（3）使用"格式刷"复制格式，并使用制表位调整行中文本的位置。

①将插入点定位到"2018-11-26······"所在段落，单击"开始"选项卡→"剪贴板"组→"格式刷"按钮，拖动选中"2018-11-27······"整段内容。

②将插入点分别定位到"日期""来源"及"打印"文本的前面，分别按下 Tab 键，再拖动标尺上的制表符进行位置的适当调整。

③最后修改本段落的段后间距为 2 行。

（4）选中"来源"文本，单击"开始"选项卡→"剪贴板"组→"格式刷"按钮，选中"责任编辑：李峥"文本，仅进行字符格式的复制。

5.3.3　项目符号与编号

项目符号和编号的加入使文档的内容条理更加清晰，结构层次更加分明，便于阅读和理解；多个段落的项目符号或编号可以统一添加、取消和自动更新，对比手动输入符号或编号，操作更加方便、高效。

1. 项目符号

项目符号可以是圆点、方块等形状符号或图片，以下介绍关于项目符号的几种常见操作。

1）添加/修改项目符号

添加/修改项目符号通常有两种操作顺序：先添加/修改项目符号，再输入文本；或者先输入文本，再添加/修改项目符号。添加/修改项目符号的常用操作方法有以下四种。

（1）在"开始"选项卡的"段落"组中，单击"项目符号"按钮 ≔ 或"项目符号"下拉按钮。

①单击"项目符号"按钮 ≔，可以添加默认的项目符号。

②单击"项目符号"下拉按钮，在下拉列表中选择需要的项目符号，如图 5-28（a）所示。

③单击"项目符号"下拉按钮，在"项目符号"下拉列表中选择"定义新项目符号"命令，打开"定义新项目符号"对话框，如图 5-28（b）所示；单击"符号"/"图片"按钮可以选择更多其他项目符号，单击"字体"按钮设置项目符号的大小、颜色等字符格式，单击"对齐方式"下拉按钮可以选择项目符号的对齐方式。

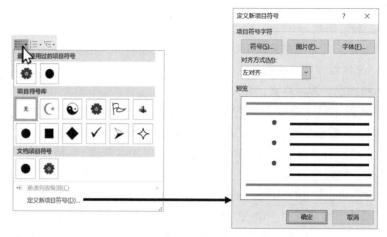

图5-28　项目符号

（a）"项目符号"下拉列表；（b）"定义新项目符号"对话框

（2）在"浮动工具栏"中单击"项目符号"按钮/"项目符号"下拉按钮。

（3）在段落起始处输入星号"＊"后，按下 Space 键或者 Tab 键，则自动转换为默认的项目符号。

注意：若使用以上方法无法将星号"＊"转换为项目符号，可以打开"Word 选项"对话框，在"校对"选项卡的"自动更正选项"组中，单击"自动更正选项"按钮，打开"自动更正"对话框，在"键入时自动套用格式"选项卡中，勾选"自动项目符号列表"复选框。

2）调整项目符号列表

调整项目符号列表的具体操作为：在项目符号所在的段落中右击，在快捷菜单中选择需要的命令，如图5-29（a）所示。不同参数设置的效果如图5-29（c）所示。

（1）调整列表缩进：在快捷菜单中选择"调整列表缩进"命令，打开"调整列表缩进量"对话框，如图5-29（b）所示；可以调整项目符号列表的格式，包括项目符号位置、文本缩进位置，以及选择项目符号与文本之间的分隔符（制表符、空格、不特别标注）。

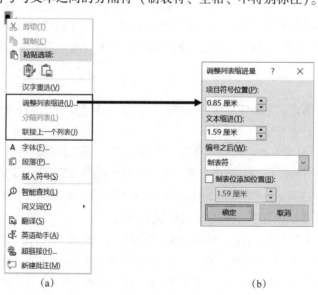

（a）　　　　　　　　　　　　　　　（b）

图5-29　项目符号列表的调整和效果

（a）右击项目符号后的快捷菜单；（b）"调整列表缩进量"对话框

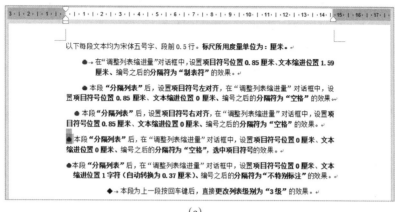

（c）

图5-29　项目符号列表的调整和效果（续）

（c）不同参数设置的效果

（2）分隔列表：可以将项目符号列表整体从当前项目符号开始分为两个项目符号列表，以便灵活设置不同列表的项目符号，如图5-30所示。

（3）联接上一个列表：可以将当前项目符号列表与上一个项目符号列表联接成一个列表，项目符号变更为上一个列表的项目符号。

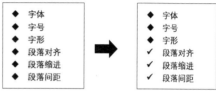

图5-30　分隔列表并更改项目符号

3）取消项目符号

取消段落中已存在的项目符号，有以下四种常见方法。

（1）将插入点置于项目符号所在的段落，或者选中该段落，在"开始"选项卡的"段落"组中，单击"项目符号"按钮。

（2）在"开始"选项卡的"段落"组中，单击"项目符号"/"多级列表"下拉按钮，在下拉列表中选择"无"选项。

（3）将项目符号当成一般字符，使用Delete键/Backspace键进行删除。

（4）如果选中段落中只有项目符号而没有其他内容，按下Enter键即可删除该段落中的项目符号。

4）删除项目符号库中的项目符号

在"开始"选项卡的"段落"组中，单击"项目符号"下拉按钮，在下拉列表中右击需要删除的项目符号，在快捷菜单中选择"删除"命令，可以将项目符号从项目符号库中删除，而应用该项目符号的段落不受影响。

2. 编号

编号可以是有次序变化的数字、英文字母或汉字等，起标明层次或顺序的效果，例如，"1）""（a）""一.""第1章"等。以下介绍关于编号的几种常见操作。

1）添加/修改编号

添加/修改编号的操作与项目符号类似，有以下四种常见方法。

（1）在"开始"选项卡的"段落"组中，单击"编号"按钮▤或"编号"下拉按钮。

①单击"编号"按钮，可以添加默认的编号。

②单击"编号"下拉按钮，在下拉列表的"编号库"中选择需要的编号，如图5-31（a）所示。

③单击"编号"下拉按钮，在下拉列表中选择"定义新编号格式"命令，打开"定义新编号格式"对话框，在其中可以自定义编号的样式、格式和对齐效果，如图5-31（b）所示。

（2）在"浮动工具栏"中单击"编号"按钮/"编号"下拉按钮。

（3）在段落起始处输入编号值，例如"1.""（1）"" （a）""一、"等，然后按下 Space 键/Tab 键，可转换为自动编号。

注意：若使用以上方法无法转换自动编号，可以打开"自动更正"对话框，在"键入时自动套用格式"选项卡的"键入时自动应用"组中，勾选"自动编号列表"复选框。

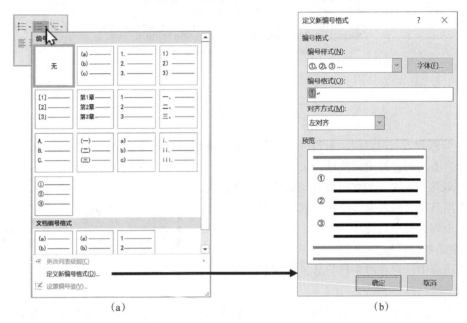

(a) (b)

图5-31　编号

（a）"编号"下拉列表；（b）"定义新编号格式"对话框

2）调整编号列表

调整编号列表的具体操作为：右击编号，打开如图5-32（a）所示的快捷菜单。

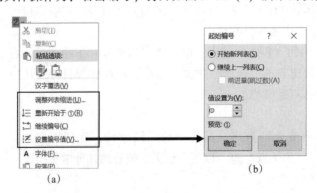

(a) (b)

图5-32　编号的调整

（a）其他编号的快捷菜单；（b）"起始编号"对话框

以下介绍快捷菜单中调整编号的命令。

（1）调整列表缩进：与项目符号调整缩进的方法类似。

（2）重新开始于①：更改当前所选编号的序号为1。

（3）继续编号：当前编号沿用上一组编号列表的序号和格式。

（4）设置编号值：选择该命令，打开"起始编号"对话框，如图5-32（b）所示。

①选中"开始新列表"单选按钮，并在"值设置为"框中设置新列表的起始编号值，可以将编号列表从当前编号开始，分裂为两个不同的编号列表。

②选中"继续上一列表"单选按钮：勾选"前进量（跳过数）"复选框，并在"值设置为"框中输入编号值，可以快速生成从当前编号值到指定编号值的所有编号，如图5-33所示。

图5-33　"继续上一列表"的设置及效果

注意：取消段落中的编号，以及从编号库中删除编号的操作与项目符号的操作方法类似。

【案例5-11】打开"案例5-10格式刷.docx"文件，将其另存为"案例5-11项目符号和编号.docx"，按下列要求完成操作。

（1）对最后6个段落添加红色"❀"项目符号，并取消段落缩进。

（2）打开"陈嘉庚青年科学奖奖励条例"文档对象，将手动输入的章、条编号及其右侧的1个空格替换为自动编号，每一章中的条编号都重新开始，且所有格式保持不变。

【操作步骤】操作视频见二维码5-11。

（1）对最后6个段落添加项目符号并取消缩进格式。

①选中最后6个段落，单击"开始"选项卡→"段落"组→"项目符号"下拉按钮→"定义新项目符号"命令。

②在"定义新项目符号"对话框中，单击"符号"按钮。

二维码5-11

③在"符号"对话框中，单击"字体"下拉按钮→"wingdings"选项→"❀"选项，单击"确定"按钮；在"定义新项目符号"对话框中，单击"字体"按钮，打开"字体"对话框，单击"字体"选项卡→"字体颜色"下拉按钮→"红色"选项，两次单击"确定"按钮，关闭所有对话框。

④打开"段落"对话框，单击"特殊格式"下拉按钮→"无"选项，将"左侧"缩进值改为0，单击"确定"按钮。

（2）双击"陈嘉庚青年科学奖奖励条例"文档对象图标，打开文档对象。按下面操作生成并应用自动编号。

①将插入点定位到"第一章 总 则"段落中，单击"开始"选项卡→"编辑"组→"选择"下拉按钮→"选择格式相似的文本"命令。在"段落"对话框中，记住段落格式（为保持格式不变做准备），单击"取消"按钮。

②生成章编号：单击"开始"选项卡→"段落"组→"编号"下拉按钮→"定义新编号格式"命令。在"定义新编号格式"对话框中，单击"编号样式"下拉按钮→"一，二，三（简）…"选项；将插入点定位到"编号格式"内容的最前面，输入文本"第"；选中"."字

符，输入文本"章"；单击"字体"按钮，在"字体"对话框中，单击"字体"选项卡→"字形"列表框→"加粗"选项，两次单击"确定"按钮。

③应用章编号：以上设置的章编号会自动应用到所选段落。如果此时发现除了第一章之外的其余章的编号显示错误，可按下快捷键 Ctrl+Z 撤消编号，再单击"开始"选项卡→"段落"组→"编号"下拉按钮→刚刚定义好的章编号选项，重新应用编号。

④与以上操作方法类似，设置并应用条的编号（文本不加粗：在"字体"对话框的"字形"列表中单击"常规"命令）。

⑤每一章中的条编号都重新开始：右击"第七条"所在段落的编号，在快捷菜单中选择"重新开始于一"命令；与以上操作方法类似，将文字"第九条""第十六条""第十八条"所在段落的自动编号均改为"第一条"。

⑥删除手工输入的章、条编号，实现用自动编号替换的效果。打开"查找和替换"对话框，"查找内容"框的值改为"第章 "（章字后面有一个半角空格），插入点定位到"第"和"章"间，单击"更多"按钮，单击"特殊格式"下拉按钮→"任意字符"选项，使得"查找内容"框的值为"第^?章 "（章字后面有一个半角空格）。保证"替换为"框内无值无格式，单击"全部替换"按钮。将"查找内容"框的值改为"第^?条 "（条字后面有一个半角空格），单击"全部替换"按钮。将"查找内容"框的值改为"第^?^?条 "（条字后面有一个半角空格），再次单击"全部替换"按钮。

⑦保持所有格式不变。选中所有章的段落，打开"段落"对话框，将"左侧"缩进值改为0，单击"缩进"组→"特殊格式"下拉按钮→"首行缩进"选项，"缩进值"改为 2 字符，单击"确定"按钮。以此类推，将所有条的段落格式也修改为原样。右击任一章的编号，在快捷菜单中单击"调整列表缩进"命令，在"调整列表缩进量"对话框中，单击"编号之后"下拉按钮→"空格"选项，单击"确定"按钮。对条编号做一样操作。

5.3.4　边框与底纹

在 Word 文档中，可以为选中的文本或段落添加边框和底纹，进一步美化文档。

1. 边框

对选中的文本或段落设置边框，有以下三种常见的操作方法。

（1）在"开始"选项卡的"字体"组中，单击"字符边框"按钮 **A**，可以对选中的文本添加/删除黑色实线边框。

（2）在"开始"选项卡的"段落"组中，单击"边框"下拉按钮，在下拉列表中选择"边框和底纹"命令，打开"边框和底纹"对话框，如图 5-34（b）所示。在"边框"选项卡中，可以设置边框类型、样式、颜色和宽度等参数，在"应用于"下拉列表中可选择将设置的边框应用于"文本"或者"段落"。

（3）在"开始"选项卡的"段落"组中，单击"边框"下拉按钮，在下拉列表中选择所需的边框类型，可以为选定的文本或段落添加/删除相应的边框，如图 5-34（a）所示。边框的样式、颜色及宽度可以在"边框和底纹"对话框的"边框"选项卡中预先设置。

注意：使用第（2）、（3）操作方法设置边框时，如果选中内容中包含段落标记，则默认对段落设置边框，否则默认对文本设置边框。

对文本及段落设置的多种不同的边框效果如图 5-35 所示。

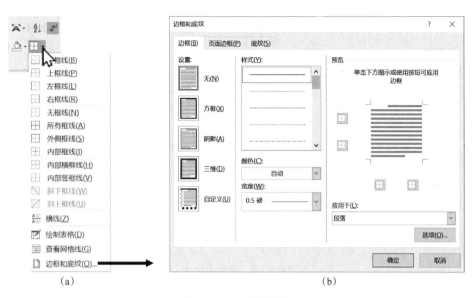

图 5-34　边框的设置

（a）"边框"下拉列表；（b）"边框和底纹"对话框的"边框"选项卡

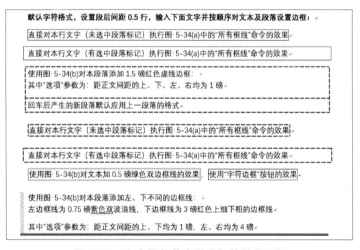

图 5-35　文本及段落应用边框的效果示例

2. 底纹

对选中的文本或段落设置底纹，有以下三种常见的操作方法。

（1）在"开始"选项卡的"字体"组中，单击"字符底纹"按钮**A**，可以对选中的文本添加/删除"白色，背景1，深色15%"颜色的底纹。

（2）在"开始"选项卡的"段落"组中，单击"底纹"下拉按钮，在下拉列表中选择需要的颜色，可以对选中的文本添加/修改/删除底纹，如图5-36（a）所示。

（3）在"开始"选项卡的"段落"组中，单击"边框"下拉按钮，选择"边框和底纹"命令，打开"边框和底纹"对话框，单击"底纹"选项卡，可进行如下参数设置，如图5-36（b）所示。

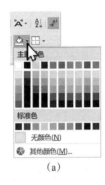
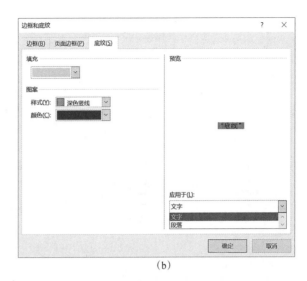

（a）　　　　　　　　　　　（b）

图 5-36　底纹的设置

（a）"底纹"下拉列表；（b）"边框和底纹"对话框的"底纹"选项卡

- 单击"填充"下拉按钮，设置底纹的填充颜色。
- 单击"图案"组中的"样式"下拉按钮/"颜色"下拉按钮，在填充颜色的基础上叠加指定样式/颜色的图案。
- 单击"应用于"下拉按钮，选择底纹的应用对象。

对文本及段落设置的多种不同的底纹效果如图 5-37 所示。

图 5-37　文本及段落应用底纹的效果示例

【案例 5-12】打开"案例 5-11 项目符号和编号.docx"文件，将其另存为"案例 5-12 边框与底纹.docx"，按下列要求完成操作。

（1）将最后 6 行文字的制表位位置修改到 13 字符和 54 字符位置。

（2）使用制表符适当调整奖项及获奖人的位置；对最后 7 行文字设置左右缩进各 10 字符；在文档的最后生成一个空段，并清除所有格式。

（3）选中最后 8 段，对段落进行如下设置：1.5 磅粗细的黑色边框；填充"橙色，个性色 2，淡色 80%"底纹，并添加橙色浅色网格样式图案。

（4）在文本"2018-11-26"所在段落的下方插入自动跨页面的水平横线，横线高度设置为 1 磅，颜色为"白色，背景 1，深色 50%"；以上文字和下方水平横线均设置左、右缩进为"-1.5 字符"。

（5）在文本"2018-11-27"所在段落添加下框线，宽度设置为 1 磅，颜色为"白色，背景 1，深色 50%"。

（6）去除第 1 页文字的白色底纹，对文本"责任编辑：李峥"添加"白色"底纹。

（7）删除最后一个段落。

【操作步骤】操作视频见二维码5-12。

二维码5-12

（1）修改制表位。

①同时选中最后6行文字，打开"制表位"对话框。

②修改制表位位置：单击"制表位位置"列表框中的"3字符"选项，将"制表位位置"值改为13字符，单击"设置"按钮；单击"制表位位置"列表框中的"35字符"选项，将"制表位位置"改为54字符，单击"右对齐"单选按钮，单击"3----（3）"单选按钮，单击"设置"按钮；单击"制表位位置"列表框中的"3字符"选项，单击"清除"按钮；单击"制表位位置"列表框中的"35字符"选项，单击"清除"按钮。单击"确定"按钮。

（2）选中最后7个段落，打开"段落"对话框，设置左右缩进值为10字符，单击"确定"按钮。选中最后7个段落，打开"段落"对话框，设置左右缩进值为10字符，单击"确定"按钮。将插入点定位到文档末尾，按下Enter键生成一个空段落，单击"开始"选项卡→"字体"组→"清除所有格式"按钮。

（3）选中最后8个段落，设置段落边框及底纹。

①单击"开始"选项卡→"段落"组→"边框"下拉按钮→"边框和底纹"命令。

②在"边框和底纹"对话框中，单击"边框"选项卡→"方框"按钮，单击"宽度"下拉按钮→"1.5磅"选项，单击"应用于"下拉按钮→"段落"选项。

③单击"底纹"选项卡→"填充"下拉按钮→"橙色，个性色2，淡色80%"选项，单击"样式"下拉按钮→"浅色网格"选项，单击"颜色"下拉按钮→"橙色，个性色2"选项，单击"应用于"下拉按钮→"段落"选项。

④单击"确定"按钮。

（4）插入自动跨页面的水平横线，设置左右缩进。

①将插入点定位到"2018-11-26"所在段落的末尾，单击"开始"选项卡→"段落"组→"边框"下拉按钮→"横线"命令。

②双击横线，在"设置横线格式"对话框中，"高度"值改为1磅，单击"颜色"下拉按钮→"白色，背景1，深色50%"选项，单击"确定"按钮。

③选中"2018-11-26"所在段落以及下方的水平横线，打开"段落"对话框，将"左侧"缩进值改为"-1.5字符"，"右侧"缩进值改为"-1.5字符"，单击"确定"按钮。

（5）对"2018-11-27"所在段落设置下框线。

①将插入点定位到"2018-11-27"所在段落中，打开"边框和底纹"对话框。

②单击"边框"选项卡→"宽度"下拉按钮→"1.0磅"选项，单击"颜色"下拉按钮→"白色，背景1，深色50%"选项。

③单击"应用于"下拉按钮→"段落"选项，单击"预览"窗格→"下框线"按钮。

④单击"确定"按钮。

（6）添加、删除底纹。

①取消文档中的白色段落底纹：选中第1页中白色底纹的文字，打开"边框和底纹"对话框，单击"底纹"选项卡→"填充"下拉按钮→"无颜色"选项，单击"应用于"下拉按钮→"段落"选项，单击"确定"按钮。

②添加文本底纹：选中"责任编辑：李峥"文字，单击"开始"选项卡→"段落"组→"底纹"下拉按钮→"白色，背景1"选项。

（7）选中最后一个段落，按下 Delete 键。

5.3.5 表格

在 Word 文档中插入表格，可以将数据清晰而直观地组织起来，也可以用来规划版面布局，使其更加合理、美观。

1. 创建表格

在"插入"选项卡的"表格"组中，单击"表格"下拉按钮，在如图 5-38（a）所示的下拉列表中，可选用以下五种常用操作方法在文档中创建表格。

1）通过实时预览的方式创建表格

在"插入表格"选项的下方移动鼠标，系统以橙色框线突出显示生成表格的行列，在文档的当前位置可以实时预览表格生成后的效果，单击鼠标即可完成表格的创建。使用该方法创建的表格，列数最大值为 10 列，行数最大值为 8 行。

2）通过对话框设置的方式创建表格

选择"插入表格"命令，可以打开如图 5-38（b）所示的"插入表格"对话框，其中可设置的各项参数功能如下。

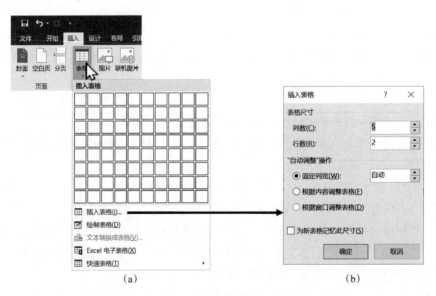

图 5-38 表格的插入

（a）"表格"下拉列表；（b）"插入表格"对话框

（1）表格尺寸：可手动输入或调整表格的列数和行数。

（2）"自动调整"操作：单击以下各个单选按钮，可根据需求对创建的表格进行宽度设置。

①固定列宽：为所有列指定相同的宽度。

②根据内容调整表格：根据每列中的文本宽度调整合适的列宽。

③根据窗口调整表格：根据窗口的宽度自动调整表格的列宽。

（3）"为新表格记忆此尺寸"复选框：可选择后面创建的新表是否默认使用本次尺寸设置。

3）使用手工绘制的方式创建表格

选择"绘制表格"命令，鼠标指针变成笔状，首先拖动鼠标绘制一个矩形生成表格的外边框，然后在该矩形中拖动鼠标绘制表格的内边框。

4）插入 Excel 电子表格对象

选择"Excel 电子表格"命令，可在当前光标位置插入一个 Excel 电子表格对象，在其中完成表格数据编辑后，可在电子表格对象外部单击，退出编辑状态。

如果需要修改 Excel 电子表格对象中的数据内容，可以双击该对象，也可以右击该对象，在快捷菜单中选择"'工作表'对象"下的"编辑"或"打开"命令，即可再次进入电子表格编辑状态。

5）创建快速表格

选择"快速表格"命令，在下拉列表中选择需要的内置表格，即可在文档中快速生成表格及数据。

2. 编辑表格

在 Word 文档中选中表格，或者将光标定位在表格中时，单击功能区中出现的"表格工具|设计"选项卡/"表格工具|布局"选项卡，可以方便地对表格进行编辑和修改，如图 5-39 所示。

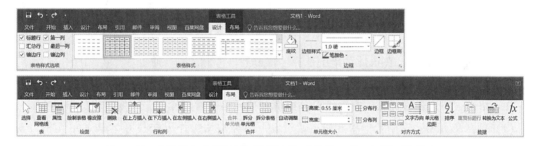

图 5-39　"表格工具|设计"选项卡和"表格工具|布局"选项卡

1）选中操作对象

表格中行与列交叉的区域称为单元格，每个单元格都是一个独立的编辑单位，可以和正文一样输入字符、插图、表格等文档内容，并且进行格式设置。

对表格进行编辑操作之前，需要先选中被操作的对象，下面介绍选中单元格、行、列和表格的常见操作方法。

（1）拖动鼠标选中对象。

（2）将插入点定位到表格中，在"表格工具|布局"选项卡的"表"组中，单击"选择"下拉按钮，在下拉列表中选择相应的命令，如"选择单元格""选择列"等。

（3）选中表格中的各个对象，还可以使用以下多种常用操作方法。

①选中单元格：鼠标指针移动到单元格中的左侧位置，出现右上黑箭头 ↗ 时，单击鼠标可选中该单元格；单击并拖动鼠标可选中多个连续的单元格；若要同时选中多个不连续的单元格，可在单击选中一个单元格后，按住 Ctrl 键再依次单击选择其他单元格。

②选中行/列：鼠标指针移动到某行的左侧/某列的上方，出现右上空箭头 ⇗ /向下黑箭头 ↓ 时，单击鼠标可选中该行/列；单击并拖动鼠标可选中多个连续的行/列；若要同时选中多个不连续的行/列，可在单击选中一个行/列后，按住 Ctrl 键再依次单击选择其他行/列。

③选中整个表格：鼠标指针移向表格内部，单击表格左上角出现的 ⊞ 标记。

2）编辑行/列

表格编辑过程中，经常需要对行/列进行插入和删除操作。

（1）插入行/列：选中若干行/列，通过以下五种常用操作方法可以插入行/列。

①在"表格工具|布局"选项卡的"行和列"组中，单击"在上方插入"/"在下方插入"/"在左侧插入"/"在右侧插入"按钮，可以在当前行的上/下方插入新行、当前列的左/右侧插入新列。

②右击选中的行/列，在快捷菜单中选择"插入"下的相应命令。

③鼠标指针移动到两行之间的左侧/两列之间的上方，出现带圈的加号标记⊕时单击，即可在当前位置插入新行/新列。

④将插入点定位到表格某一行最右侧的段落标记处，按下 Enter 键，可在该行下方插入新行。

⑤在"表格工具|布局"选项卡的"绘图"组中，单击"绘制表格"按钮，拖动鼠标，在单元格中绘制框线。

（2）删除行/列：选中若干行/列，通过以下三种常用操作方法可以删除所选的行/列。

①按下 Backspace 键。

②在"表格工具|布局"选项卡的"行和列"组中，单击"删除"下拉按钮，在下拉列表中选择"删除行"/"删除列"命令。

③右击选中的行/列，在快捷菜单中选择"删除行"/"删除列"命令。

3）编辑单元格

在表格中，可以通过插入、删除、合并或拆分单元格等常用操作，改变表格的布局。

（1）插入单元格：选中若干单元格，通过以下两种常用操作方法打开"插入单元格"对话框，选择"活动单元格右移"/"活动单元格下移"单选按钮，可在选中单元格的左侧/上方插入新单元格，如图 5-40 所示。

①在"表格工具|布局"选项卡的"行和列"组中，单击右下角的"对话框启动器"按钮。

②右击选中的单元格，在快捷菜单中选择"插入"下的"插入单元格"命令。

在"插入单元格"对话框中，选择"整行插入"/"整列插入"单选按钮，也可以在选中单元格的上方插入新行/左侧插入新列。

（2）删除单元格：选中若干单元格，通过以下三种常用操作方法打开"删除单元格"对话框，选择"右侧单元格左移"/"下方单元格上移"单选按钮，可删除所选的单元格，如图 5-41 所示。

图 5-40　"插入单元格"对话框　　　　图 5-41　"删除单元格"对话框

①按下 Backspace 键。

②在"表格工具|布局"选项卡的"行和列"组中，单击"删除"下拉按钮，在下拉列表

中选择"删除单元格"命令。

③右击选中单元格，在快捷菜单中选择"删除单元格"命令。

在"删除单元格"对话框中，选择"删除整行"/"删除整列"单选按钮，也可以删除选中单元格所在的行/列。

（3）合并单元格：将选中的多个单元格合成一个单元格，通过以下三种常用操作方法可以合并单元格。

①在"表格工具|布局"选项卡的"合并"组中，单击"合并单元格"按钮。

②右击选中的单元格，在快捷菜单中选择"合并单元格"命令。

③在"表格工具|布局"选项卡的"绘图"组中，单击"橡皮擦"按钮，在边框线上单击/拖动。

（4）拆分单元格：将选中的若干单元格拆分成指定数量的单元格，通过以下两种常用操作方法可以拆分单元格。

①在"表格工具|布局"选项卡的"合并"组中，单击"拆分单元格"按钮。

②右击选中的单元格，在快捷菜单中选择"拆分单元格"命令。

以上两种操作均会打开"拆分单元格"对话框，按需要设置列数和行数即可。例如，选中一个单元格时，打开如图5-42所示的"拆分单元格"对话框，在其中可设置拆分后的单元格个数。

图5-42　"拆分单元格"对话框

注意：如果对选中的多个单元格执行"拆分"操作，则默认先将这些单元格合并为一个单元格，然后再进行单元格拆分。如果希望选中的多个单元格不作合并、分别执行拆分操作，可在"拆分单元格"对话框中，取消"拆分前合并单元格"复选框的勾选。

4）拆分表格

将插入点定位到表格某一行中的任意位置，在"表格工具|布局"选项卡的"合并"组中，单击"拆分表格"按钮，则从该行开始拆分为另一个表格。

5）删除表格

选中整个表格，使用以下三种常用操作方法可以删除表格。

①按下 Backspace 键。

②在"表格工具|布局"选项卡的"行和列"组中，单击"删除"下拉按钮，在下拉列表中选择"删除表格"命令。

③右击选中的表格，在快捷菜单中选择"删除表格"命令。

注意：选中表格后，按下 Delete 键只能删除其中的内容。

6）调整表格大小

调整表格大小主要包括调整表格的宽度、调整行高和列宽、改变单元格的大小等操作。

（1）调整表格的宽度，有以下三种常用操作方法。

①使用"表格属性"对话框调整表格大小。在"表格工具|布局"选项卡的"表"组中单击"属性"按钮，也可以在"单元格大小"组中单击右下角的"对话框启动器"按钮，或右击表格，在快捷菜单中选择"表格属性"命令，打开如图5-43所示的"表格属性"对话框。在"表格"选项卡中，勾选"指定宽度"复选框，选择"度量单位"（其中，"百分比"指相对版心宽度的尺寸比例），并设置"指定宽度"值，可以精确调整表格的宽度。

图 5-43 "表格属性"对话框

②按住 Shift 键并拖动表格中任一列框线，在调整该列列宽的同时也会改变表格的宽度。

③在"表格工具|布局"选项卡的"单元格大小"组中，单击"自动调整"下拉按钮，在下拉列表中选择所需的命令。

（2）调整行高和列宽、改变单元格的大小，有以下四种常用操作方法。

①直接拖动表格中的边框线，可改变行高/列宽。如果选中单元格后再拖动边框线，则只调整选中单元格的边框位置。

②选中若干行/列/单元格对象，在"表格工具|布局"选项卡的"单元格大小"组中，设置"高度"及"宽度"值。

③选中若干行/列/单元格对象，在"表格工具|布局"选项卡的"单元格大小"组中，单击"分布行"/"分布列"按钮，可对选中的对象自动进行尺寸调整，实现等宽/等高的平均分布效果。

④打开"表格属性"对话框，在"行"/"列"/"单元格"选项卡中，设置行高/列宽/单元格宽度。

7）设置对齐方式

对齐方式的设置主要包括表格的对齐设置，以及单元格中内容的对齐设置。

（1）表格的对齐设置，主要指整个表格在页面水平方向的对齐方式设置。选中表格后，可以使用以下两种常见方法进行表格的对齐操作。

①在"表格属性"对话框的"表格"选项卡中，选择合适的对齐方式。

②在"开始"选项卡的"段落"组中，单击合适的对齐方式按钮。

（2）单元格中内容的对齐设置，主要指内容在单元格的水平方向和垂直方向上的对齐方式设置。可以先将插入点定位到单元格中或者选中单元格，然后使用以下三种常见方法进行对齐操作。

①同时进行水平和垂直方向的对齐设置：在"表格工具|布局"选项卡的"对齐方式"组中，单击合适的对齐方式按钮。

②仅设置水平方向的对齐方式：在"开始"选项卡的"段落"组中，单击合适的对齐方式按钮。

106

③仅设置垂直方向的对齐方式：在"表格属性"对话框的"单元格"选项卡中，单击合适的垂直对齐方式按钮。

8）设置表格的边框和底纹

对选中的表格进行边框和底纹的设置，主要有以下几种情况。

（1）通过套用表格样式设置表格的边框和底纹。

在"表格工具|设计"选项卡的"表格样式"组中，单击"其他"按钮，在下拉列表中选择需要的表格样式，可以直接将该样式自动应用到表格；在"表格样式选项"组中，通过勾选各个复选框可以选择表格样式选项。

（2）通过以下三种常用操作方法打开"边框和底纹"对话框，对表格设置边框和底纹。

①在"开始"选项卡的"段落"组中，单击"边框"下拉按钮，在下拉列表中选择"边框和底纹"命令。

②在"表格属性"对话框的"表格"选项卡中，单击"边框和底纹"按钮。

③在"表格工具|设计"选项卡的"边框"组中，单击右下角的"对话框启动器"按钮。

（3）自定义设置边框。

选中表格/行/列/单元格，在"表格工具|设计"选项卡的"边框"组中，可以先为所选对象设置边框样式，然后再将边框样式应用到表格中。

①设置边框样式，有以下两种常用操作方法。

● 单击"边框样式"下拉按钮，在下拉列表中选择需要的样式。

● 单击"笔样式""笔划粗细"及"笔颜色"下拉按钮，可以设置需要的边框类型、粗细和颜色。

②应用边框样式，有以下三种常用操作方法。

● 单击"边框刷"按钮，在表格边框线上单击或拖动鼠标。

● 选中表格/行/列/单元格，单击"边框"下拉按钮，在下拉列表中选择合适的边框。

● 单击"边框样式"下拉按钮，在下拉列表中选择"边框取样器"命令，鼠标指针变为吸管状 ，单击边框线复制现有边框的样式，鼠标指针变成画笔状 时，再在边框线上单击/拖动鼠标，即可粘贴边框样式。

（4）自定义设置底纹。

选中表格/行/列/单元格，在"表格工具|设计"选项卡的"表格样式"组中，可以根据需要设置底纹，有以下两种常用操作方法。

①单击"底纹"按钮，可将按钮中显示的颜色设置为底纹颜色。

②单击"底纹"下拉按钮，在下拉列表中选择需要的颜色选项作为底纹颜色。

9）设置重复标题行

当长表格跨页显示时，为了方便数据的阅读，通常需要表格中的标题行能显示在每一页表格的开头。

具体设置步骤为：选中标题行或者将插入点置于标题行中，在"表格工具|布局"选项卡的"数据"组中，单击"重复标题行"按钮。如果要取消标题行在每页页面的重复显示，可再次单击"重复标题行"按钮。

3. 文本与表格的相互转换

在 Word 文档中，可以将文本转换为表格，也可以将表格转换为普通文本。

1）文本转换成表格

将文本转换成表格，具体操作步骤如下：

（1）在文本段落中所有需要分列的位置，插入同种类型的分隔符。分隔符类型可以是段落标记、空格、逗号、制表符，或者其他任意字符。

（2）选中文本，在"插入"选项卡的"表格"组中，单击"表格"下拉按钮，在下拉列表中选择"文本转换成表格"命令，打开"将文字转换成表格"对话框，如图 5-44（a）所示。其中，"表格尺寸"及"文字分隔位置"参数会根据选定的文本内容自动生成，也可以按需修改和设置对话框中的各项参数。

2）表格转换为文本

选中表格，在"表格工具|布局"选项卡的"数据"组中，单击"转换为文本"按钮，打开"表格转换成文本"对话框，选择一种文字分隔符，单击"确定"按钮，如图 5-44（b）所示。

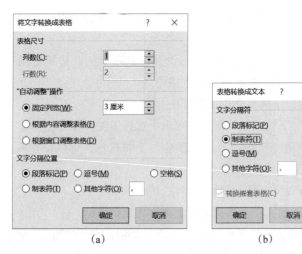

(a)　　　　　　　　　(b)

图 5-44　文本与表格间的转换

（a）"将文字转换成表格"对话框；（b）"表格转换成文本"对话框

【案例 5-13】　新建空白文档，保存为"案例 5-13 表格.docx"，按下列要求完成操作。参照素材"案例 5-13 表格效果图.jpg"的样例效果创建表格，需满足以下要求。

● 表格中所有的字体均为微软雅黑。

● 单元格底纹颜色为"灰色-25%，背景 2"；表格为深蓝色内部框线、黑色外侧框线。

● 最后三行、第一列的单元格中使用自动编号，靠右填充。

● 按照样例图调整格式，使其正好能够在一个页面中显示。

● 将纸张设置为窄页边距，表格标题为"个人简历"，宽度调整为 100%，居中对齐。

【操作步骤】　操作视频见二维码 5-13。

（1）打开"案例 5-13 表格效果图.jpg"作效果参考，创建规则表格。

①单击"插入"选项卡→"表格"组→"表格"下拉按钮→"插入表格"命令。

②在"插入表格"对话框中，"列数"值改为 7，"行数"值改为 17，单击"确定"按钮。

二维码 5-13

108

（2）将规则表格改为不规则表格。

①选中表格第1行，单击"表格工具|布局"选项卡→"合并"组→"合并单元格"按钮。

②以此类推，将第2行、第9行、第12～第16行各行分别合成一个单元格；对第5行的第2～4列、第6行的第2～4列、第3～6行的第7列、第7行的第6～7列、第8行的第2～7列、第10行的2～3列、第10行的5～7列、第11行的2～7列，分别合并单元格。

③选中第17行的所有单元格，单击"表格工具|布局"选项卡→"合并"组→"拆分单元格"按钮。在"拆分单元格"对话框中，"列数"值改为2，"行数"值改为3，单击"确定"按钮。

（3）参照样例效果，输入表格内文字，无须输入最后三行序号。

（4）参照样例效果，修改表格的行高和列宽。

①选中第2～19行，单击"表格工具|布局"选项卡→"单元格大小"组→"表格行高"框，值改为1厘米，按下Enter键。

②拖动"奖惩情况"以及"自我评价"和"教育经历"下方2个空白行的下边框线，调整行高，注意保持一页。

③不选中任何单元格，鼠标放在照片单元格左边框线、以及最后三行中间的竖框线上，拖动调整合适的列宽。

④选中第3～4行、第1～6列，单击"表格工具|布局"选项卡→"单元格大小"组→"分布列"按钮。

⑤不选中任何单元格，按住Alt键拖动调整下方的3条竖线与之重新对齐。

⑥选中"计算机水平"所在单元格，拖动左右边框线，调整该单元格的列宽。

（5）参照样例效果，修改表格的边框和底纹。

①选中整个表格，单击"表格工具|设计"选项卡→"边框"组→"笔划粗细"下拉按钮→"1.0磅"选项，单击"笔颜色"下拉按钮→"深蓝"选项，单击"边框"下拉按钮→"内部框线"选项。

②以此类推，设置"笔样式"为"粗–细窄间隔"（第10个）、"笔划粗细"为"2.25磅"、"笔颜色"为"黑色，文字1"，应用到"外侧框线"。

③同时选中第17～19行、第1列单元格，单击"边框"下拉按钮→"右框线"选项两次，取消右框线。

④选中第2行，再按住Ctrl键选中第9、12、14、16行，单击"表格工具|设计"选项卡→"表格样式"组→"底纹"下拉按钮→"灰色–25%，背景2"选项。

（6）设置单元格中内容的格式。

①选中整个表格，设置字体为"微软雅黑"、字号为"五号"；单击"表格工具|布局"选项卡→"对齐方式"组→"水平居中"按钮。

②将插入点定位到"特长爱好"右边的空白单元格，设置"中部两端对齐"。

③双击"格式刷"按钮，在"奖惩情况"右边空白单元格、"自我评价"和"教育经历"下方的空白行中单击，在最后三行、第2列中拖动，复制单元格中内容的格式。按Esc键取消格式刷功能。

④选中第1行，设置字号为"一号""加粗"。

⑤选中表格第2、9、12，14、16行，设置"加粗"。

⑥单击"开始"选项卡→"段落"组→"中文版式"下拉按钮→"调整宽度"命令，在"调整宽度"对话框中，将"新文字宽度"值改为5字符，单击"确定"按钮。以此类推，将表格中少于4个字符的单元格中文字宽度值均改为4字符，空白单元格不做此操作。

（7）为最后3行左侧单元格添加编号。

①单击"表格工具|布局"选项卡→"表"组→"查看网格线"按钮，方便观看效果。

②同时选中第17~19行、第1列单元格，单击"开始"选项卡→"段落"组→"编号"下拉按钮→"1. 2. 3."选项。

③设置"中部右对齐"、无缩进；打开"制表位"对话框，"默认制表位"值改为0字符。

④单击"表格工具|布局"选项卡→"表"组→"查看网格线"按钮，取消显示网格线。

（8）将纸张设置为窄页边距。

单击"布局"选项卡→"页面设置"组→"页边距"下拉按钮→"窄"选项。

（9）设置表格标题、宽度及对齐。

①单击"表格工具|布局"选项卡→"表"组→"属性"按钮，在"表格属性"对话框中，单击"可选文字"选项卡→"标题"框，输入文本"个人简历"。

②单击"表格"选项卡，勾选"指定宽度"复选框，单击"度量单位"下拉按钮→"百分比"选项，"指定宽度"值改为100%。

③单击"表格"选项卡→"居中"按钮，单击"确定"按钮。

（10）参照样例效果，再次调整行高，使其正好能够在一个页面中显示。

5.3.6 插图

在 Word 文档中可以设置图文混排效果，通过添加如图形、图片或图表等插图对象，丰富文档的表现力，提升版面视觉效果。

1. 图片

在文档中可以插入图片对象，对选中的图片也可以进行大小、排列、样式等格式的设置。

1）插入图片

在文档中插入的图片主要包括本地图片、联机图片和屏幕截图三种。

（1）插入本地计算机中的图片：在"插入"选项卡的"插图"组中，单击"图片"按钮，打开"插入图片"对话框，定位到指定的图片文件，实现本地图片的插入。

（2）插入联机图片：在"插入"选项卡的"插图"组中，单击"联机图片"按钮，打开"插入图片"窗口，可以通过以下两种方式插入联机图片。

①选择"必应图像搜索"选项，可插入必应搜索引擎提供的联机图片。在"必应图像搜索"框中可以输入关键字搜索联机图片，也可以直接单击"必应图像搜索"选项跳转到"联机 图片"窗口，选择任一类别，即可查看该类别的所有联机图片。其中，"仅限 Creative Commons"复选框决定是否仅显示 Creative Commons 许可证系统许可的联机图片；使用"筛选"按钮 ▽，可以从大小、类型、布局和颜色方面进一步设置搜索条件，更快找到所需的图片。

②选择"OneDrive-个人"选项，须登录 Microsoft 个人账户，从 OneDrive 中定位图片插入。

（3）插入屏幕截图：在"插入"选项卡的"插图"组中，单击"屏幕截图"下拉按钮，在下拉列表中，如果单击"可用的视窗"库中显示的窗口截图缩略图，可以将所选窗口截图插入当前位置；如果选择"屏幕剪辑"命令，则当前 Word 文档自动最小化，鼠标指针变为"十"字形时，拖动鼠标对屏幕中任一矩形区域进行截图，图片将自动插入当前文档中。

2）设置图片格式

在文档中插入图片后，可以对图片格式进行设置，包括修改图片大小、图片环绕效果、图片样式和对齐方式等操作。

（1）调整图片大小：设置图片的高度和宽度，有以下三种常用操作方法。

①选中图片，然后拖动图片四周的控点。

②选中图片，功能区自动出现如图 5-45 所示的"图片工具|格式"选项卡，在"大小"组中，可手动输入/调整图片的"高度"和"宽度"值。

图 5-45　"图片工具|格式"选项卡

③右击图片，在快捷菜单中选择"大小和位置"命令，或者选中图片后，在"图片工具|格式"选项卡的"大小"组中，单击右下角的"对话框启动器"按钮，均可打开如图 5-46（a）所示的"布局"对话框，在"大小"选项卡中，可以设置图片的高度和宽度值，也可以设置高度和宽度的缩放百分比。

（a）　　　　　　　　　　　　（b）

图 5-46　"布局"对话框

（a）"大小"选项卡；（b）"位置"选项卡

（2）设置图片环绕文字的方式：图片环绕文字的方式有多种（见表 5-4）其中，五角星图片已经删除了背景。

表 5-4　图片环绕文字方式

环绕方式	环绕效果	效果说明
嵌入型	 词牌名是词的一种制式曲调的名称，亦即唐宋时代经常用以填词的大致固定的一部分乐曲的原名，有固定的格式与声律，决定着词的节奏与音律。	图片插入后，与普通文本一样嵌入在文字层中，不能使用"布局"对话框调整位置，图片只能在文本段落之间移动，图片在高度上能否显示完全，取决于所在段落间距的大小。 与其他环绕方式相比，没有用于定位图片的"对象位置"标记 ⚓，也不能与其他的插图一起进行组合、对齐等操作
四周型		图片边界为矩形，文字环绕在图片的四周
紧密型环绕		文字紧密环绕在图片的环绕顶点的周围。 注意：在"图片工具|格式"选项卡的"排列"组中，单击"环绕文字"下拉按钮，在下拉列表中选择"编辑环绕顶点"命令，可以对环绕顶点进行添加和移动操作
穿越型环绕		文字紧密环绕在图片的环绕顶点的周围，而且会穿越图片上方/下方的凹陷区域
上下型环绕		文字位于图片的上、下方，图片的左、右侧无文字
衬于文字下方	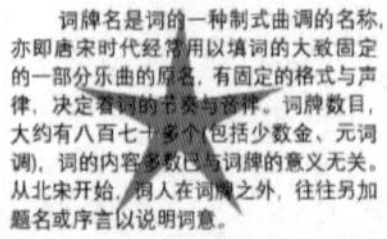	图片位于文字的下层，文字不会被图片遮挡
浮于文字上方	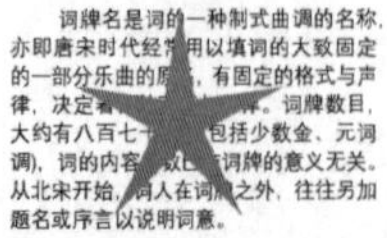	图片位于文字的上层，图片会遮挡文字

通过以下四种常用操作方法，可以对文字的环绕效果进行设置。

①选中图片，单击图片右上角出现的"布局选项"按钮，在下拉列表中选择合适的环绕效果，如图 5-47（a）所示。

②在"图片工具\|格式"选项卡的"排列"组中，单击"环绕文字"下拉按钮，在下拉列表中选择合适的命令，如图 5-47（b）所示。

③右击图片，在快捷菜单中选择"环绕文字"下合适的环绕效果。

112

④使用以下三种常用操作方法，可以打开如图5-47（a）所示的"布局"对话框，在"文字环绕"选项卡中选择合适的环绕效果。

- 在如图5-47（b）所示的"布局选项"下拉列表中，单击"查看更多"。
- 在如图5-47（c）所示的"环绕文字"下拉列表中，选择"其他布局选项"命令。
- 右击图片，在快捷菜单中选择"大小和位置"或者"设置图片格式"命令。

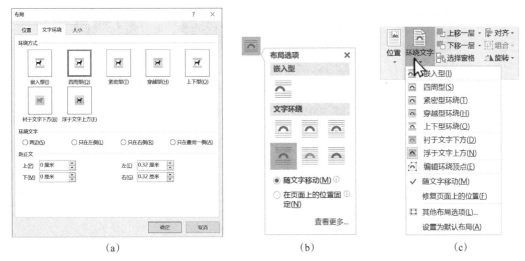

(a)　　　　　　　　　　　　(b)　　　　　　　　　　　　(c)

图5-47　图片环绕文字方式的设置

（a）"布局"对话框；（b）"布局选项"下拉列表；（c）"环绕文字"下拉列表

（3）裁剪图片：在"图片工具|格式"选项卡的"大小"组中，如果单击"裁剪"按钮，可通过拖动图片四周的裁剪标记以删减图片的多余部分，按下Esc键或者在图片外任意位置单击，即可完成裁剪；如果单击"裁剪"下拉按钮，在下拉列表中选择合适的命令，可以将图片裁剪为所选的指定形状，也可以选择指定的纵横比对图片进行裁剪。

（4）对齐图片：选中一个或多个图片对象，在"图片工具|格式"选项卡的"排列"组中，单击"对齐"下拉按钮，在下拉列表中，先选择"对齐页面"/"对齐边距"/"对齐所选对象"选项，再选择图片的对齐方式。

其中，横向对齐的选项包括"左对齐""居中对齐""右对齐"；纵向对齐的选项包括"顶端对齐""居中对齐""底端对齐"；若希望多个图片在水平/垂直方向上的间距相同，可选择"水平分布"/"垂直分布"选项。

如果需要更多对齐效果，也可以打开"布局"对话框，在"位置"选项卡中进行对齐方式的设置。

（5）设置图片样式：在"图片工具|格式"选项卡的"图片样式"组中，通过以下常用操作，可以对图片样式进行选择和设置。

①应用预设样式：在"快速样式"列表框中选择合适的预设样式。

②自定义样式设置：通过"图片边框""图片效果"和"图片版式"下拉按钮，可以对图片自行设置个性化样式效果。如果需要进一步详细设置图片格式，可以单击"图片样式"组右下角的"任务窗格启动器"按钮，在"设置图片格式"任务窗格中进行格式参数设置。

③删除图片背景：以图5-48（a）所示的Word联机剪贴画为例，选中图片，在"图片工具|格式"选项卡的"调整"组中，单击"删除背景"命令，图片中的背景区域将被自动识别和

标记，如图5-48（b）所示；此时拖动四周控点可以调整图片删除区域的范围，也可以通过单击"背景消除"选项卡中的"标记要保留的区域"/"标记要删除的区域"按钮，拖动鼠标对图片的保留/删除区域作进一步调整，如图5-48（c）所示；完成以上设置后，单击"保留更改"按钮，即可完成图片背景的删除，如图5-48（d）所示。

（a）　　　　　　　（b）　　　　　　　（c）　　　　　　　（d）

图5-48　删除图片背景

（a）原图；（b）自动标识图；（c）手动调整图；（d）效果图

【案例5-14】新建空白文档，保存为"案例5-14图片.docx"，参照素材"案例5-14求职简历效果图.jpg"的样例效果，按下列要求完成操作。

（1）纸张大小为A4。

（2）根据页面布局需要，插入"案例5-14剪贴画.jpg"图片。

（3）依据样例效果对图片调整大小，删除图片的裁剪区域。

（4）调整图片，对其设置适当的图片样式和效果。

【操作步骤】操作视频见二维码5-14。

（1）单击"布局"选项卡→"页面设置"组→"纸张大小"下拉按钮→"A4"选项。

（2）插入图片：单击"插入"选项卡→"插图"组→"图片"按钮，在"插入图片"对话框中，选择素材"案例5-14剪贴画.jpg"文件，单击"插入"按钮。

二维码5-14

（3）修改图片：参照"案例5-14求职简历效果图.jpg"的样例效果，对插入的剪贴画进行以下操作。

①裁剪图片：选中图片，单击"图片工具|格式"选项卡→"大小"组→"裁剪"按钮，依据效果图拖动黑色标记调整，保留头像。单击"图片工具|格式"选项卡→"调整"组→"压缩图片"按钮，在"压缩图片"对话框中，参照"案例5-14裁剪后图片及压缩设置.jpg"样例效果进行设置。

②删除图片中的背景及不需要的区域：单击"图片工具|格式"选项卡→"调整"组→"删除背景"按钮，将保留区域调整到最大，使用"图片工具|背景消除"选项卡中的"标记要保留的区域"按钮和"标记要删除的区域"按钮调整区域，参照"案例5-14删除背景示意图.jpg"样例效果，对图片进行区域标记，最后单击"保留更改"按钮。

③调整大小：拖动对角线方向上的控点（注意保持图片比例不变），将图片调整至适合大小。

（4）调整图片：参照"案例5-14求职简历效果图.jpg"样例效果，对图片进行旋转、移动、添加"胶片颗粒"艺术效果、添加"剪去对角，白色"图片样式，以及更改为"八边形"形状等操作。

①旋转图片：单击"图片工具|格式"选项卡→"排列"组→"旋转"下拉按钮→"其他旋转选项"命令，在"布局"对话框的"大小"选项卡中，设置"旋转"组的旋转值为"-5"。或者鼠标指针移动到图片上方的⟳标记处按下并拖动鼠标，调正图片，效果如"案例5-14调整

图片后效果 . jpg"所示。

②设置图片环绕文字方式并调整图片位置：单击"图片工具|格式"选项卡→"排列"组→"环绕文字"下拉按钮，选择第2组中的任意一个选项即可，如"四周型"选项，并直接拖动图片至合适位置。

③添加艺术效果：单击"图片工具|格式"选项卡→"调整"组→"艺术效果"下拉按钮→"胶片颗粒"选项。

④设置图片样式：单击"图片工具|格式"选项卡→"图片样式"组→"快速样式"下拉按钮→"剪去对角，白色"选项；单击"图片工具|格式"选项卡→"图片样式"组→"图片边框"下拉按钮→"粗细"下拉按钮→"其他线条"命令，在"设置图片格式"任务窗格中设置线条宽度为8磅。

⑤更改裁剪形状：单击"图片工具|格式"选项卡→"大小"组→"裁剪"下拉按钮→"裁剪为形状"下拉按钮→"八边形"选项。

2. 形状

在 Word 文档中添加一定的形状，可以让文字更加丰富。

1）插入形状

通过以下两种常用操作可以插入形状。

（1）在任意位置插入形状：在"插入"选项卡的"插图"组中，单击"形状"下拉按钮，在下拉列表中选择需要的内置形状选项，在任意位置拖动鼠标，可以绘制出相应的形状。

（2）在画布内插入形状：若需要将形状绘制在一个统一的框架内，实现组合效果，可以在绘制形状之前，在"形状"下拉列表中选择"新建绘图画布"命令，然后在画布内绘制形状。

2）更改形状

选中形状，功能区自动出现如图 5-49 所示的"绘图工具|格式"选项卡，在"插入形状"组中，可以对形状进行替换和修改。

图 5-49 "绘图工具|格式"选项卡

①替换形状：单击"编辑形状"下拉按钮，选择"更改形状"选项，在下拉列表中选择其他内置形状，可以实现形状的替换，并且保持原样式、大小及位置不变。

注意：本操作对"线条"类形状无效。

②修改形状：单击"编辑形状"下拉按钮，选择"编辑顶点"选项，拖动顶点标记可以进行形状的修改。

3）组合形状

组合形状是指将所选的多个形状组合成一个对象，具体操作步骤如下：同时选中两个以上的形状，在"绘图工具|格式"选项卡的"排列"组中，单击"组合"下拉按钮，在下拉列表中选择"组合"命令。

4）设置形状格式

在"绘图工具|格式"选项卡的"形状样式"组中，可以使用以下两种常用操作设置形状的格式。

（1）套用预设样式：单击"形状样式"列表框右下角的"其他"按钮，选择一种合适的样式，可以快速改变形状的外观效果。

（2）自定义格式设置：可以自定义形状的填充、轮廓及效果，具体操作如下：

①单击"形状填充"下拉按钮，可以使用纯色/渐变/图片/纹理填充形状。

②单击"形状轮廓"下拉按钮，可以为形状设置指定颜色、线型及宽度的轮廓。

③单击"形状效果"下拉按钮，可以为形状设置如阴影、发光、映像或三维旋转等效果。

此外，单击本组右下角的"任务窗格启动器"按钮，打开"设置形状格式"任务窗格，可以对形状进行更详细的格式设置。

【案例5-15】打开"案例5-14图片.docx"，将其另存为"案例5-15形状.docx"，参照素材"案例5-14求职简历效果图.jpg"的样例效果，按下列要求完成操作。

（1）在适当位置插入橙色（标准色）与白色（标准色）的两个矩形，其中橙色矩形占满A4幅面，白色矩形位于其上，两者文字环绕方式均设为"衬于文字下方"，作为简历的背景。

（2）插入橙色（标准色）的圆角矩形，并添加文字"个人信息"，调整文字字体、字号，应用加粗效果；在其下方插入一个标准色为橙色的直线。

（3）继续完成其他5组形状的编辑。

【操作步骤】操作视频见二维码5-15。

（1）参照"案例5-14求职简历效果图.jpg"的样例效果，完成简历背景的制作。

二维码5-15

①插入矩形：单击"插入"选项卡→"插图"组→"形状"下拉按钮→"矩形"选项，拖动鼠标绘制出任意大小矩形。

②设置颜色及轮廓：单击"绘图工具|格式"选项卡→"形状样式"组→"形状填充"下拉按钮→"橙色"选项，单击"形状轮廓"下拉按钮→"无轮廓"选项。

③调整为A4大小：单击"绘图工具|格式"选项卡→"大小"组→"高度"框，值改为29.7，再将"形状宽度"值改为21。

④设置"对齐页面"效果为"左对齐"和"顶端对齐"：单击"绘图工具|格式"选项卡→"排列"组→"对齐"下拉按钮→"对齐页面"选项；单击"对齐"下拉按钮→"左对齐"选项，单击"对齐"下拉按钮→"顶端对齐"选项。

⑤设置环绕文字方式：单击"环绕文字"下拉按钮→"衬于文字下方"选项。

⑥单击选中橙色矩形，按下快捷键Ctrl+C，再按下快捷键Ctrl+V，复制出1个橙色矩形。

⑦选中新的橙色矩形，更改"形状填充"为"白色，背景1"；拖动矩形上边框缩减其高度；对该形状设置"对齐页面"效果为"左对齐"和"垂直居中"。

（2）绘制"个人信息"画布，插入和编辑橙色圆角矩形及其下方直线。

①单击"插入"选项卡→"插图"组→"形状"下拉按钮→"新建绘图画布"命令，创建绘图画布。

②在绘图画布中，再插入一个圆角矩形，设置"橙色"填充、无轮廓；右击圆角矩形，在快捷菜单中单击"添加文字"命令，在矩形中输入"个人信息"；选中文字/圆角矩形，设置文字字符格式：文字颜色为"黑色，文字1"、宋体、20号、加粗。

③在绘图画布中，单击"插入"选项卡→"插图"组→"形状"下拉按钮→"直线"选项，按住Shift键并拖动鼠标，在"个人信息"圆角矩形的下方绘制一条横向直线。选中该直线，单击"绘图工具|格式"选项卡→"形状样式"组→"样式列表"其他下拉按钮→"粗线—强调颜色2"选项，"形状轮廓"设置为"橙色"。

④在绘图画布中，单击直线，按住Shift键再单击圆角矩形，设置"对齐边距"效果为"左对齐"，缩小绘图画布到适当大小。

（3）复制三份绘图画布，分别用于编辑"求职意向""自我评价"和"兴趣爱好"画布。

①按住 Ctrl 键，将"个人信息"绘图画布拖动到"求职意向"位置，复制一份绘图画布，并修改其文字为"求职意向"。

②以此类推，完成"自我评价"和"兴趣爱好"绘图画布的创建。

（4）编辑"社会实践"组合图形。

①选中任意一个绘图画布中的圆角矩形和直线，复制一份到绘图画布外，调整到"社会实践"位置。

②调整直线的位置和长度：选中直线，按下"→"方向键，将其向右移动，参照效果图，按住 Shift 键并拖动鼠标，调整该直线长度。

③插入圆：单击"插入"选项卡→"插图"组→"形状"下拉按钮→"椭圆"选项，按住 Shift 键并拖动鼠标，在直线左侧绘制一个正圆，填充色为"橙色"，无轮廓。

④插入纵向直线：选中横向直线，按住 Ctrl 键拖动该直线，复制一条新的直线。选中复制的新直线，单击"绘图工具|格式"选项卡→"大小"组→"对话框启动器"按钮，在"布局"对话框中，单击"大小"选项卡→"旋转"框，"旋转"值改为"90°"，单击"确定"按钮，使其旋转成为纵向直线，再按效果图调整其长度及位置。

⑤对横向直线、圆、纵向直线设置"对齐所选对象"效果：与上述圆角矩形与直线的对齐方法类似，设置圆与横向直线的对齐效果为"垂直居中"、圆与纵向直线的对齐效果为"水平居中"。参照样例效果，使用方向键调整它们在页面中的位置。

⑥组合形状：同时选中横向直线、纵向直线和圆，单击"绘图工具|格式"选项卡→"排列"组→"组合"下拉按钮→"组合"命令，将三者组合成一个图形；选中新图形的同时，按住 Shift 键并单击"社会实践"圆角矩形，设置"对齐所选对象"效果为"左对齐"，最后再组合成一个图形。

（5）编辑"在校情况"组合图形：复制"社会实践"组合图形，参照效果图，修改文字、位置和纵向直线长度。

3. SmartArt 图形

SmartArt 是智能化的图形，可以通过流程、列表等多种类型，轻松快速地进行信息和观点的视觉表达。

1）插入 SmartArt 图形

在"插入"选项卡的"插图"组中，单击"SmartArt"按钮，打开"选择 SmartArt 图形"对话框，如图 5-50 所示。然后在 SmartArt 图形的分类中选择一个合适的 SmartArt 图形布局。

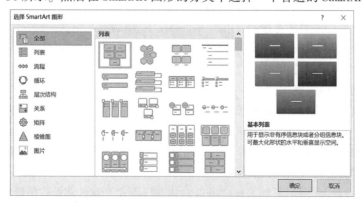

图 5-50 "选择 SmartArt 图形"对话框

2）编辑 SmartArt 图形

选中 SmartArt 图形，功能区自动出现如图 5-51 所示的"SmartArt 工具|设计"选项卡和"SmartArt 工具|格式"选项卡，使用"SmartArt 工具|设计"选项卡可以对 SmartArt 图形进行编辑，主要包括编辑文字、添加/删除形状、设置形状的位置、级别、大小和格式等。

图 5-51 "SmartArt 工具|设计"选项卡

（1）在 SmartArt 图形中输入、修改及删除文字，有以下两种常用操作方法。

①在"SmartArt 工具|设计"选项卡的"创建图形"组中，单击"文本窗格"按钮可以实现"文本"窗格的显示/隐藏，在"文本"窗格中编辑文字，如图 5-52 所示。

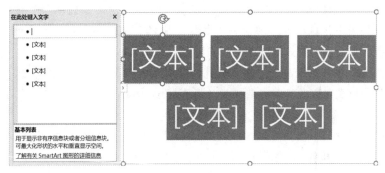

图 5-52 在"文本窗格"中输入文字

②选中 SmartArt 图形中的任意形状，可以直接输入和编辑文字；也可以右击该形状，在快捷菜单中选择"编辑文字"命令，进入文字编辑状态。

（2）SmartArt 图形创建后，可以对其进行添加/删除形状、调整形状的位置、级别和大小等常见操作。

①添加形状：选中任意形状，在"SmartArt 工具|设计"选项卡的"创建图形"组中，单击"添加形状"下拉按钮；或者右击任意形状，在快捷菜单中选择"添加形状"下的合适形状，即可在所选形状的前面/后面/上方/下方添加一个新的形状。

注意："添加助理"功能仅可在"层次结构"类别的"组织结构图"布局中使用。

②删除形状：选中任意形状，按下 Delete 键/Backspace 键。

③调整形状位置：选中任意形状，在"SmartArt 工具|设计"选项卡的"创建图形"组中，单击"从右向左"按钮，可以调整各形状的左右排列位置。若仅需要调整某个形状的位置，则选中该形状，在"SmartArt 工具|设计"选项卡的"创建图形"组中，单击"上移"/"下移"按钮，可以向前/向后移动位置。

④调整形状级别：选中需要调整级别的形状，在"SmartArt 工具|设计"选项卡的"创建图形"组中，单击"升级"/"降级"按钮，可以增大/减小形状的级别。

⑤调整形状的大小：可以选中整个 SmartArt 图形或者 SmartArt 图形中的任意形状，对其进行大小调整，操作方法与调整图片大小类似。

（3）为了使 SmartArt 图形更加美观，可以对其进行版式、颜色和样式等设置。

①修改 SmartArt 图形的布局版式：在"SmartArt 工具|设计"选项卡的"版式"组中，在

"版式"列表中选择所需的布局版式。

②更改 SmartArt 图形的颜色：在 "SmartArt 工具丨设计" 选项卡的 "SmartArt 样式" 组中，单击 "更改颜色" 下拉按钮，选择合适的颜色效果。

③更改 SmartArt 图形的样式：在 "SmartArt 工具丨设计" 选项卡的 "SmartArt 样式" 组中，在 "SmartArt 样式" 列表框中选择合适的外观样式。

【案例 5-16】打开 "案例 5-15 形状 .docx"，另保存为 "案例 5-16 SmartArt 图形 .docx"，参照素材 "案例 5-14 求职简历效果图 .jpg" 的样例效果，在 "兴趣爱好" 绘图画布的下方插入 SmartArt 图形。

【操作步骤】操作视频见二维码 5-16。

（1）在文档中插入 SmartArt 图形。

①单击 "插入" 选项卡→ "插图" 组→ "SmartArt" 按钮。

②在 "选择 SmartArt 图形" 对话框中，单击 "关系" 分类→ "线性维恩图" 选项，单击 "确定" 按钮。

二维码 5-16

（2）参照样例图效果，修改 SmartArt 图形。

①单击 SmartArt 图形对象，单击 "SmartArt 工具丨格式" 选项卡→ "排列" 组→ "环绕文字" 下拉按钮→ "浮于文字上方" 选项。

②从上到下依次输入 "钢琴""运动""摄影"，删除最后一个形状。

③单击 "SmartArt 工具丨设计" 选项卡→ "SmartArt 样式" 组→ "更改颜色" 下拉按钮→ "彩色-个性色" 选项，单击 "SmartArt 工具丨设计" 选项卡→ "SmartArt 样式" 组→ "样式列表" 其他下拉按钮→ "优雅" 选项。

④按住 Shift 键，鼠标拖动控点，等比例缩小 SmartArt 图形。

⑤选中 SmartArt 图形，拖放到 "兴趣爱好" 下方的适当位置，单击 "开始" 选项卡→ "字体" 组→ "加粗" 按钮。

4. 图表

在 Word 文档中使用图表对象，可以轻松表达数据的趋势和含义。

1）插入图表

插入图表的具体操作步骤如下：

（1）将插入点定位到要插入图表的位置。

（2）在 "插入" 选项卡的 "插图" 组中，单击 "图表" 按钮，打开 "插入图表" 对话框，选择需要的图表类型，单击 "确定" 按钮。

（3）进入数据编辑状态，在 "Microsoft Word 中的图表" 窗口中输入或粘贴图表所需的数据，此时可以实时预览图表效果。鼠标移到数据右下边界处，出现黑色双向箭头时拖动鼠标可以调整图表中的数据范围，设置好数据后关闭该窗口，如图 5-53 所示。

2）编辑图表数据

图表的编辑操作主要包括编辑图表的数据、设置图表元素、更改图表类型、设置图表格式等。

选中图表，功能区自动出现如图 5-54 所示的 "图表工具丨设计" 选项卡，在 "数据" 组中，可以使用以下三种常用操作方法，对图表数据进行增加/删除/修改操作。

（1）单击 "编辑数据" 按钮，或者单击 "编辑数据" 下拉按钮，在下拉列表中选择 "编辑数据" 命令，均可进入如图 5-53 所示的界面，对图表数据进行编辑。

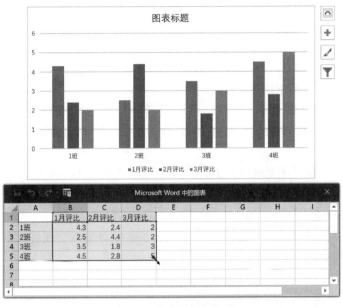

图 5-53　图表的数据编辑

图 5-54　"图表工具I设计"选项卡

（2）单击"编辑数据"下拉按钮，在下拉列表中选择"在 Excel 中编辑数据"命令，可以打开 Excel 软件编辑数据。

（3）单击"选择数据"按钮，打开"选择数据源"对话框，在其中可以对数据区域范围、坐标轴数据等进行修改。

3）编辑图表格式

图表格式主要包括图表元素、图表类型和图表样式等。

（1）设置图表元素：使用以下两种常用操作方法，可以对图表标题、数据标签、图例等图表元素进行增加/删除/修改等操作。

①选中图表，单击图表边框右侧的"图表元素"按钮 ➕，在下拉列表中选择合适的图表元素进行编辑。

②在"图表工具I设计"选项卡的"图表布局"组中，单击"添加图表元素"下拉按钮，在下拉列表中选择合适的图表元素进行编辑。

（2）更改图表类型：在"图表工具I设计"选项卡的"类型"组中，单击"更改图表类型"按钮，打开"更改图表类型"对话框，可以重新选择新的图表类型。

（3）更改图表外观：在"图表工具I设计"选项卡的"图表样式"组中，可以更改图表的样式、颜色和布局等。

关于图表编辑的其他详细功能参见"9.5.2 常用图表"节中关于编辑图表的介绍。

【案例 5-17】打开"案例 5-16 SmartArt 图形 .docx"，另存为"案例 5-17 图表 .docx"，参照素材"案例 5-14 求职简历效果图 .jpg"的样例效果，按下列要求完成操作。

（1）使用"案例5-3成绩.xlsx"文件中的数据，创建"带数据标记"的折线图。

（2）在图表上方加入数据标签，取消图例，设置坐标轴刻度值、文字及折线的颜色，调整图表的大小、位置。

（3）将文档中的所有对象排列对齐，调整位置。

【操作步骤】操作视频见二维码5-17。

二维码 5-17

（1）在"案例5-17图表.docx"文档中插入图表。

①打开"案例5-3成绩.xlsx"文件，选中A1:B8单元格区域，复制。

②回到"案例5-17图表.docx"文档，单击"插入"选项卡→"插图"组→"图表"按钮，在"插入图表"对话框中，单击"折线图"分类→"带数据标记的折线图"选项，单击"确定"按钮。

③打开"Microsoft Word中的图表"窗口，单击A1单元格，粘贴。删除C、D两列数据，单击"关闭"按钮。

（2）在"案例5-17图表.docx"文档中修改图表。

①选中图表，单击"图表工具|设计"选项卡→"图表布局"组→"添加图表元素"下拉按钮→"数据标签"下拉按钮→"上方"选项，单击同组"添加图表元素"下拉按钮→"图例"下拉按钮→"无"选项。

②双击图表坐标轴刻度值，打开"设置坐标轴格式"任务窗格，单击"坐标轴选项"下拉按钮→"最小值"框，值改为3；单击"最大值"框，值改为4.5；单击"主要"框，值改为0.5；单击"关闭"按钮。

③单击"图表区"，设置字符格式为"黑色，文字1"颜色、加粗。单击"图表工具|设计"选项卡→"图表样式"组→"更改颜色"下拉按钮→"颜色3"选项。

④设置环绕文字方式为"浮于文字上方"，参照样例图效果，按效果图调整图表的大小和位置。

（3）将整个文档对象排列对齐，调整位置。

①按效果图调整图表、图片和SmartArt图形的位置。

②选中"社会实践""在校情况"组合图形和"兴趣爱好"三个对象，单击"绘图工具|格式"选项卡→"排列"组→"对齐对象"下拉按钮→"左对齐"选项，使用方向键微调所选对象在页面中的位置。

③选中"个人信息""求职意向"和"自我评价"绘图画布，使用以上方法，完成画布位置的调整。

④选中"自我评价"和"兴趣爱好"绘图画布，将"对齐所选对象"效果设置为"底端对齐"，使用方向键微调所选对象在页面中的位置。

5.3.7　文本框

文本框是一种用于存放文本内容的形状，可放置在文档中的任意位置。通过使用文本框，可以对文本进行更灵活的排版布局。

1. 插入文本框

在"插入"选项卡中，可以使用以下三种常用操作方法，在文档中插入文本框。

（1）在"文本"组中，单击"文本框"下拉按钮，在"内置"列表中选择合适的选项，可以插入预设格式的文本框。

121

（2）在"文本"组中，单击"文本框"下拉按钮，在下拉列表中选择"绘制文本框"/"绘制竖排文本框"命令，拖动鼠标绘制横排/竖排的空白文本框。

（3）在"插图"组中，单击"形状"下拉按钮，在"基本形状"分类中选择"文本框"/"竖排文本框"选项，拖动鼠标绘制横排/竖排的空白文本框。

2. 编辑文本框

空白文本框默认显示为白色填充、0.5磅黑色实线线条的矩形。与编辑Word形状对象的方法类似，可以通过"绘图工具|格式"选项卡的"文本"组，对文本框进行如下设置。

（1）改变文字方向：单击"文字方向"下拉按钮，在下拉列表中选择文字的方向。

（2）改变文本对齐方式：单击"对齐文本"下拉按钮，在下拉列表中选择文字在垂直方向上的对齐方式。

（3）创建文本链接：选中文本框，单击"创建链接"按钮，再单击另一个已创建的空文本框，可以将当前文本框与空文本框建立链接。链接创建后，随着对当前文本框的大小调整，文本在当前文本框和空文本框间进行流动，从而更灵活地设计版面布局。

【案例5-18】打开"案例5-17图表.docx"文件，将其另存为"案例5-18文本框.docx"，参照"案例5-14求职简历效果图.jpg"的样例效果，按下列要求完成操作。

在"个人信息""求职意向""社会实践"及"在校情况"下方插入文本框和文字，文字资料在文件"案例5-18文字素材.txt"中。调整文字的字体、字号、段落间距、对齐方式，并在右侧文本框中添加项目符号"✓"。调整四个文本框的位置和大小。

【操作步骤】操作视频见二维码5-18。

（1）创建"个人信息"文本框。

①单击"插入"选项卡→"文本"组→"文本框"下拉按钮→"绘制文本框"命令，在"个人信息"圆角矩形的右下空白处拖动，绘制出一个文本框。

二维码5-18

②单击"绘图工具|格式"选项卡→"形状样式"组→"形状填充"下拉按钮→"无填充颜色"命令；单击"形状轮廓"下拉按钮，选择"无轮廓"命令。

③打开"案例5-18文字素材.txt"文件，选中前5段文字，按下快捷键Ctrl+C进行复制；然后将插入点定位到文本框中，按下快捷键Ctrl+V进行粘贴。

④选中"个人信息"文本框，设置字符格式为宋体、小四、加粗；段落格式为行距最小值19磅。

（2）创建"求职意向"文本框。

①选中"个人信息"文本框，按住Ctrl+Shift键，将鼠标指针移向文本框边线，出现箭头时，将文本框拖动到"求职意向"圆角矩形下方的适当位置。

②选中"案例5-18文字素材.txt"文件中的第6~8段文字，按下快捷键Ctrl+C，选中"求职意向"文本框中的全部文本，按下快捷键Ctrl+V，完成文本框中的文字替换。

（3）创建"社会实践"文本框。

①按住Ctrl键并拖动鼠标，将文本框复制到"社会实践"圆角矩形下方的适当位置，复制"案例5-18文字素材.txt"文件中第9~11段文字，粘贴替换"社会实践"文本框中的文本。

②选中"社会实践"文本框，打开"段落"对话框，设置段后间距为0.5行。

③单击"开始"选项卡→"段落"组→"项目符号"下拉按钮→"✓"选项，添加项目符号；然后适当调整文本框的大小。

（4）创建"在校情况"文本框。

①选中"社会实践"文本框，按住 Ctrl+Shift 键，将文本框拖动到"在校情况"圆角矩形下方的适当位置。

②复制"案例 5-18 文字素材 .txt"文件中第 12~16 段文字，粘贴替换"在校情况"文本框中的文本。

（5）使用上、下方向键，调整各文本框与其相应的绘图画布间的垂直距离；适当调整文本框的大小和纵向直线长度。

5.3.8　艺术字

在 Word 文档中使用艺术字功能可以使文本的表现形式更多样，增强文档的视觉效果，使其更具吸引力。

1. 插入艺术字

在"插入"选项卡的"文本"组中，单击"艺术字"下拉按钮，在下拉列表中选择需要的预设样式，可以将选中的文本转换成相应样式的艺术字对象；若未选中任何文本，直接单击预设样式，则生成"请在此放置您的文字"字样的艺术字，可对其中字样进行修改和编辑。

2. 编辑艺术字

选中艺术字，通过"绘图工具|格式"选项卡，可以对艺术字进行如下编辑操作。

1）设置艺术字的样式

如果要对艺术字文本进行填充、轮廓及视觉效果的编辑，可以在"艺术字样式"组中，使用以下两种常用操作，对艺术字的外观进行修改。

（1）应用预设样式：单击"快速样式"下拉按钮，在下拉列表中选择合适的样式选项。

（2）自定义样式：单击"文本填充"/"文本轮廓"/"文本效果"下拉按钮，在下拉列表中选择相应的选项。

2）设置艺术字文本框的形状样式

默认情况下，艺术字文本框无填充色、无线条轮廓，在"形状样式"组中，可以对艺术字文本框进行预设形状样式的选择，也可以自定义设置形状填充、形状轮廓和形状效果。

【案例 5-19】打开"案例 5-18 文本框 .docx"文件，将其另存为"案例 5-19 艺术字 .docx"，参照"案例 5-14 求职简历效果图 .jpg"的样例效果，在照片下方加入艺术字"李青棠"，调整字体、字号、位置、大小和样式。

【操作步骤】操作视频见二维码 5-19。

（1）打开"案例 5-14 求职简历效果图 .jpg"文件作效果参考。

（2）单击"插入"选项卡→"文本"组→"艺术字"下拉按钮→"填充-黑色，文本 1，阴影"选项，输入文本"李青棠"，设置字符格式为宋体、48 号。

二维码 5-19

（3）将艺术字拖动到照片下方，同时选中艺术字和照片，移动到"个人信息"绘图画布的正上方，按住 Shift 键单击该绘图画布，同时选中这 3 个对象，单击"绘图工具|格式"选项卡→"排列"组→"对齐对象"下拉按钮→"对齐所选对象"选项，单击"绘图工具|格式"选项卡→"排列"组→"对齐对象"下拉按钮→"水平居中"选项。

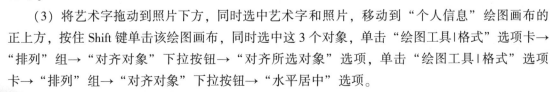

5.3.9　首字下沉

为段落设置首字下沉效果，可以增大段落中第一个字符的字号，使其占用多行高度，起突出显示作用。

1. 设置首字下沉

选中段落，通过以下两种常用操作可设置首字下沉效果。

1）使用默认的首字下沉效果

在"插入"选项卡的"文本"组中，单击"首字下沉"下拉按钮，在下拉列表中选择"下沉"/"悬挂"命令，可以为当前段落首字设置下沉的方式，首字默认下沉3行（首字的字号自动增大，使其占用3行文字高度），如图5-55（a）所示。

2）自定义首字下沉效果

在"插入"选项卡的"文本"组中，单击"首字下沉"下拉按钮，在下拉列表中选择"首字下沉选项"命令，打开"首字下沉"对话框，选择"下沉"/"悬挂"方式，并自定义设置首字的字体、下沉行数以及距正文（首字与所在段落其他字符间的距离）等选项，如图5-55（b）所示。

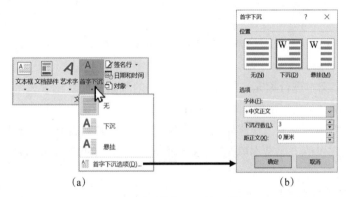

（a）　　　　　　　　　　　　　　（b）

图5-55　首字下沉的设置

（a）"首字下沉"下拉列表；（b）"首字下沉"对话框

2. 取消首字下沉

在"插入"选项卡的"文本"组中，单击"首字下沉"下拉按钮，在下拉列表（或者"首字下沉"对话框）中选择"无"选项，可以取消当前段落的首字下沉效果。

【案例5-20】打开"案例5-19艺术字.docx"文件，将其另存为"案例5-20首字下沉.docx"，参照"案例5-14求职简历效果图.jpg"的样例效果，在"自我评价"的下方添加对应的文字内容（文字资料在文件"案例5-18文字素材.txt"中），并调整字体、字号和位置，最后设置首字下沉2行的效果。

【操作步骤】操作视频见二维码5-20。

（1）参照"案例5-14求职简历效果图.jpg"的样例效果，将文字调整到页面左下方。

①单击任意一个对象，再按住Shift键并依次单击其他对象，选中所有的文本框、图形和图片，单击"绘图工具|格式"（或者"图片工具|格式"）选项卡→"排列"组→"环绕文字"下拉按钮→"随文字移动"选项，取消勾选。

二维码5-20

②将插入点定位到正文中要输入文字的位置，按下 Enter 键生成一个空段。

③将插入点定位到上一个空段落，设置"段前"间距为 39.5 行。

（2）输入文字并设置格式。

①将插入点定位到最后一个段落，将"案例 5-18 文字素材 .txt"文件中相应的文字粘贴到此处；选中这部分文字，设置字符格式为宋体、小四、加粗；段落行距为最小值 19 磅。

②调整段落左右缩进位置：勾选"视图"选项卡→"显示"组→"标尺"复选框，在窗口显示标尺，参照"自我评价"下方的直线位置，拖动标尺上的"左缩进"和"右缩进"按钮。

（3）设置首字下沉 2 行的效果。

①单击"插入"选项卡→"文本"组→"首字下沉"下拉按钮→"首字下沉选项"命令。

②在"首字下沉"对话框中，单击"下沉"按钮，然后在"下沉行数"框中输入"2"。

第6章

长文档的编辑与管理

专业的长文档需要以更优化的排版方式构建文档结构，Word 提供了诸如样式、多级列表、分节、引用等功能，使长文档的编辑、排版和管理变得更加轻松和快速高效。

6.1

样式

样式是一组可重用的字符、段落、边框和编号等多种格式的设置集合，可以应用于指定的文本或段落，使得选定的内容快速具有该样式定义的格式组合，样式中任意格式的更新均会实时应用于对应的文本或段落。

6.1.1 样式的应用

在 Word 文档中，既可以对文本或段落应用样式，也可以针对整个文档应用样式集。

1. 应用样式

对于选中的文本或段落，可以使用以下三种常用操作方法实现样式的应用。

（1）在"开始"选项卡的"样式"组中，单击"样式"列表框右下角的"其他"按钮，或者单击"浮动工具栏"中的"样式"下拉按钮，在如图 6-1 所示的"快速样式库"下拉列表中选择需要的样式。

（2）在"开始"选项卡的"样式"组中，单击右下角的"任务窗格启动器"按钮，打开"样式"任务窗格，在"样式"列表中选择需要的样式，如图6-2所示。

（3）在"快速样式库"列表中选择"应用样式"命令，打开"应用样式"对话框，输入样式名或在"样式名"下拉列表中选择需要的样式，如图6-3所示。

图6-1 快速样式库　　　　图6-2 "样式"任务窗格　　　　图6-3 "应用样式"对话框

注意：如果选中文本后再应用样式，则该样式中的字符格式会应用到所选的文本中；如果选中段落，或者将插入点定位到段落中，则该样式会应用于整个段落。

2. 应用样式集

Word样式集中包含了多套可应用于整个文档的样式组合，应用样式集可以一次性为全文档完成所有样式设置，如各级标题样式、正文样式等，从而快速更改整个文档外观。

具体操作步骤如下：在"设计"选项卡的"文档格式"组中，单击"样式集"列表框右下角的"其他"按钮，在"样式集"列表中选择所需的内置样式集。

6.1.2 样式的管理

在Word文档中，管理样式的操作主要包括修改样式、新建样式、显示/隐藏样式、复制样式和删除样式等。

1. 修改样式

对于已经存在的样式，可以根据需求对其中的设置进行修改。样式被修改后，所有应用了该样式的文本或段落的格式将会自动更新。下面介绍修改样式的两种常用操作。

1）通过"更新样式以匹配所选内容"修改样式

先为某个文本/段落设置新格式，再选择需要修改的样式，使其根据新格式自动实现样式的修改，同时，所有应用了该样式的其他文本/段落也会自动实现格式的更新，具体操作步骤如下：

（1）选中设置了新格式的文本/段落，或者将插入点定位到该文本/段落中。

（2）在"快速样式库"列表/"样式"任务窗格中，右击需要修改的样式，在快捷菜单中选择"更新（样式名）以匹配所选内容"命令。

2）通过"修改样式"对话框修改样式

通过对话框窗口可以完成样式的修改设置，同时，所有应用了该样式的文本/段落会自动实现格式的更新，具体操作步骤如下：

（1）使用以下两种常用操作方法，打开如图6-4所示的"修改样式"对话框。

①在"快速样式库"列表/"样式"任务窗格中，右击要修改的样式，在快捷菜单中选择"修改"命令。

②在"样式"任务窗格中，单击"管理样式"按钮，打开"管理样式"对话框，选择需要修改的样式，单击"修改"按钮，如图6-5所示。

图6-4 "修改样式"对话框

图6-5 "管理样式"对话框

（2）在"修改样式"对话框中可以修改样式的属性或格式。

①样式属性包括样式名称、样式类型、样式基准和后续段落样式。

- 样式名称：在"名称"框中，可以为样式创建一个新的名称。

- 样式类型：表明该样式设置格式的类型，包括段落、字符、链接段落和字符、表格和列表五种。

- 样式基准：样式通常以样式基准为基础进行创建和修改，基准样式的格式修改会影响该样式的格式效果。例如，创建"题目"样式时默认将"正文"作为基准样式，那么"题目"样式将以"正文"样式中的格式为基础设置，根据实际需求可对格式实现进一步修改；若"正文"样式中的"字符"颜色产生变化，则"题目"样式中的"字符"颜色也会随之同步更新。（注意：若"题目"样式中的"字符"格式已被修改为其他颜色，则不受"正文"基准样式的影响）。

- 后续段落样式：对于新生成的下一个新段落，默认自动应用"后续段落样式"所指定的样式。

②样式的格式主要包括字符格式、段落格式、边框和编号等内容，可以使用"修改样式"对话框中的按钮快速设置字体、字号、字体颜色和段落对齐等格式，也可以单击"格式"下拉按钮进行更详细的格式设置和修改。

（3）关闭"修改样式"对话框，应用该样式的文本或段落格式将全部被自动更新。

2. 新建样式

在Word文档中除了可以使用内置样式快速设置格式，还可以根据需求自定义创建个性化样式，具体操作步骤如下：

（1）对文本/段落设置所需的字符、段落等格式。

（2）选中该文本/段落，或者将插入点定位到段落中。

（3）在"快速样式库"下拉列表中选择"创建样式"命令后单击"修改"按钮，也可以在"样式"任务窗格或"管理样式"对话框中单击"新建样式"按钮，打开"根据格式设置创建新样式"对话框，如图6-6所示。

图6-6 "根据格式设置创建新样式"对话框

①输入新样式的名称。

②若需要进一步修改新样式中的属性和格式，具体的修改操作参见本节"1. 修改样式"的相关介绍。

③设置新样式的应用选项。

● "添加到样式库"复选框：若选中该复选框，新建的样式会显示到快速样式库。

● "自动更新"复选框：若选中该复选框，在不改变样式的情况下，当应用了某种样式的文本/段落格式发生变化后，其他应用了该样式的文本/段落的格式会随之改变。

● "仅限此文档"与"基于该模板的新文档"单选项：可选择将新建的样式保存在本文档中，还是保存在基于该模板建立的所有新文档中。

（4）单击"确定"按钮，完成新样式的创建。

3. 显示/隐藏样式

在"快速样式库"中显示Word常用的样式，通过设置样式的显示/隐藏，可以改变该列表中的样式数量。

1）设置样式的显示/隐藏

在"样式"任务窗格中，单击"管理样式"按钮，打开"管理样式"对话框，选中"推荐"选项卡，在"样式"列表中选择需要设置的样式，单击"显示"/"隐藏"按钮，再单击"确定"按钮，可在"快速样式库"中显示/隐藏该样式，如图6-7所示。

2）查找"隐藏"的样式

使用以下两种常用操作方法，可以查找被设置为隐藏的样式。

（1）在"管理样式"对话框的"推荐"选项卡中查找，如图6-7所示。

（2）在"样式"任务窗格中，单击右下角的"选项"，打开"样式窗格选项"对话框，在"选择要显示的样式"下拉列表中选择"所有样式"选项，可以查找"隐藏"的样式，如图6-8所示。

图6-7　"管理样式"对话框的"推荐"选项卡

图6-8　显示"所有样式"的设置

4．复制样式

Word软件允许在不同的模板/文档之间复制样式，具体操作步骤如下：

（1）在当前文档中打开"管理样式"对话框，单击左下角的"导入/导出"按钮。

（2）在"管理器"对话框的"样式"选项卡中，左侧列表中默认显示当前文档中的样式，右侧列表默认显示Normal模板文件中的样式。单击右侧列表下方的"关闭文件"按钮，再单击"打开文件"按钮。

（3）在"打开"对话框中，定位需要的模板/文档，单击"打开"按钮，该模板/文档中的样式将自动出现在"管理器"对话框的右侧列表中，如图6-9所示。

（4）在"管理器"对话框中，选中左侧/右侧列表中需要复制的样式，单击"复制"按钮，即可实现两个模板/文档之间相互复制样式。

注意：若源模板/文档中要复制的样式与目标模板/文档中已有的样式同名，则会弹出对话框，确认是否复制并替换同名样式。

（5）关闭"管理器"对话框，在"快速样式库"中可以查看复制的新样式。

5．删除样式

删除样式通常分为从"快速样式库"列表中删除样式和从文档中删除自定义样式两种情况。

1）从"快速样式库"列表中删除样式

在"快速样式库"列表，或者"样式"任务窗格的"样式"列表中，右击任意样式，在快捷菜单中选择"从样式库中删除"命令，即可将该样式从"快速样式库"中删除。

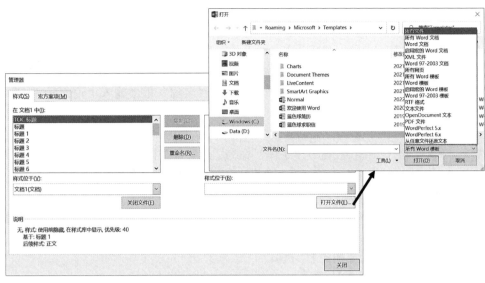

图6-9　"管理器"对话框的使用

在"样式"任务窗格的"样式"列表中，可以找到从"快速样式库"中删除了的样式，右击该样式，在快捷菜单中选择"添加到样式库"命令，即可将该样式再次添加到"快速样式库"中。

2）从文档中删除自定义样式

在"样式"任务窗格的"样式"列表中，右击任意自定义的样式，在快捷菜单中选择"删除（样式名）"命令；或者在"管理样式"对话框中，选中样式后单击"删除"按钮，均可以将该样式从文档中删除。

【案例6-1】打开"案例6-1毕业设计.docx"素材文件，将其另存为"案例6-1样式.docx"，按下列要求完成操作。

（1）使用"黑白（经典）"样式集修饰页面。

（2）新建"论文样式1"样式，要求：无样式基准，中文字体为黑体、英文字体为Times New Roman，加粗，三号，居中对齐，单倍行距，段前间距1行、段后间距1.5行，并将其应用于中、英文摘要及目录的标题段。

（3）将"案例6-1样式素材.docx"文件中的"标题1""标题2""标题3"样式复制到本文档中。

（4）为所有包含"（章标题）"文本的段落应用"标题1"样式，为所有包含"（节标题）"文本的段落应用"标题2"样式，为所有包含"（小节标题）"文本的段落应用"标题3"样式；除上述三个级别标题外，其他内容（不包括诚信声明书的所有内容、中/英文摘要及目录的标题段、青绿色突出显示文字、图、表及题注）全部应用"正文"样式。

（5）将"声明书"样式的样式基准改为"无样式"；修改"正文"样式：中文字体为仿宋、英文字体为Times New Roman，字号为小四，首行缩进为2字符，段后间距为0，行距为最小值22磅，其他默认设置。

（6）将"样式1"样式从文档中删除。

（7）隐藏"无间隔"样式，显示"声明书"样式。

【操作步骤】操作视频见二维码6-1。

（1）单击"设计"选项卡→"文档格式"组→"样式集"其他下拉按

二维码6-1

131

钮→"黑白（经典）"选项。

（2）新建"论文样式1"并应用该样式。

①将插入点定位到"摘要"段落，单击"开始"选项卡→"样式"组→"快速样式库"右下角的"其他"下拉按钮→"创建样式"命令。

②在"根据格式设置创建新样式"对话框中，在"名称"框中输入"论文样式1"，单击"修改"按钮。

③在展开的"根据格式设置创建新样式"对话框中，单击"样式基准"下拉按钮→"无样式"选项；单击"格式"下拉按钮→"字体"命令，设置字符格式：中文字体为黑体，英文字体为 Times New Roman，加粗，三号；单击"格式"下拉按钮→"段落"命令，设置段落格式：居中对齐，单倍行距，段前间距1行、段后间距1.5行，单击"确定"按钮。

④将插入点定位到"ABSTRACT"段落，单击"开始"选项卡→"编辑"组→"选择"下拉按钮→"选择格式相似的文本"命令，选中英文摘要及目录的标题所在段落，单击"开始"选项卡→"样式"组→"论文样式1"选项。

（3）将"案例6-1样式素材.docx"文件中的样式复制到本文档中。

①单击"开始"选项卡→"样式"组→"任务窗格启动器"按钮。

②在"样式"任务窗格中，单击"管理样式"按钮，在"管理样式"对话框中，单击"导入/导出"按钮。

③在"管理器"对话框中，单击"样式"选项卡→"在 Normal.dotm 中"列表框下方的"关闭文件"按钮，再单击"打开文件"按钮。

④在"打开"对话框中，定位到"案例6-1样式素材.docx"文件所在位置，单击"文件类型"下拉按钮→"所有文件"选项，选择"案例6-1样式素材.docx"文件，单击"打开"按钮。

⑤单击"到案例6-1样式素材.docx"列表框中的"标题1"选项，按住 Shift 键再单击"标题3"选项，单击"复制"按钮。

⑥在"Microsoft Word"对话框中，单击"全是"按钮，单击"关闭"按钮。

（4）为不同级别的段落应用指定的样式。

①打开"查找和替换"对话框，在"查找内容"框输入"(章标题)"，单击"更多"按钮，将插入点定位到"替换为"框中（保证无任何内容），单击"格式"下拉按钮→"样式"命令，在"替换样式"对话框中，选中"标题1"选项，单击"确定"按钮。单击"全部替换"按钮，完成10处替换。

②将"查找内容"框中的内容改为"(节标题)"，"替换为"框中设置"标题2"样式，单击"全部替换"按钮，完成25处替换。

③将"查找内容"框中的内容改为"(小节标题)"，"替换为"框中设置"标题3"样式，单击"全部替换"按钮，完成12处替换，单击"确定"按钮。

④选择所有其他文本：在除上述三个级别标题外的正文内容任意位置单击，选择所有格式相似的文本，找到表格所在位置，按住 Ctrl 键，并单击题注段落（取消题注的选中状态），单击表格左上角的按钮⊞，再单击表格右侧外面空白处（取消表格的选中状态）。保持以上内容的选中状态，再按住 Ctrl 键，并单击第1张图片右侧空白处（取消图片的选中状态）。以此类推，取消所有表、图，以及相应题注的选中状态。最后，按住 Ctrl 键，在文档最后三段的左侧空白处拖动鼠标，追加选中这三个段落，以及参考文献下方的空段落。

⑤应用"正文"样式：单击"开始"选项卡→"样式"组→"正文"选项。

（5）修改"声明书"样式和"正文"样式。

①打开"样式"任务窗格，单击右下角的"选项"命令。

②在"样式窗格选项"对话框中，单击"选择要显示的样式"下拉按钮，在下拉列表中选择"所有样式"选项，单击"确定"按钮，"声明书"样式即可在"样式"任务窗格中显示。

③右击"声明书"样式，在快捷菜单中单击"修改"命令，在"修改样式"对话框中，单击"样式基准"下拉按钮→"无样式"选项，单击"确定"按钮。

④在"开始"选项卡的"样式"组中，右击"正文"样式，在快捷菜单中选择"修改"命令。

⑤在"修改样式"对话框中，单击"格式"下拉按钮→"字体"命令。

⑥在"字体"对话框中，设置中文为仿宋，英文为 Times New Roman，字号为小四。

⑦单击"格式"下拉按钮→"段落"命令，打开"段落"对话框，设置首行缩进为 2 字符，段后间距为 0，行距为最小值 22 磅，其他默认设置，单击"确定"按钮。

（6）删除样式：打开"管理样式"对话框，选中"样式 1"选项，单击"删除"按钮，单击"是"按钮。

（7）显示和隐藏样式：在"管理样式"对话框中，单击"推荐"选项卡，在列表框中选择"声明书"样式，单击"显示"按钮；再选择"无间隔"样式，单击"隐藏"按钮。最后，单击"确定"按钮。

6.2

多级列表

在 Word 文档中使用多级列表功能，可以将列表项划分级别（1 级，2 级，……，9 级），为多个段落快速添加不同级别的项目符号或编号，使文档具有更强的逻辑性和层次感，常用于为文章的各级标题自动添加章节序号。

6.2.1 多级列表的应用

对选中的段落应用内置多级列表的具体操作步骤如下：

（1）在"开始"选项卡的"段落"组中，单击"多级列表"下拉按钮，如图 6-10 所示。

（2）在下拉列表中选择任意一个内置的多级列表类型。

（3）如果想要改变某一段落的列表级别，可以使用以下三种常用操作方法进行操作。

①单击该段落的项目符号/编号，或者将插入点定位到该段落中，在"开始"选项卡的"段落"组中，单击"多级列表"下拉按钮，在下拉列表中选择"更改列表级别"命令，在下一级下拉列表中选择合适的列表级别。

②单击该段落的项目符号/编号，或者将插入点定位到该

图 6-10 "多级列表"下拉列表

段落中，在"开始"选项卡的"段落"组中，单击"增加缩进量"/"减少缩进量"按钮，可逐级增大/减小列表级别。

③单击该段落的项目符号/编号，或者将插入点置于该段落的开头，按下 Tab 键/Shift+Tab 键，可逐级增大/减小列表级别。

6.2.2 多级列表的编辑

对多级列表的编辑操作，主要包括新建/修改多级列表、取消多级列表和删除多级列表。

1. 新建/修改多级列表

将插入点定位到要新建/修改多级列表的任意段落，在"开始"选项卡的"段落"组中，单击"多级列表"下拉按钮，在下拉列表中选择"定义新的多级列表"命令，打开"定义新多级列表"对话框，单击"更多"按钮展开对话框，在其中可进行多级列表的详细设置，如图 6-11 所示。

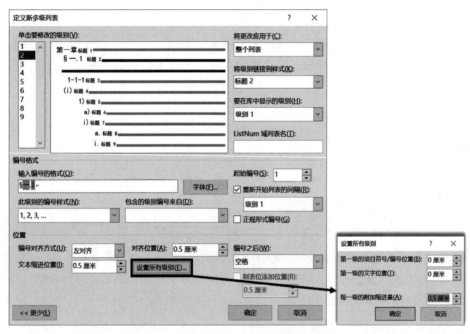

图 6-11 多级列表的设置

1）设置多级列表的格式

设置多级列表的格式是指从第 1 级别开始，对每一级列表都要进行选择列表级别、设置当前级别列表格式的操作。

（1）设置当前列表的级别：在"单击要修改的级别"组中，单击选中左侧列表中的数字，可以指定要新建/修改多级列表的相应级别。

例如，单击"2"，表示当前级别为 2 级，同时第 2 级别的格式内容实时加粗显示在中间预览区域。

（2）设置当前级别列表的格式：包括选择内置样式、自定义格式等操作。

①选择内置样式：在"编号格式"组中，单击"此级别的编号样式"下拉按钮，在下拉列表中选择当前级别内置的编号/项目符号的样式。

例如，选择 1 级列表的样式为"一，二，三，…"，则该样式的编号"一"以灰色域底纹标

134

识的形式自动出现在"输入编号的格式"框中；再选择 2 级列表的样式为"1，2，3，…"，则"输入编号的格式"框中自动显示"一.1"。

②自定义格式：在"输入编号的格式"框中，若设置多级编号列表，则自动显示当前级别及其前面级别的编号；若设置多级项目符号列表，则只显示当前级别的项目符号。仅在设置多级编号列表时，插入点可以定位到"输入编号的格式"框中，输入/修改其中的文本或符号等，自定义编号格式，其中没有灰色域底纹标记的内容表示固定不变。

例如，当前级别为 1 级时，在编号"一"的左、右各输入文本"第"和"章"，则预览区域显示的第 1 级别编号为"第一章"；当前级别为 2 级时，在编号"一"的左侧输入符号"§"，则预览区域显示的是 1、2 级编号为"§一.1"。

注意：若将第 2 级别的编号格式从"§一.1"修改为"§1.1"，则需要勾选"正规形式编号"复选框，Word 统一将"输入编号的格式"框中的编号更改为"1，2，3，…"样式。

如果在"输入编号的格式"框中修改内容时，误删除了带有灰色域底纹的编号，则插入点定位到框中合适位置，通过单击"包含的级别编号来自"下拉按钮，在下拉列表中选择需要的级别选项，插入相应级别的编号；当前级别的编号则需要通过"此级别的编号样式"下拉列表选择。

2）设置多级列表与样式的链接

通过设置多级列表与样式的链接，可以对长文档中的各级标题快速添加章节序号。具体操作步骤如下：在"将级别链接到样式"下拉列表中，选择某一种样式，可以为当前级别设置与对应的样式相链接。链接设置后，文档中所有应用该样式的段落均将自动添加/修改为当前级别的列表格式。

例如，当前级别为 1 级时，在"单击要修改的级别"组中，单击"将级别链接到样式"下拉按钮，在下拉列表中选择"标题 1"样式，"标题 1"字样同步显示在预览区域，表示 1 级列表已与"标题 1"样式相链接。

3）设置多级列表的位置

通常有以下两种方式可以设置多级列表的位置。

（1）一次性设置：单击"设置所有级别"按钮，打开"设置所有级别"对话框，可以一次性以等差数列的形式设置所有级别的位置。

（2）分级别设置：在"位置"组中，可以设置当前级别列表的"编号对齐方式""对齐位置"和"文本缩进位置"，以及当前级别列表符号与文本间的分隔符，这些参数的设置方法与"调整列表缩进"对话框中的相应设置类似。

4）调整多级列表中编号的显示顺序

通过设置"重新开始列表的间隔"复选框可以调整多级编号的显示效果，即遇到上一级编号后，是否重新开始编号。勾选表示遇到上一级编号后，当前级别重新开始编号，否则为连续编号。

2. 取消多级列表

取消所选段落的多级列表的操作方法，与取消项目符号/编号的方法类似。

3. 删除列表库中的多级列表

在"开始"选项卡的"段落"组中，单击"多级列表"下拉按钮，在下拉列表中右击需要删除的多级列表，在快捷菜单中选择"从列表库中删除"命令，可以将多级列表从列表库中删除，应用该多级列表的段落不受影响。

【案例 6-2】打开"案例 6-1 样式.docx"文件，将其另存为"案例 6-2 多级列表.docx"，按下列要求完成操作。

（1）为文档中应用了"标题1""标题2"和"标题3"样式的段落添加可以自动更新的多级列表，设置要求见表6-1。

表6-1 多级列表的设置要求

样式	多级列表
标题1	编号格式：第1章、第2章、……第n章 编号与标题内容之间用空格分隔 编号对齐左侧页边距
标题2	编号格式：1.1、1.2、2.1、2.2、……n.1、n.2 编号与标题内容之间用制表符分隔 编号对齐左侧页边距
标题3	编号格式：1.1.1、1.1.2、2.1.1、2.1.2、……n.1.1、n.1.2 编号与标题内容之间用制表符分隔 编号左侧对齐位置0.75厘米，文本缩进1.75厘米

（2）将文中各级标题文字后面的标识文字及括号［例如，"（章标题）""（节标题）"和"（小节标题）"］全部删除。

（3）取消"参考文献"和"致谢"段落的多级编号。

【操作步骤】操作视频见二维码6-2。

（1）新建并应用多级列表。

①将插入点定位到任意章、节或小节标题中。单击"开始"选项卡→"段落"组→"多级列表"下拉按钮→"定义新的多级列表"命令，在"定义新多级列表"对话框中，单击"更多"按钮。

二维码6-2

②按表6-1所示要求，设置1级编号。

• 在"单击要修改的级别"列表框中，单击"1"选项。

• 单击"将级别链接到样式"下拉按钮→"标题1"选项。

• 单击"此级别的编号样式"下拉按钮→"1，2，3…"选项，将插入点定位到"输入编号的格式"框中，在"1"的左侧和右侧分别输入文本"第"和"章"。

• 单击"编号之后"下拉按钮→"空格"选项。

• 单击"编号对齐方式"下拉按钮→"左对齐"选项。

• 单击"设置所有级别"按钮，在"设置所有级别"对话框中，将所有值都改为0，设置所有编号级别均对齐左侧页边距。

③按表6-1所示要求，设置2级编号和3级编号。

• 选中"单击要修改的级别"列表框中的"2"选项；将其链接到"标题2"样式；单击"编号之后"下拉按钮→"制表符"选项。

• 选中"单击要修改的级别"列表框中"3"选项；将其链接到"标题3"样式；修改"对齐位置"值为0.75厘米，"文本缩进位置"值为1.75厘米；设置"制表符"分隔符。

④单击"确定"按钮，将自动对当前段、"标题1"、"标题2"及"标题3"样式的段落分别应用1-3级编号。

（2）删除标识文字。

①打开"查找和替换"对话框，在"查找内容"框输入文本"（小节标题）"，"替换为"框为空，单击"全部替换"按钮，可删除12处"（小节标题）"文本。

②以此类推，删除25处"（节标题）"、10处"（章标题）"文本。

（3）取消指定段落的多级编号。

①单击"导航"任务窗格→"标题"选项卡→"第9章 参考文献"，将插入点定位到该段落。

②单击"开始"选项卡→"段落"组→"编号"按钮。

③以此类推，取消"致谢"段落的自动编号。

6.3

分页、分节与分栏

在长文档中，使用分页、分节和分栏操作可以使版面布局多样化，排版效率更高。

6.3.1 分页与分节

通过分页或分节，可以合理规划 Word 文档的布局，使排版更加灵活多变。分页后的内容属于同一节，分节后的内容可以在同一页，也可以在不同页。

1. 分页

默认情况下，文档内容占满一页后才会进入下一页，如果需要从某个指定位置开始强制分页，可以将插入点定位到需要分页的位置，使用以下四种常用操作方法实现手动分页。

（1）在"插入"选项卡的"页面"组中，单击"分页"按钮，在插入点位置的下一个段落会自动生成一个分页符————分页符————，分页符独自成段且左对齐，分页符之后的文档内容将自动另起一页。

（2）按下快捷键 Ctrl+Enter，生成分页符的效果与第（1）种方法相同。

（3）在"布局"选项卡的"页面设置"组中，单击"分隔符"下拉按钮，在下拉列表中选择"分页符"命令，在插入点位置会生成一个分页符，分页符之后的文档内容自动另起一页。

（4）在"插入"选项卡的"页面"组中，单击"空白页"按钮，在插入点位置的下一个段落会自动生成一个分页符，同时，在该分页符的后面还会生成一个空白页。在空白页中，生成一个继承原段落格式的空段落，空段落下方为第二个分页符，分页符之后的文档内容自动从新的一页开始。

2. 分节

默认情况下，整篇 Word 文档内容属于同一个节。在长文档中进行分节设置后，可以为不同节的文档内容设置不同的页面属性及参数，例如，将一个文档分为多个节，可以为不同的节插入不同的页眉/页脚、设置不同的纸张大小、纸张方向、页边距、页面边框及水印等效果。

为文档分节的具体操作步骤如下：

（1）将插入点定位到需要分节的位置。

（2）在"布局"选项卡的"页面设置"组中，单击"分隔符"下拉按钮，在下拉列表中选择分节符的类型。

- **下一页**：在当前位置插入分节符————分节符(下一页)————，实现分节的同时，分节符之后的文档内容从新的一页开始。

- **连续**：在当前位置处插入分节符————分节符(连续)————，实现分节的同时，分节符之后的文档内容从新的段落开始。

- **偶数页**：在当前位置插入分节符————分节符(偶数页)————，实现分节的同时，分节符之后的文档内容从下一个偶数页开始。

- **奇数页**：在当前位置插入分节符————分节符(奇数页)————，实现分节的同时，分节符之后的文档内容从下一个奇数页开始。

3. 取消分页/分节

如果要取消文档中的分页或分节效果，只要将分页符/分节符当作普通字符进行删除即可，例如，将插入点定位到分节符前，按下 Delete 键；或者选中分页符/分节符，按下 Backspace 键/Delete 键。

注意： 若文档中的分页符或分节符处于隐藏状态，可在"开始"选项卡的"段落"组中，单击"显示/隐藏编辑标记"按钮，使其显示于文档中。

【案例 6-3】打开"案例 6-2 多级列表.docx"文件，将其另存为"案例 6-3 分页与分节.docx"，按下列要求完成操作。

（1）设置页面格式：对称页边距，上、下页边距为 2.5 厘米，内侧页边距为 2 厘米、外侧页边距为 3 厘米，左侧装订线 1 厘米。

（2）中文摘要、英文摘要、目录页、各章、参考文献和致谢均另起一页，正文内容要求从新的一节开始。

【操作步骤】操作视频见二维码 6-3。

（1）打开"页面设置"对话框，单击"页边距"选项卡→"多页"下拉按钮→"对称页边距"选项，修改页边距为：上、下为 2.5 厘米，内侧为 2 厘米、外侧为 3 厘米，装订线 1 cm，单击"确定"按钮。

（2）设置分页与分节。

二维码 6-3

①将插入点定位到中文摘要标题段落的开头，单击"布局"选项卡→"页面设置"组→"分隔符"下拉按钮→"分页符"命令。以此类推，英文摘要、目录均另起一页。

②勾选"视图"选项卡→"显示"组→"导航窗格"复选框，打开"导航"任务窗格，单击"第 1 章 绪论"标题，将插入点定位到"第 1 章 绪论"段落的开头，再单击"布局"选项卡→"页面设置"组→"分隔符"下拉按钮→"分节符（下一页）"命令，使第 1 章从新的一页开始并实现分节。

③以此类推，将第 2 章、……、第 8 章、参考文献、致谢均另起一页但不分节。

6.3.2 分栏

将文档中的内容分为两栏或多栏，是版面设计中的常用操作，可以使文档的视觉感受更舒适、便于阅读。

1. 分栏

分栏的具体操作步骤如下：

（1）选中需要分栏的文档内容。若未选中任何内容，则默认对当前光标所在的整节内容进行分栏。

（2）在"布局"选项卡的"页面设置"组中，单击"分栏"下拉按钮，在下拉列表中选择所需的分栏类型，或者选择"更多分栏"命令，在"分栏"对话框中对分栏类型进行具体参数的调整，例如，自定义设置栏数、栏宽、栏间距、分隔线，以及分栏的应用范围等，如图6-12所示。

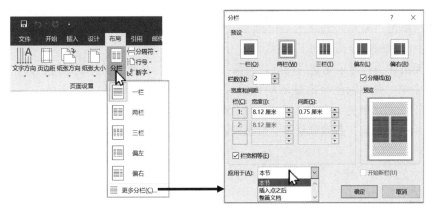

图6-12 分栏

（3）单击"确定"按钮，即可完成分栏操作。

注意：若选中一个节中的部分内容进行分栏，则文档中会自动插入分节符，使分栏内容独立成为一个新的节。

2. 使用分栏符

在完成自动分栏后，如果需要调整分栏内容的布局，可以将插入点定位到所需的位置，在"布局"选项卡的"页面设置"组中，单击"分隔符"下拉按钮，在下拉列表中选择"分栏符"命令，即可在当前插入点位置插入一个分栏符————分栏符————，分栏符之后的内容将从下一栏开始。

3. 取消分栏

将插入点定位到栏内的任意位置，在"布局"选项卡的"页面设置"组中，单击"分栏"下拉按钮，在下拉列表中选择"一栏"命令。

【案例6-4】打开"案例6-3分页与分节.docx"文件，将其另存为"案例6-4分栏.docx"，按下列要求完成操作。

（1）对第6章正文中两处青绿色突出显示的代码分别进行分栏，要求分为相等的两样，栏间距2字符，并且使用分隔线。

（2）参照"案例6-4分栏效果图.jpg"图例效果，对第二处分栏内容进行调整。

（3）取消所有的青绿色突出显示效果。

（4）查看分栏符、分页符和分节符。

【操作步骤】操作视频见二维码6-4。

（1）将指定内容分成两栏。

①单击"开始"选项卡→"编辑"组→"查找"按钮，打开"导航"任务窗格，单击"标题"选项卡下的"第6章……"标题，选中正文中第一处青绿色突出显示的所有代码。

二维码6-4

②单击"布局"选项卡→"页面设置"组→"分栏"下拉按钮→"更多分栏"命令，在"分栏"对话框中，单击"两栏"选项，勾选"分隔线"复选框，将"间距"值改为2，单击"确定"按钮。

③将插入点定位到已做好分栏操作的文本下方任意位置，打开"查找和替换"对话框，单击"查找"选项卡下的"查找内容"框，单击"更多"按钮，单击"格式"下拉按钮，选择"突出显示"命令，然后单击"查找下一处"按钮进行向下查找，找到第二处青绿色突出显示的代码，关闭"查找和替换"对话框，完成相同的分栏操作。

（2）插入分栏符，调整分栏内容。

①打开"案例 6-4 分栏效果图 . jpg"文件，按照图例效果，将插入点定位到第 2 个"Void"文本的左侧，单击"布局"选项卡→"页面设置"组→"分隔符"下拉按钮→"分栏符"选项，将插入点后面的内容调整到下一栏。

②对于无法在一行显示完全的两处代码段，通过调整右缩进将其显示在同一行。

（3）选中第二处青绿色突出显示的代码，单击"开始"选项卡→"字体"组→"突出显示"下拉按钮→"无颜色"命令；对第一处代码也完成类似操作。

（4）显示编辑标记，查看分栏符、分页符和分节符的位置。

6.4 页眉/页脚

页眉/页脚不属于文档正文的内容，通常指页面顶端/底部区域、用于显示文档的附加信息，如文档标题、作者、公司微标、页码、文档属性值、时间和日期等。

6.4.1 页眉/页脚的插入

在"插入"选项卡的"页眉和页脚"组中，单击"页眉"/"页脚"下拉按钮，打开下拉列表，然后使用以下两种常用操作，可在文档中插入页眉/页脚，并进入页眉/页脚的编辑状态，如图 6-13 所示。

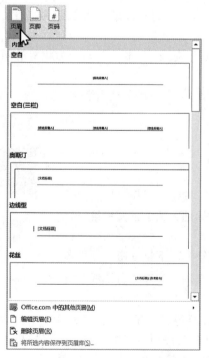 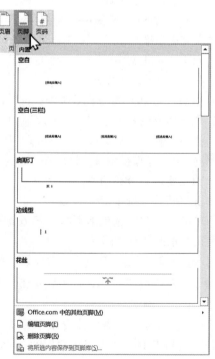

图 6-13　页眉与页脚的下拉列表

（1）单击选择任意内置的预设类型，即可在文档中插入已设好格式/内容的页眉/页脚。

（2）单击选择下拉列表中的"编辑页眉"/"编辑页脚"命令，则进入页眉/页脚的空白编辑状态，可以自定义设置页眉/页脚的内容及格式。

6.4.2 页眉/页脚的编辑

进入页眉/页脚编辑状态，可以进行页眉/页脚的方案设计、页眉和页脚的切换、调整页眉/页脚的位置、创建页码等编辑操作。

1. 进入和退出页眉/页脚的编辑状态

默认情况下，文档处于正文编辑状态，页眉页脚不可编辑。

1）进入页眉/页脚的编辑状态

通过以下两种常用方法可进入页眉/页脚的编辑状态。

（1）在"插入"选项卡的"页眉和页脚"组中，单击"页眉"/"页脚"下拉按钮，在下拉列表中选择"编辑页眉"/"编辑页脚"命令。

（2）双击页眉区域/页脚区域。

2）退出页眉/页脚的编辑状态

页眉和页脚编辑完毕，可以通过以下两种常用方法退出页眉/页脚编辑状态。

（1）在"页眉和页脚工具I设计"选项卡的"关闭"组中，单击"关闭页眉和页脚"按钮。

（2）双击正文中的任意位置。

2. 设计不同的页眉/页脚方案

默认情况下，Word文档不分节，所有页的页眉/页脚均相同。通过"页眉和页脚工具I设计"选项卡，可以设计不同的页眉/页脚方案，如图6-14所示。

图6-14 "页眉和页脚工具I设计"选项卡

1）创建首页不同的页眉/页脚

在"选项"组中，仅勾选"首页不同"复选框，可以为第一页和其他页分别设置不同的页眉/页脚。

2）创建奇偶页不同的页眉/页脚

在"选项"组中，仅勾选"奇偶页不同"复选框，可以为奇数页和偶数页分别设置不同的页眉/页脚。

注意：创建首页不同、奇偶页不同的页眉/页脚，也可以在"页面设置"对话框的"版式"选项卡中进行设置。

3）为不同节创建不同的页眉/页脚

默认情况下，若在文档中分节，下一节页眉/页脚与上一节页眉/页脚的内容相同，即改变任意一页的页眉/页脚内容时，其他节的页眉/页脚的内容均会随之自动改变。

如果需要为不同节创建不同的页眉/页脚，可以将插入点定位到后一节的页眉/页脚编辑区域，在"页眉和页脚工具I设计"选项卡的"导航"组中，单击"链接到前一条页眉"按钮，取消该节与上一节之间的页眉/页脚链接，即可以为本节设置与上一节不同的页眉/页脚。

3. 快速切换页眉/页脚

在页眉/页脚编辑状态下，要实现光标在各个页眉、页脚区域之间快速跳转，可以使用以下两种常用操作。

（1）在"页眉和页脚工具|设计"选项卡的"导航"组中，单击"转至页眉"/"转至页脚"按钮，可以在页眉区域和页脚区域之间快速切换。

（2）单击"上一节"/"下一节"按钮，可以在不同节的页眉/页脚区域之间快速切换。

4. 调整页眉/页脚的位置

页眉/页脚的内容与页面顶端/底端的距离，可以使用以下两种常用操作方法进行调整。

（1）在"页眉和页脚工具|设计"选项卡的"位置"组中，单击"页眉顶端距离"/"页脚底端距离"微调按钮，或者直接在框中输入数值。

（2）在"页面设置"对话框的"版式"选项卡中，单击"页眉"/"页脚"微调按钮，或者直接在框中输入数值。

5. 创建页码

在 Word 文档中，页码是一个域对象，可以自动变化和更新，通常置于页眉区域/页脚区域，也可以将其放置于正文、左/右页边距等位置。

1）插入页码

在"页眉和页脚工具|设计"选项卡的"选项"组中，或者"插入"选项卡的"页眉和页脚"组中，单击"页码"下拉按钮，在下拉列表中选择"页面顶端"/"页面底端"/"页边距"/"当前位置"下的任意内置的页码选项，即可在指定位置插入预设格式的页码。

2）设置页码格式

单击"页码"下拉按钮，在下拉列表中选择"设置页码格式"命令，打开"页码格式"对话框，可以修改页码的编号格式和页码编号，如图 6-15 所示。

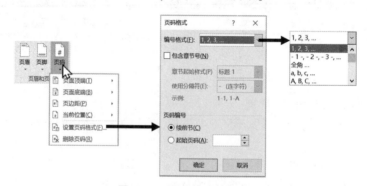

图 6-15　页码格式的修改

6. 删除页眉/页脚

删除页眉/页脚主要有以下三种常用操作方法。

（1）在页眉/页脚编辑状态，选中要删除的页眉/页脚，按下 Delete 键/BackSpace 键。

（2）在"插入"选项卡的"页眉和页脚"组中，单击"页眉"/"页脚"下拉按钮，在下拉列表中选择"删除页眉"/"删除页脚"命令。

（3）在"页眉和页脚工具|设计"选项卡的"页眉和页脚"组中，单击"页眉"/"页脚"下拉按钮，在下拉列表中选择"删除页眉"/"删除页脚"命令。

【案例 6-5】打开"案例 6-4 分栏.docx"文件，将其另存为"案例 6-5 页眉与页脚.docx"，按下列要求完成操作。

（1）诚信声明、中文摘要、英文摘要页均没有页眉及页脚。

（2）在目录页插入大写罗马数字页码"Ⅰ，Ⅱ，Ⅲ，……"，从正文开始插入阿拉伯数字页码"－1－，－2－，－3－，……"，编号均从 1 开始，各章节间连续编码，所有页码位于页脚中间。

（3）从正文开始设置页眉和页脚：距离边界均为 1 厘米，奇数页的页眉为"毕业设计"文本，偶数页的页眉为"作者"文本，页眉格式均为：宋体、五号、居中，页眉内容下有横线。正文前的页眉无内容无横线。

【操作步骤】操作视频见二维码 6-5。

（1）将诚信声明、中文摘要、英文摘要这三部分内容分为一节。

①显示出编辑标记。

②将插入点定位到目录上方的分页符的前面，按下 Delete 键删除分页符，则两页内容合并为一页；再按下 Delete 键删除空段。

③插入"分节符（下一页）"，从目录页开始另起一页并生成新节。

二维码 6-5

（2）为目录页和正文的页脚分别设置不同的页码。

①单击"插入"选项卡→"页眉和页脚"组→"页脚"下拉按钮→"编辑页脚"命令，进入页眉和页脚编辑状态。

②单击"页眉和页脚工具|设计"选项卡→"导航"组→"下一节"按钮，切换到第 2 节的页脚，单击"页眉和页脚工具|设计"选项卡→"导航"组→"链接到前一条页眉"按钮，取消"与上一节相同"标识。以此类推，在第 3 节的页脚中也取消"与上一节相同"标识。

③将插入点定位到第 3 节的页脚，单击"页眉和页脚工具|设计"选项卡→"页眉和页脚"组→"页码"下拉按钮→"当前位置"下拉按钮→"普通数字"选项，插入页码。

④设置页码格式：单击"页眉和页脚工具|设计"选项卡→"页眉和页脚"组→"页码"下拉按钮→"设置页码格式"命令，在"页码格式"对话框中，单击"编号格式"下拉按钮→"－1－，－2－，－3－，……"选项，单击"起始页码"单选按钮，值设置为"－1－"，单击"确定"按钮。

⑤设置页码所在段落"居中"对齐，取消"首行缩进"，使页码居中显示。

⑥设置各章节的页码连续编号：切换到第 5 节页脚，打开"页码格式"对话框，选择好一致的编号格式，在"页码编号"组单击"续前节"单选按钮，单击"确定"按钮，使页码连续编号。

⑦为目录页添加页码：切换到第 2 节页脚，单击"页眉和页脚工具|设计"选项卡→"页眉和页脚"组→"页码"下拉按钮→"页面底端"→"普通数字 2"选项，先在页脚中间位置插入页码，取消首行缩进，再设置页码格式为大写罗马数字"Ⅰ，Ⅱ，Ⅲ，……"，从 1 开始计数。手动删除页码下方多余的空段。

（3）为正文设置奇偶页不同的页眉。

①单击"页眉和页脚工具|设计"选项卡→"导航"组→"转至页眉"按钮，切换到第 3 节页眉，单击"页眉和页脚工具|设计"选项卡→"选项"组，勾选"奇偶页不同"复选框。

②将插入点定位到第 3 节的奇数页页眉中，取消"与上一节相同"标识；单击"页眉和页脚工具|设计"选项卡→"位置"组→"页眉顶端距离"框，值改为 1 厘米，单击"页脚底端距离"框，值改为 1 厘米。通过"开始"选项卡，设置页眉中的文本及段落格式为：宋体、五号、居中、无"首行缩进"，输入文本"毕业设计"。

③切换到第 3 节的偶数页页眉，取消"与上一节相同"标识，使用"格式刷"设置与奇数

页相同的页眉格式，输入文本"作者"。

④切换到第 1 节的奇数页页眉，选中页眉中空段落的段落标记，单击"开始"选项卡→"段落"组→"边框"下拉按钮→"无框线"选项；切换到第 1 节的偶数页页眉，选中页眉中空段落的段落标记，单击"开始"选项卡→"段落"组→"边框"按钮。

（4）设置页眉的"奇偶页不同"后，为正文之后的偶数页添加页码。

①切换到第 3 节的偶数页页脚，取消与上一节相同，复制第 3 节的奇数页页脚内容到第 3 节的偶数页页脚，删除页码下方多余的空段。

②单击"页眉和页脚工具|设计"选项卡→"关闭"组→"关闭页眉和页脚"按钮，退出页眉/页脚编辑状态。

6.5 其他对象的插入及引用

在长文档中加入文档部件、封面、题注、脚注与尾注、目录、索引和书目，可以有效组织和优化文档。

6.5.1 文档部件

使用文档部件库可以创建、存储和重复使用部分内容，这些可重用的内容块称为构建基块，包括自动图文集、文档属性和域等。

1. 自动图文集

自动图文集是常见的存储文本和图形的构建基块类型。在 Word 文档中，可以将经常重复使用的文档内容（如文本、图片、表格等）保存到"自动图文集"库，使其可以多次被文档快速引用。

1）将文档内容保存到"自动图文集"库

选定需要保存的文档内容，在"插入"选项卡的"文本"组中，单击"文档部件"下拉按钮，在下拉列表中选择"自动图文集"下的"将所选内容保存到自动图文集库"命令，打开"新建构建基块"对话框，输入名称后单击"确定"按钮，即可将所选内容及格式保存到"自动图文集"库中。

2）引用"自动图文集"库中的内容

将插入点定位到所需的位置，在"文档部件"下拉列表中单击"自动图文集"下的要引用内容，即可将其添加到当前位置。

2. 文档属性

文档属性通常包括有关文档的详细信息（例如文件的作者、标题和备注等），以及由 Word 程序自动维护的信息（例如最近保存文档的相关人员和相关日期等）。使用文档属性可以轻松地组织和标识文件，也可以对其进行快速引用。

1）引用文档属性

引用文档属性的具体操作步骤如下：将插入点定位到要插入文档属性的位置，在"文档部件"下拉列表中选择"文档属性"下的所需选项，可在当前位置插入该文档属性。

2）修改文档属性

修改文档属性主要有以下两种常用操作方法。

（1）在"文件"选项卡中选择"信息"命令，在右侧窗格中，单击相应的文档属性框并输入文本，如图6-16所示。

（2）在"文件"选项卡中选择"信息"命令，在右侧窗格中，单击"属性"下拉按钮，在下拉列表中选择"高级属性"命令，打开"属性"对话框，在其中可以查看或修改文档属性，也可以自定义文档属性。

图6-16　文档属性

3. 域

域是Word文档中具有特殊功能的一组代码，灵活使用域功能，可以在文档中自动插入文字、图形、页码或其他信息，实现链接和引用等功能，提高了文档编辑的灵活性和自动化程度。

1）插入域

在文档中插入域对象，主要有以下两种常用方法。

（1）使用"域"对话框插入域对象，具体操作步骤如下：

①将插入点定位到要插入域的位置。

②在"文档部件"下拉列表中选择"域"命令，打开"域"对话框。

③在"域名"列表中可以直接查找并选择所需的域对象；也可以先在"类别"下拉列表中选择域的类别，从而缩小域对象的查找范围。

④在"域属性"组中，可进一步选择或设置属性。

⑤根据实际需要，在"域选项"组勾选相应的复选项，如图6-17所示。

图6-17　"域"对话框

例如，使用StyleRef域的功能，可以在当前位置插入指定样式的段落中的文本，常用于生成动态页眉。从"类别"下拉列表中选择"链接和引用"选项，在"域名"列表中选择"StyleRef"域，然后在"样式名"下拉列表中选择"标题1"样式，可以在当前位置插入域对象，动态显示本页面中应用"标题1"样式的段落的文本内容（不含格式），页眉中的域对象显示为"硬件设计与实现"，如图6-18所示；若需要在页眉中动态显示段落编号，可以在"硬件设计与实现"的左侧插入第二个StyleRef域，在"域"对话框的"样式名"下拉列表中选择

145

"标题1"样式，同时勾选"插入段落编号"复选框，则页眉中的第二个域对象显示为"第5章"，即在当前页中应用了"标题1"样式的段落的编号。

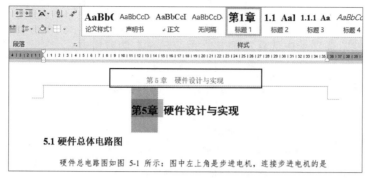

图6-18　插入"StyleRef"域的效果

注意：在以上操作中，如果在当前页中有多个段落均应用了"标题1"样式，则域对象仅显示第一个应用"标题1"样式的段落内容；如果在当前页中没有应用"标题1"样式的段落，域对象则显示在当前页之前最近一处应用了"标题1"样式的段落内容。

（2）手动插入域并输入域代码。

将插入点定位到要插入域的位置，按下快捷键Ctrl+F9生成一对大括号"｛｝"，在其中输入自定义的域代码。例如，手动输入如图6-18所示的页眉中的域代码为：｛STYLEREF"标题1"\n\＊MERGEFORMAT｝｛STYLEREF"标题1"\＊MERGEFORMAT｝。

2）编辑域

在Word文档中，如果需要编辑域，可将该域对象切换为代码编辑状态，再进行域代码的修改。将所选域对象切换为代码编辑状态，有以下三种常用操作方法。

①使用"域"对话框：右击选中的域对象，在快捷菜单中选择"编辑域"命令，打开"域"对话框，单击左下角的"域代码"/"隐藏代码"按钮。

②使用快捷键：选中域对象，按下快捷键Shift+F9。

③使用快捷菜单：右击选中的域对象，在快捷菜单中选择"切换域代码"命令。

注意：按下快捷键Alt+F9，可以对整个文档中的所有域对象进行代码编辑状态和显示结果的切换。

3）更新域

域代码修改后，通过以下两种常用操作方法，可以手动更新域的显示结果。

（1）使用快捷键：选中域对象，按下F9键。

（2）使用快捷菜单：右击选中的域对象，在快捷菜单中选择"更新域"命令。

【案例6-6】打开"案例6-5页眉与页脚.docx"文件，将其另存为"案例6-6文档部件.docx"，按下列要求完成操作。

（1）设置文档的标题属性为"基于物联网的窗帘控制系统设计"，将文档属性的标题信息插入诚信声明书的书名号中。

（2）参照"案例6-6诚信声明书效果图.jpg"，对诚信声明页进行排版。

（3）将正文奇数页页眉内容修改为文档属性的标题信息，正文偶数页页眉内容修改为：各章的编号、一个全角空格、章标题，如"第1章　绪论"，要求编号和章内容可随着正文中内容的变化而自动更新。参考文献和致谢页无页眉。

（4）添加自定义属性，名称为"完成日期"，类型为"日期"，取值为"2023/1/1"。将诚信声明书的落款日期文本替换为"完成日期"属性值，再将该日期属性插入致谢页第一段落的"在"和"完"文本之间。然后，将"完成日期"属性值更改为"2023/5/1"，并对上述两个域对象的显示结果进行更新。

（5）将文本"NodeMCU"保存到自动图文集中，命名为"NM"。

二维码 6-6

【操作步骤】操作视频见二维码 6-6。

（1）设置并应用文档的标题属性。

①单击"文件"选项卡→"信息"命令→"标题"框，输入文本"基于物联网的窗帘控制系统设计"，按下 Enter 键结束输入。按下 Esc 键返回主视图。

②将插入点定位到诚信声明书的书名号中，单击"插入"选项卡→"文本"组→"文档部件"下拉按钮→"文档属性"下拉按钮→"标题"选项，删除多余的空格。

（2）参照"案例 6-6 诚信声明书效果图 .jpg"，对诚信声明页进行排版。

①选中标题"毕业设计诚信声明书"，字符格式设置为宋体、二号；段落格式设置为居中、段前间距 1 行、段后间距 2 行。

②选中除标题外的四段内容，字符格式设置为宋体、小三。

③将插入点定位到第三段（"兹提交……"）中，首行缩进 2 字符。

④参照效果图，通过设置左缩进或首行缩进，对最后两个段落进行位置的调整。

⑤将插入点定位到第四段（"声明人……"），设置段前间距为 3 行。

（3）修改从正文开始的页眉。

①设置"参考文献"和"致谢"页无页眉：先选中"参考文献"前面的分页符，按下 Delete 键，再单击"布局"选项卡→"页面设置"组→"分隔符"下拉按钮→"分节符（下一页）"命令。进入页眉页脚编辑状态，将插入点定位到"参考文献"页的页眉，取消"与上一节相同"，去除内容和横线。

②对"致谢"页进行类似操作，使参考文献和致谢页无页眉。

③修改正文的奇数页页眉：在第 3 节正文的奇数页页眉中，选中整行，单击"页眉和页脚工具|设计"选项卡→"插入"组→"文档部件"/"文档信息"下拉按钮→"文档属性"下拉按钮→"标题"选项。

④修改正文的偶数页页眉：在第 3 节正文的偶数页页眉中，选中整行，单击"页眉和页脚工具|设计"选项卡→"插入"组→"文档部件"/"文档信息"下拉按钮→"域"命令。在"域"对话框中，单击"类别"下拉按钮→"链接和引用"选项，单击"域名"列表框→"StyleRef"选项，单击"样式名"列表框→"标题 1"选项，勾选"插入段落编号"复选框，单击"确定"按钮。然后，将输入法切换到全角状态，输入一个全角空格。再次打开"域"对话框，单击"类别"下拉按钮→"链接和引用"选项，单击"域名"列表框→"StyleRef"选项，单击"样式名"列表框→"标题 1"选项，单击"确定"按钮。

⑤双击正文任意位置，退出页眉页脚编辑状态。

（4）设置自定义属性。

①添加自定义属性：单击"文件"选项卡→"信息"命令→"属性"下拉按钮→"高级属性"命令；在"属性"对话框中，单击"自定义"选项卡→"名称"框，输入文本"完成日期"，单击"类型"下拉按钮→"日期"选项，在"取值"框中输入"2023/1/1"（注意：此处应输入半角字符），单击"添加"按钮，单击"确定"按钮。

②将诚信声明书的落款日期替换为"完成日期"属性值：选中落款日期，打开"域"对话框，单击"类别"下拉按钮→"文档信息"选项，单击"域名"列表框→"DocProperty"选项，单击"属性"列表框→"完成日期"选项，单击"确定"按钮。

③将插入点定位到致谢页第一段的"在"和"完"文本之间，与上一步操作类似，插入"完成日期"属性值。

④更改自定义属性值：打开"属性"对话框，单击"自定义"选项卡→"属性"列表框→"完成日期"选项，将"取值"框中的值改为"2023/5/1"，单击"更改"按钮，单击"确定"按钮，回到主视图。

⑤更新域：分别对上述两个域对象右击，在快捷菜单中单击"更新域"命令。

（5）查找并选中文本"NodeMCU"，单击"插入"选项卡→"文本"组→"文档部件"下拉按钮→"自动图文集"下拉按钮→"将所选内容保存到自动图文集库"命令。在"新建构建基块"对话框中，将"名称"框中的值改为"NM"，单击"确定"按钮。

6.5.2　封面

Word提供了多种预设的内置封面，由专业设计的图片、图形、表格、内容控件等对象组成。内置封面可被文档多次引用。

1. 添加封面

在"插入"选项卡的"页面"组中，单击"封面"下拉按钮，在下拉列表中选择需要的内置封面，可在当前Word文档的开头生成新页，并自动插入所选的封面。如果在同一个文档中多次插入内置封面，则新选择的封面将自动替换原有封面。

2. 编辑封面

在内置封面中通常包含多种内容控件，如标题、副标题、作者、公司名称等，在内容控件中可输入文本和修改格式。对于封面中不需要的内容控件，可以通过以下方法将其删除。

（1）右击内容控件，在快捷菜单中选择"删除内容控件"命令，可将内容控件对象删除并保留内容控件中的文本。

（2）选中内容控件，按下Delete键，可以删除内容控件以及其中的文本内容。

3. 删除封面

如果要删除文档中添加的内置封面，可在"插入"选项卡的"页面"组中，单击"封面"下拉按钮，在下拉列表中选择"删除当前封面"命令，将整个封面页删除。

【案例6-7】打开"案例6-6 文档部件.docx"文件，将其另存为"案例6-7 封面.docx"，按下列要求完成操作。

（1）插入"丝状"封面。

（2）将"标题"内容控件中的文本字体改为华文中宋，其他格式不变。

（3）在"作者"内容控件中输入"欧阳泽"，设置字符格式为华文中宋、二号、黑色。

（4）在"日期"内容控件中输入日期"2023-5-5"。

（5）删除多余的内容控件、空段落及封面上方的横线。

（6）在诚信声明书的"声明人（签名）:"后面插入"作者"文档属性。

【操作步骤】操作视频见二维码6-7。

（1）单击"插入"选项卡→"页面"组→"封面"下拉按钮→"丝状"选项。

二维码6-7

（2）选中"标题"内容控件，单击"开始"选项卡→"字体"组→"字体"下拉按钮→"华文中宋"选项。

（3）将"作者"内容控件值改为"欧阳泽"，设置字符格式为华文中宋、二号、黑色。

（4）单击"发布日期"内容控件下拉按钮，选择日期"2023-5-5"。

（5）删除多余内容控件、空段及横线。

①单击选中文档"副标题"内容控件，按下 Delete 键删除内容控件；选中多余的空段落，按下 Delete 键。

②右击"公司名称"内容控件，在快捷菜单中单击"删除内容控件"命令，按下 Backspace 键，删除空段。

③删除封面页页眉中多余的横线：双击封面页页眉，选中横线上的段落标记，单击"开始"选项卡→"段落"组→"边框"下拉按钮→"无框线"选项，双击正文任意位置。

（6）在"诚信声明书"页，将插入点定位到"声明人（签名）："的后面，单击"插入"选项卡→"文本"组→"文档部件"下拉按钮→"文档属性"下拉按钮→"作者"选项，插入文档属性的作者信息。

6.5.3　题注

题注是为图片、表格、图表和公式等内容添加的标注其重要信息的简短描述，由标签、编号和文字组成，Word 可以根据题注的位置顺序自动生成和更新编号，如"图1-1""图1-2""图2-1"等。借助题注功能，还可以进一步生成交叉引用及图表目录，使得文档的管理更加轻松。

1. 插入题注

在当前位置插入题注，具体操作步骤如下：

（1）将插入点定位到要添加题注的位置，如图片的下一段或表格的上一段处。

（2）在"引用"选项卡的"题注"组中，单击"插入题注"按钮，打开"题注"对话框，如图6-19所示。

（3）在"题注"对话框中，进行题注标签和编号的设置。

①设置题注中的标签：在"标签"下拉列表中选择所需的预设标签；或者单击"新建标签"按钮，在"新建标签"对话框中输入自定义的标签名称，即可在"标签"下拉列表中选择新标签名称。

②设置题注中的编号：单击"编号"按钮，打开"题注编号"对话框，在"格式"下拉列表中选择合适的编号格式。如果题注编号中需要引用章节号，可以勾选"包含章节号"复选框；在"章节起始样式"下拉列表中选择引用章节对应的样式名；在"使用分隔符"下拉列表中选择章节号与编号之间的分隔符号，如图6-20所示。

图6-19　"题注"对话框

图6-20　"包含章节号"格式的设置

注意：对文档中的章节号所在的段落应用了带编号的样式之后，才能在题注编号中设置引用该章节编号。

③设置完成后，即可在当前位置插入题注的标签和编号，同时，题注所在的段落将自动应用"题注"样式。

2. 交叉引用题注

题注生成后，可以在文档中引用该题注，例如，"如图1-1所示""见表3-1"等。引用题注的具体操作步骤如下：

（1）将插入点定位到要引用题注的位置。

（2）在"引用"选项卡的"题注"组中，或者在"插入"选项卡的"链接"组中，单击"交叉引用"按钮，打开"交叉引用"对话框，如图6-21所示。

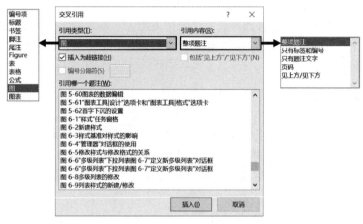

图6-21 "交叉引用"对话框

（3）单击"引用类型"下拉按钮，在下拉列表中选择引用的标签，然后在"引用哪一个题注"列表框中选择所需的题注项。

注意：默认勾选"插入为超链接"复选框，即引用的结果会自动添加超链接功能。

（4）单击"引用内容"下拉按钮，在下拉列表中选择合适的内容选项，所选的"引用内容"及引用效果见表6-2。

表6-2 "交叉引用"的内容和效果

引用内容	引用效果示例
"整项题注"	图6-21"交叉引用"对话框
"只有标签和编号"	图6-21
"只有题注文字"	"交叉引用"对话框
"页码"	右击该页码，在快捷菜单中选择"更新域"命令，使其显示为当前页页码
"见上方/见下方"	见上方

（5）在"引用哪一个题注"列表框中，选择要引用的题注。

（6）单击"插入"按钮，即可在文档当前位置插入引用结果。

3. 更新题注

在文档中对题注进行新增、删除或移动等操作之后，如果需要更新题注中的编号、页码等内容，可以选中包含题注的文本区域，然后使用以下两种常用方法完成题注的更新。

（1）按下 F9 键。

（2）右击任意一个题注编号，在快捷菜单中选择"更新域"命令。

【案例 6-8】打开"案例 6-7 封面 .docx"文件，将其另存为"案例 6-8 题注 .docx"，按下列要求完成操作。

（1）正文中包含若干表格和图片，分别在表格上方及图片下方的说明文字的左侧添加如"表 1-1""表 2-1""图 1-1""图 2-1"的题注，替换原有的鲜绿色突出显示的字符。其中，题注编号中连字符"-"前面的数字代表章号、后面的数字代表图或表的序号，各章节的图和表分别连续编号。

（2）在黄色底纹文字的适当位置，为表格和图片设置自动引用其题注，只引用标签和编号。要求题注段落始终与对应的表格或图片位于同一页面中。

（3）在不改变"纯文本"样式的前提下，取消表格和图片的首行缩进段落格式，取消黄色底纹效果；修改"题注"样式为居中、行距固定值 28 磅、无缩进。

【操作步骤】操作视频见二维码 6-8。

（1）对表格和图片添加题注。

①打开"查找和替换"对话框，将插入点定位在"查找内容"框中，单击"更多"按钮展开对话框，再单击"格式"下拉按钮→"突出显示"命令，单击"查找下一处"按钮向下查找，找到鲜绿色突出显示的"表 1-1"文本，按下 Delete 键删除"表 1-1"文本。

二维码 6-8

②单击"引用"选项卡→"题注"组→"插入题注"按钮。

③在"题注"对话框中，单击"新建标签"按钮。在"新建标签"对话框中，输入文本"表"，单击"确定"按钮。在"题注"对话框中，单击"编号"按钮。在"题注编号"对话框中，勾选"包含章节号"复选框，"章节起始样式"选择为"标题 1"，"使用分隔符"选择为"-（连字符）"，单击"确定"按钮。在"题注"对话框中，单击"确定"按钮。

④通过"查找和替换"对话框，找到鲜绿色突出显示的"图 3-1"文本，将其删除。

⑤通过"题注"对话框，新建标签"图"，插入自动题注"图 3-1"。

⑥以此类推，为文档中的 17 个图片插入自动题注（第 3 章 8 个、第 4 章 3 个、第 5 章 2 个、第 6 章 2 个、第 7 章 2 个）。

（2）交叉引用题注，并设置题注与表/图在同一页。

①交叉引用表的题注：在表上方找到用黄色底纹显示的文字，将插入点定位到文本"如"和"所"之间，单击"引用"选项卡→"题注"组→"交叉引用"按钮。在"交叉引用"对话框中，单击"引用类型"下拉按钮→"表"选项，单击"引用内容"下拉按钮→"只有标签和编号"选项，单击"插入"按钮。

②设置题注与表在同一页：将插入点定位到表格上方的题注段落，打开"段落"对话框，勾选"换行和分页"选项卡中的"与下段同页"复选框，单击"确定"按钮。

③交叉引用图的题注：在"图 3-1"上方找到用黄色底纹显示的文字，将插入点定位到文本"如"和"所"之间。在"交叉引用"对话框中，单击"引用类型"下拉按钮→"图"选项，

单击"引用内容"下拉按钮→"只有标签和编号"选项，单击"引用哪一个题注"列表框→"图 3-1……"选项，单击"插入"按钮。

④以此类推，完成文中所有的交叉引用操作。

⑤设置题注与图在同一页：打开"查找和替换"对话框，在"查找内容"框中，先去除原格式，再单击"特殊格式"下拉按钮→"图形"选项；在"替换为"框中，单击"格式"下拉按钮→"段落"命令，在"替换段落"对话框中，勾选"换行和分页"选项卡中的"与下段同页"复选框，单击"确定"按钮；在"查找和替换"对话框中，单击"全部替换"按钮，单击"确定"按钮。

（3）完成段落格式和样式设置。

①将插入点定位到表格中，选择格式相似的文本，打开"段落"对话框，单击"特殊格式"下拉列表→"无"选项，单击"确定"按钮，取消首行缩进格式。

②选中所有具有黄色底纹的字符，单击"开始"选项卡→"段落"组→"底纹"下拉按钮→"无颜色"选项。

③单击"开始"选项卡→"样式"组 →"样式"下拉按钮，右击"题注"样式，在快捷菜单中单击"修改"命令。在"修改样式"对话框中，设置居中对齐、固定值 28 磅、无缩进，单击"确定"按钮。

④单击"开始"选项卡→"样式"组→"样式"下拉按钮，右击"题注"样式，在快捷菜单中单击"选择所有 18 个实例"命令，选中所有题注，取消首行缩进。

6.5.4　脚注与尾注

在 Word 文档中，可以使用脚注或尾注的形式对某处内容进行解释说明或标注引文的出处。脚注位于页面的底部或指定文字的下方，尾注位于文档的结尾或指定节的结尾。脚注和尾注均由引用标记与注释文本两部分组成。引用标记通常是一种编号或自定义标记，默认以上标的形式置于被注释文本的后面；注释文本由引用标记和说明性文字组成。脚注或尾注的默认字号比正文小，与正文通过注释分隔线隔开，如图 6-22 所示。

图 6-22　显示在页面底部的脚注

1. 插入脚注/尾注

插入脚注/尾注的具体操作步骤如下：

（1）将插入点定位到正文中需要被注释的文本的后面，或者选中该文本。

（2）在"引用"选项卡的"脚注"组中，可以通过以下两种常用方法插入脚注/尾注。脚注/尾注插入后，系统会在脚注/尾注的位置自动生成引用标记，插入点自动跳转到该引用标记的后面，此时可以手动输入说明文字。

①单击"插入脚注"/"插入尾注"按钮，可在被注释文本的后面插入默认格式的引用标记。

②单击右下角的"对话框启动器"按钮，在如图 6-23 所示的"脚注和尾注"对话框中，可以对脚注/尾注进行详细设置，如选择脚注/尾注的位置、布局、应用范围、编号格式等，单击

"插入"按钮，即可按照设置的参数生成对应的脚注/尾注。本方法也适用于脚注/尾注的修改。

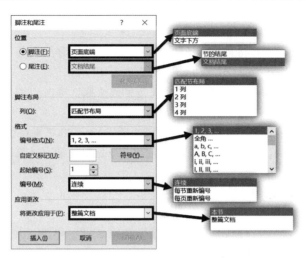

图 6-23 "脚注和尾注"对话框

2. 转换脚注/尾注

文档中的脚注和尾注对象可以进行相互转换，有以下两种常用方法。

（1）在脚注/尾注的注释文本所在段落中右击，然后在快捷菜单中选择"转换至尾注"/"转换为脚注"命令，可实现单个脚注和尾注的相互转换。

（2）打开"脚注和尾注"对话框，单击"转换"按钮，打开"转换注释"对话框，如图 6-24 所示。在其中进行转换选择，可将整个文档中的全部脚注快速转换成尾注、全部尾注快速转换成脚注，也可以快速实现全文档所有脚注和尾注的相互转换。

3. 删除脚注/尾注

图 6-24 "转换注释"对话框

删除脚注/尾注的具体操作步骤如下：

（1）使用以下常用方法，快速定位到指定脚注/尾注的正文引用标记处。

①在"引用"选项卡的"脚注"组中，单击"下一条脚注"下拉按钮，在下拉列表中选择所需的选项，可以在上一条和下一条脚注/尾注之间进行跳转。

②在"查找和替换"对话框中，选中"定位"选项卡，在"定位目标"列表中选择"脚注"/"尾注"选项，在"输入脚注/尾注编号"框中输入编号值，单击"定位"按钮。

③在指定脚注/尾注的注释文本中，双击引用标记。

（2）选中正文中的引用标记，按下 Delete 键，Word 自动将脚注/尾注（连同注释文本一起）完全删除，剩余的引用标记也随之自动更新编号。

【案例 6-9】打开"案例 6-8 题注.docx"文件，将其另存为"案例 6-9 脚注与尾注.docx"，按下列要求完成操作。

（1）在文本"Statista"的后面插入脚注，编号格式为"①，②，③，…"，脚注说明文字为"Statista（斯塔蒂斯塔）于 2007 年在德国汉堡成立，是全球领先的研究型数据统计公司，目前在德国总部有超过 700 位统计学家、数据库专家、分析师和编辑人员。"，置于页面底端。

（2）将正文中的文本"[1]、[2]、……[11]"更改为尾注编号，编号格式为"[序号]"上标格式，说明文字在"案例 6-9 参考文献素材.txt"文件中，编号顺序要求与正文中引用该文献的顺序一致，添加到论文最后的参考文献下方。

153

（3）参考文献列表格式为五号、宋体、1.25倍行距，并设置"允许西文在单词中间换行"。

【操作步骤】操作视频见二维码6-9。

二维码6-9

（1）在文本"Statista"的后面插入脚注。

①查找文本"Statista"，并将插入点定位到"Statista"后面，单击"引用"选项卡→"脚注"组→"对话框启动器"按钮。

②在"脚注和尾注"对话框中，单击"脚注"单选按钮，单击"编号格式"下拉按钮→"①，②，③，…"选项，单击"插入"按钮。

③在编号①的后面，输入文本"Statista（斯塔蒂斯塔）于2007年在德国汉堡成立，是全球领先的研究型数据统计公司，目前在德国总部有超过700位统计学家、数据库专家、分析师和编辑人员。"。

（2）插入尾注、调整尾注位置，并修改编号格式。

①查找文本"［1］"，将其删除。

②打开"脚注和尾注"对话框，单击"尾注"单选按钮，单击"尾注位置"下拉按钮→"节的结尾"选项，单击"编号格式"下拉按钮→"1，2，3，…"选项，单击"插入"按钮。

③打开"案例6-9参考文献素材.txt"文件，复制［1］后面的"贾益刚.物联网技术在环境监测和预警中的应用研究［J］.上海建设科技，2010（6）：65-6."文本，将其粘贴到尾注分隔符（横线）下方、"1"编号的右侧。

④在"导航"任务窗格中，将文本"1"改为"2"，查找并删除文本"［2］"。单击"引用"选项卡→"脚注"组→"插入尾注"按钮。将"案例6-9.txt"文件中对应的说明文字复制到尾注区中，单击"显示备注"按钮，在"显示备注"对话框中，选择"查看尾注区"单选按钮，单击"确定"按钮，显示尾注区。以此类推，添加所有的尾注。

⑤将尾注的说明文字调整到参考文献与致谢页之间：选中"第1章……第8章"的所有内容，打开"页面设置"对话框，勾选"版式"选项卡→"节"组→"取消尾注"复选框，单击"确定"按钮。再将"参考文献"页与"致谢"页之间的分页符改为"分节符（下一页）"。

⑥取消尾注注释文本中引用标记的上标格式：选中尾注分隔符（横线）下方的所有尾注说明文字，单击"开始"选项卡→"字体"组→"上标"按钮，取消编号的上标格式。

⑦为尾注中所有的引用标记添加方括号：打开"查找和替换"对话框，在"查找内容"框中单击，单击"特殊格式"下拉按钮→"尾注标记"选项，在"替换为"框中输入"［］"，将插入点定位到方括号中，单击"特殊格式"下拉按钮→"查找内容"选项，使"替换为"框中显示"［^&］"。然后，将插入点定位到尾注列表外的任意位置，单击"全部替换"按钮。

（3）设置参考文献列表格式：选中参考文献下方的列表内容，设置格式为五号、宋体、1.25倍行距。在"段落"对话框中，勾选"中文版式"选项卡中的"允许西文在单词中间换行"复选框，单击"确定"按钮。

6.5.5 目录

在Word文档中，浏览目录可以了解文档的内容纲要，通过目录列表还可以快速跳转到相应的正文页面，方便阅读。

1. 创建自动目录

在Word文档中创建自动目录的具体操作步骤如下：

（1）分别选中文档中需要列入目录的各级标题，通过以下两种常用方法，为各级标题设置大纲级别。

①打开"段落"对话框，在"缩进和间距"选项卡中，单击"大纲级别"下拉按钮，在下

拉列表中选择合适的大纲级别（"1级"～"9级"）。

②在"开始"选项卡的"样式"组中，单击"标题1""标题2"……设置了大纲级别格式的样式。

（2）将插入点定位到要生成目录的位置，在"引用"选项卡的"目录"组中，单击"目录"下拉按钮，在下拉列表中选择"自动目录1"或"自动目录2"选项，即可快速生成相应的自动目录；也可以单击"自定义目录"命令，打开如图6-25所示的"目录"对话框，进行目录的自定义设置。

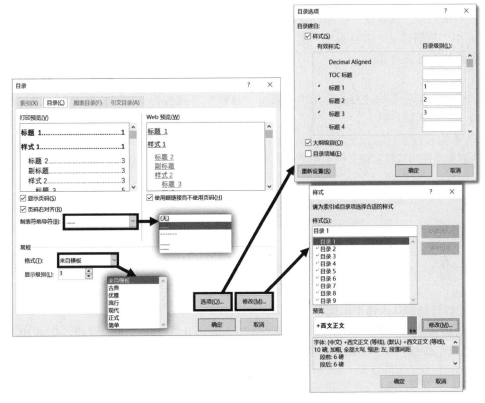

图6-25 "目录"对话框

①设置目录的格式：单击"格式"下拉按钮，在下拉列表中可以选择合适的预设目录格式；通过"显示页码"复选框、"页码右对齐"复选框，以及"制表符前导符"下拉按钮，可以设置目录在Word文档中的显示效果；通过"使用超链接而不使用页码"复选框，可以设置目录在网页中的显示效果。

②设置目录的显示级别：通过调整"显示级别"框中的数字，设置可以在目录中显示的标题文本的大纲级别范围。例如，默认数字为3，表示目录中仅显示设置了1~3级大纲级别的标题文本。

③设置目录的级别选项：单击"选项"按钮，在"目录选项"对话框中，通过设置"目录级别"框中的数字，可以使对应样式的标题以指定的级别显示在目录中。

其中，在各个样式右侧的"目录级别"框中，可输入1~9范围内的数字，表示应用了样式的标题文本在目录中分别以指定的级别进行分级显示。若样式右侧的目录级别框中为空，表示应用了该样式的标题不会显示在目录中。例如，"标题1"样式对应的"目录级别"框中为"1"，则所有应用了"标题1"样式的标题文本将显示为目录的第1级；若在自定义样式"STY"对应的"目录级别"框中输入"1"，则所有应用了"STY"样式的文本将出现在目录中，且与

"标题1"样式的文本显示为同一级别。

④设置目录中各级标题文本的格式：单击"修改"按钮，在"样式"对话框中，可以自定义设置目录内容需要使用的字符格式和段落格式。

自动目录生成后，按下 Ctrl 键的同时，单击目录中的任意列表项，即可快速跳转到正文中相应的位置。

2. 更新目录

当对文档内容进行了增删或修改之后，可以通过以下操作步骤对自动目录中的内容进行更新。

（1）右击目录，或者在"引用"选项卡的"目录"组中，单击"更新目录"按钮。

（2）在"更新目录"对话框中，通过单击相应的单选按钮，可选择仅更新目录页码，也可以选择更新整个目录内容。

3. 删除目录

在"引用"选项卡的"目录"组中，单击"目录"下拉按钮，在下拉列表中选择"删除目录"命令，即可删除目录。

4. 创建图表目录

如果需要快速浏览和定位文档中的图、表等对象，可以将其整项题注在目录中列出，如图6-26所示。

图 6-26　图表目录效果

创建图表目录的具体操作步骤如下：

（1）将插入点定位到要添加图表目录的位置，在"引用"选项卡的"题注"组中，单击"插入表目录"按钮，打开"图表目录"对话框，如图6-27所示。

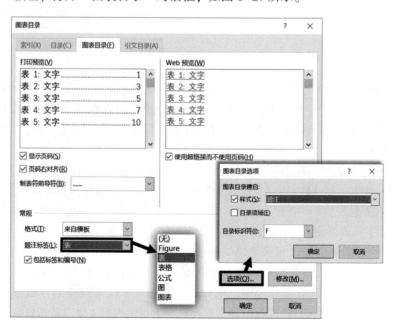

图 6-27　"图表目录"对话框

（2）单击"题注标签"下拉按钮，在下拉列表中选择合适的选项，即可创建相应的图表目录。

【案例6-10】打开"案例6-9脚注与尾注.docx"文件，将其另存为"案例6-10目录.docx"，按下列要求完成操作。

（1）修改"论文样式1"样式，将其中的"大纲级别"格式设置为1级。

（2）在"目录"文字下方插入2级自动目录，设置第1级目录的字符颜色为标准蓝色，要求更新目录后字体颜色也不还原。

（3）为偶数页目录添加页码，更新目录。

（4）在目录中去除应用了"论文样式1"样式的段落内容。

（5）在目录的最下方生成图目录和表目录。

【操作步骤】操作视频见二维码6-10。

二维码6-10

（1）修改"论文样式1"样式：右击"论文样式1"样式，在快捷菜单中选择"修改"命令，在"修改样式"对话框中，单击"格式"下拉按钮→"段落"命令，打开"段落"对话框，单击"缩进和间距"选项卡→"大纲级别"下拉按钮→"1级"选项，单击"确定"按钮两次。

（2）显示"编辑标记"后，将插入点定位到"目录"文字下方的段落标记前面，单击"引用"选项卡→"目录"组→"目录"下拉按钮→"自定义目录"命令。在"目录"对话框中，设置"显示级别"为2，单击"修改"按钮，在"样式"对话框中，选中"目录1"样式，单击"修改"按钮，设置字体颜色为标准蓝色，单击"确定"按钮四次。

（3）进入页脚编辑状态，切换到目录偶数页页脚，取消与上一节的链接，在当前位置插入页码，设置居中对齐，取消首行缩进。然后退出页脚编辑状态。右击目录中的任意文本内容，在快捷菜单中单击"更新域"命令，选择只更新目录的页码。

（4）将插入点定位到目录中，单击"引用"选项卡→"目录"组→"目录"下拉按钮→"自定义目录"命令，在"目录"对话框中，单击"选项"按钮。在"目录选项"对话框中，删除"目录级别"列表中"论文样式1"对应的数字"1"，单击"确定"按钮两次，替换目录。

（5）将插入点定位到目录最下方的段落标记前面，单击"引用"选项卡→"题注"组→"插入表目录"按钮。在"图表目录"对话框中，单击"常规"组下的"题注标签"下拉按钮，选择"图"选项，单击"确定"按钮；再次打开"图表目录"对话框，单击"常规"组下的"题注标签"下拉按钮，选择"表"选项，单击"确定"按钮。

6.5.6　索引

索引是文档中重要内容的地址标记，可用于列出文档中的关键术语及其所在页码，并按照笔划或拼音等排序规则形成一个列表，如图6-28所示。

画家		张大千,5,6,7,9,13,15,18
傅抱石,3		作品
黄宾虹,2,6		待细把江山图,3
黄胄,3,8,11		洪荒风雪,8
李可染,5,7		记写雁荡山花,6
李苦禅,2,6,9		井冈山,5
刘海粟,3,5,8		墨虾,4,9
潘天寿,6,8		群马图,3,5,9
齐白石,4,6,9,12,16		蜀江归舟图,2
徐悲鸿,3,4,5,9,12		长江万里图,5,9,15

图6-28　索引列表

1. 创建索引

在文档中创建索引包括标记索引项和生成索引列表两个步骤。

1）标记索引项

在文档中生成索引之前，需要先将文档中的关键字标记为索引项。以下介绍手动标记索引项和自动标记索引项这两种操作方法。

（1）手动标记索引项。

通过以下操作，可以为文档中的多个关键字标记索引项。

①选中一个关键字，例如"画家"，在"引用"选项卡的"索引"组中，单击"标记索引项"按钮，打开"标记索引项"对话框，如图6-29所示。

图6-29 "标记索引项"对话框

• 设置索引标记的名称：定义所选关键字在索引列表中显示时使用的名称，可按不同的类别设置主索引项和次索引项。主索引项和次索引项分别位于不同的段落中，如图6-28中文本"画家"和"作品"为主索引项，其他文本为次索引项。单击"主索引项"框，输入一级索引项的名称；在"次索引项"框中可按需选择输入二级索引、三级索引……，多个次索引项之间使用英文冒号分隔。"所属拼音项"框中通常输入相应索引项的第一个字的首字母，用于快速查找关键词。

• 选择索引列表中显示在索引项后面的内容：选择"交叉引用"单选按钮，在其右侧框中输入另一个索引项，可以生成对另一个索引项的交叉引用；选择"当前页"单选按钮可以生成索引项所在页的页码；选择"页面范围"单选按钮，在"书签"下拉列表中选择已设置的书签，可以生成相应的页码范围。

• 设置索引项的页码格式：通过设置"加粗"和"倾斜"复选框，可以设置显示在索引列表中的页码显示格式。

②单击"标记"按钮，所选关键字即被标记为索引项，同时在其后自动添加域 ⎨XE（索引项）字段⎬，如果需要将文档中所有相同的关键字标记为索引项，可以单击"标记全部"按钮。

③重复以上步骤，依次将其他关键字标记为索引项。

（2）自动标记索引项。

先创建一个包含了所有关键字信息的索引自动标记文件，再将其加载到当前文档中，可以一次性实现全部索引项的自动标记，具体操作步骤如下：

①创建一个索引自动标记文件：以 Word 文档为例，第一列的内容为关键字，第二列的内容为"主索引项:次索引项"，如图6-30所示。

注意：如果文档中只有一列内容，则默认这一列即是关键字也是主索引项。

②实现索引项的自动标记：打开需要标记索引项的文档，在"引用"选项卡的"索引"组中，单击"插入索引"按钮，打开如图6-31所示的"索引"对话框，单击"自动标记"按钮。在"打开索引自动标记文件"对话框中，定位并选择该索引自动标记文件，即可为列表中的所有关键字自动标记索引项。

2）生成索引列表

完成索引项标记后，即可执行下列操作生成索引列表，在文档中完成索引的创建。

（1）将插入点定位到需要生成索引列表的位置，在"引用"选项卡的"索引"组中，单击"插入索引"按钮。

傅抱石	画家:傅抱石
黄宾虹	画家:黄宾虹
黄胄	画家:黄胄
李可染	画家:李可染
李苦禅	画家:李苦禅
刘海粟	画家:刘海粟
潘天寿	画家:潘天寿
齐白石	画家:齐白石
徐悲鸿	画家:徐悲鸿
张大千	画家:张大千
待细把江山图	作品:待细把江山图
洪荒风雪	作品:洪荒风雪
记写雁荡山花	作品:记写雁荡山花
井冈山	作品:井冈山
墨虾	作品:墨虾
群马图	作品:群马图
蜀江归舟图	作品:蜀江归舟图
长江万里图	作品:长江万里图

图6-30　索引自动标记文件

图6-31　"索引"对话框

（2）在"索引"对话框中，对索引列表的格式、类型、栏数和排序依据等参数进行设置，也可单击"修改"按钮设置列表的样式。

Word会收集索引项、按指定顺序对索引项进行排序、引用其页码，最终生成索引列表。其中，次索引项以缩进的方式位于主索引项段落的下方。

2. 更新索引

如果在创建索引后，新增或者删除了某些索引项，可以使用更新域的方法，更新索引列表中的内容。

【案例6-11】打开"案例6-10目录.docx"文件，将其另存为"案例6-11索引.docx"，按下列要求完成操作。

（1）在"参考文献"页与"致谢"页之间插入一个"索引"页，输入文本"索引"，格式与"参考文献"相同。

（2）按下列要求，在文本"索引"的下方创建索引。

①使用"案例6-11索引标记素材.docx"，为文档插入索引。

②参考"案例6-11索引效果图.jpg"文件中的效果，将"主控板"标记为索引项，且在索引中显示为"请参阅NodeMCU"；将"APP"和"WIFI"分别标记为索引项，且在索引中显示各自所在页码。

③参考"案例6-11索引效果图.jpg"文件中的效果，在标题下方插入索引，索引样式为"流行"，分为两栏，类别为"无"，按照拼音排序。

（3）删除文本"PC"的索引项标记，以及"目录"页中的所有索引项标记，更新索引。

（4）隐藏文档中所有的索引项标记。

【操作步骤】操作视频见二维码6-11。

（1）生成索引页面：显示编辑标记，将插入点定位到"致谢"段首，插入一个分页符。再将插入点定位到该新页面中，输入标题文本"索引"，按下Enter键。

（2）在文本"索引"的下方创建索引。

①单击"引用"选项卡→"索引"组→"插入索引"按钮。在"索引"

二维码6-11

对话框中，单击"自动标记"按钮。在"打开索引自动标记文件"对话框中，定位并选择"案例6-11索引标记素材.docx"文件，单击"打开"按钮。

②打开"案例6-11索引效果图.jpg"文件做参考效果，使用"导航"任务窗格找到"主控板"文本，将其选中，单击"引用"选项卡→"索引"组→"标记索引项"按钮。在"标记索引项"对话框中，"主索引项"框中显示"主控板"，将文本"主控板"移动到"次索引项"框中；在"主索引项"框中输入"手动标记"；选择"交叉引用"单选按钮，在"请参阅"后面输入"NodeMCU"；勾选"倾斜"复选项，单击"标记"按钮。查找"WIFI"字样并选中，在"主索引项"框中输入"手动标记"，"次索引项"框中输入"WIFI"，勾选"倾斜"复选项，单击"标记全部"按钮。以此类推，将"APP"全部标记为索引项，关闭对话框。

③将插入点定位到"索引"标题下方、分页符的前面，单击"引用"选项卡→"索引"组→"插入索引"按钮。在"索引"对话框中，单击"格式"下拉按钮→"流行"选项，在"栏数"框中输入2，单击"类别"下拉按钮→"无"选项，单击"排序依据"下拉按钮→"拼音"选项，单击"确定"按钮。将插入点定位到"自动标记"文字前，单击"布局"选项卡→"页面设置"组→"分隔符"下拉按钮→"分栏符"选项。

（3）删除索引项标记，更新索引。

①使用"替换"功能，删除文本"PC"的索引项标记：打开"替换"对话框，在"查找内容"框中输入"PC"，单击"特殊格式"下拉按钮→"域"选项，在"替换为"框中输入文本"PC"，单击"全部替换"按钮。

②在目录页中，选中各索引标记，按下Delete键或Backspace键，手动删除索引标记。

③将插入点定位到索引列表上的任意位置，单击"引用"选项卡→"索引"组→"更新索引"按钮。

④更新索引之后，在"自动标记"文字前重新插入分栏符。

（4）单击"开始"选项卡→"段落"组→"显示编辑标记"按钮，隐藏文档中所有的索引标记。

6.5.7 书目

书目是标注引用书籍、期刊论文或其他杂志等信息源的一种目录式列表，在Word文档中可以添加多种格式的书目。

1. 新建书目

在Word文档中新建书目，主要包括创建书目的源信息、选择书目样式和生成书目三个步骤。

1）创建书目的源信息

创建书目的源信息，主要有以下两种常用的操作方法。

（1）使用"插入引文"下拉按钮添加源信息。

将插入点定位到要引用的句子或短语的末尾处，在"引用"选项卡的"引文与书目"组中，单击"插入引文"下拉按钮，通过下拉列表可以选择添加新源或者添加新占位符。

①选择"添加新源"命令，可打开如图6-32所示的"创建源"对话框，选择源类型，输入作者、标题和年份等详细信息创建引用源。

图 6-32 "创建源"对话框

②选择"添加新占位符"命令，打开"占位符名称"对话框，在其中输入标记名称，即可创建一个空白的占位符，之后可以在该占位符中创建引文和填写源信息。

使用上述两种方法创建的源，被保存在"插入引文"下拉列表中，同时以占位符的形式添加到当前位置。可以右击该占位符或者单击占位符的"引文选项"下拉按钮，在列表中选择"编辑源"命令，打开"编辑源"对话框（同"创建源"对话框），修改源的详细信息。

（2）使用"源管理器"对话框添加源信息。

在"引用"选项卡的"引文与书目"组中，单击"管理源"按钮，打开"源管理器"对话框，如图 6-33 所示。单击"浏览"按钮，定位并选择文献来源文件，如 .xml 文件；在"主列表"列表框中选择所需的源条目，单击"复制"按钮即可将其添加到"当前列表"列表框中，导入外部文件列表，完成源信息的创建。也可以单击"新建"按钮，打开"创建源"对话框进行源信息的创建。

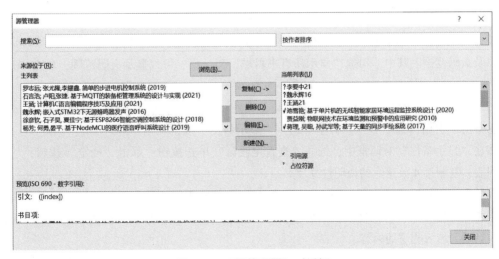

图 6-33 "源管理器"对话框

2）选择书目样式

在"引用"选项卡的"引文与书目"组中，单击"样式"下拉按钮，在下拉列表中选择一种样式，可以指定源信息在文档中的显示效果。

161

3）生成书目

在文档中创建源信息后，将插入点定位到生成书目的位置，在"引用"选项卡的"引文与书目"组中，单击"书目"下拉按钮，在下拉列表中选择一种内置的书目效果或选择"插入书目"命令，即可在当前位置生成书目。

2. 更新书目

若源信息的内容或位置等发生变化，需要及时更新书目，具体操作步骤如下：右击书目，在快捷菜单中选择"更新域"命令；或者单击书目，按下 F9 键。

【案例 6-12】打开"案例 6-12 引文与书目-1.docx"文件，将其另存为"案例 6-12 引文与书目.docx"文件，按下列要求完成操作。

（1）将第 1 条尾注的内容添加为新源，占位符位于正文第 1 个尾注的引用标记前。

（2）使用第 4 条尾注中的说明性文字，使用"源管理器"对话框创建源。

（3）为文档引用源条目"李佳：智能家居市场分析及未来发展趋势与前景（2016）"添加"卷"，内容为"12"。

（4）删除文档中所有的尾注。

（5）在"参考文献"下方插入参考书目，书目列表包括以上源信息列表以及"案例 6-12 书目素材.xml"中的文献列表，并设置书目样式为"ISO 690-数字引用"。

（6）取消书目列表中所有文字加粗效果。

【操作步骤】操作视频见二维码 6-12。

（1）使用第 1 条尾注的内容创建新源。

①将插入点定位到参考文献处，复制第 1 条尾注的说明文字。

②双击注释文本中的引用标记，返回正文引用标记处，将插入点定位在正文中第 1 个尾注的引用标记前。

二维码 6-12

③单击"引用"选项卡→"引文与书目"组→"插入引文"下拉按钮→"添加新源"按钮。

④在"创建源"对话框中，执行粘贴操作，并填入相应的内容，如作者、标题、期刊标题、年份以及页码范围。其中，勾选"显示所有书目域"复选框，可以显示页码范围，单击"确定"按钮。

（2）使用第 4 条尾注的内容创建源。

①单击"引用"选项卡→"脚注"组→"显示备注"按钮。

②在"显示备注"对话框中，选择"查看尾注区"单选按钮，单击"确定"按钮，切换到尾注列表，复制第 4 条尾注的说明性文字。

③单击"引用"选项卡→"引文与书目"组→"管理源"按钮。

④在"源管理器"对话框中，单击"新建"按钮，在"创建源"对话框中，与上一题类似操作，粘贴，填入相应的内容。

（3）在"源管理器"对话框中，选中"当前列表"列表框中的"李佳：智能家居市场分析及未来发展趋势与前景（2016）"选项，单击"编辑"按钮，在"创建源"对话框的"卷"框中，输入"12"，单击"确定"按钮，单击"关闭"按钮。

（4）将插入点定位到尾注列表之外，打开"查找和替换"对话框，在"查找内容"框中，单击"特殊格式"下拉按钮，在下拉列表中选择"尾注标记"选项，"替换为"框中为空，单

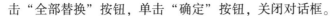

击"全部替换"按钮，单击"确定"按钮，关闭对话框。

（5）插入指定样式和内容的参考书目。

①导入外部文件中的列表：单击"引用"选项卡→"引文与书目"组→"管理源"按钮，在"源管理器"对话框中，单击"浏览"按钮，定位并打开"案例6-12书目素材.xml"文件，选中左侧列表框中所有条目，单击"复制"按钮，将其复制到"当前列表"框中，单击"关闭"按钮。

②插入书目：将插入点定位到"参考文献"下方，单击"引用"选项卡→"引文与书目"组→"样式"下拉按钮→"ISO 690–数字引用"选项，单击"引用"选项卡→"引文与书目"组→"书目"下拉按钮→"插入书目"按钮。

（6）选中书目列表，两次按下快捷键 Ctrl+B。

第7章

Word 其他常用功能

Word 提供了邮件合并、文档修订、批注、打印及导出等功能，方便批量处理文档、审阅、打印以及生成多种格式类型的文件。

7.1

邮件合并

使用邮件合并功能，可以批量制作信函、电子邮件、信封、标签、证书和名片等。

7.1.1 关于邮件合并

邮件合并是指在编辑的主文档中结合数据源生成最终结果，邮件合并操作通常涉及三个文件：主文档、数据源和最终文档。例如，制作邀请函的相关邮件合并的文件如图 7-1 所示。

1. 主文档

主文档通常由普通文本和域组成，"主文档"中的姓名和称谓均为域对象。内容的输入、编辑与排版均在主文档中完成，最后作为"样本"用于生成最终文档。

2. 数据源

数据源以数据列表的形式为主文档中的域提供数据来源，常见的数据源类型包括 Word 文档、Excel 电子表格及 Access 数据库等。

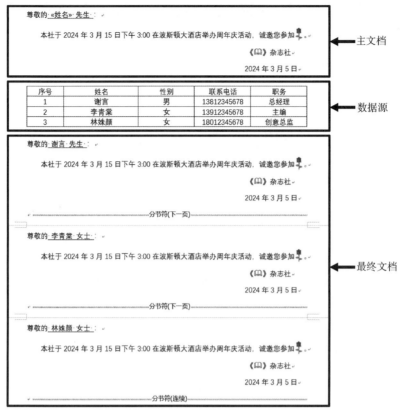

图 7-1 邮件合并的文件

打开加载了数据源的主文档，将弹出如图 7-2 所示的对话框，询问是否在主文档中重新加载数据源中的数据。

3. 最终文档

主文档与数据源合并生成最终文档。在最终文档中，Word 会将数据源中的每一条记录生成一份输出结果，每一份输出结果都是一个独立的节。最终文档一旦生成，与主文档之间不存在链接关系。

图 7-2 "Microsoft Word" 对话框

默认情况下，最终文档不显示页面颜色。若需要显示文档的背景颜色或图像，可打开"Word 选项"对话框，在"高级"选项卡的"显示文档内容"组中，勾选"在页面视图中显示背景色和图像"复选框。

7.1.2 邮件合并的操作方法

邮件合并的基本操作流程为：创建并编辑主文档→合并数据源中的数据完善主文档→生成最终文档。通过以下两种常用操作方法可以实现邮件合并功能。

1. 使用向导进行邮件合并

在 Word 主文档中，将插入点定位到要插入域的位置，在"邮件"选项卡的"开始邮件合并"组中，单击"开始邮件合并"下拉按钮，在下拉列表中选择"邮件合并分步向导"命令，在打开的"邮件合并"任务窗格中，按向导的提示分步完成邮件合并，如图 7-3 所示。

图 7-3 "邮件"选项卡

2. 直接进行邮件合并

在"邮件"选项卡的"开始邮件合并"组、"编写和插入域"组、"预览结果"组和"完成"组中，单击相关按钮，可直接进行邮件合并操作。该方法更灵活直观，适用于熟悉邮件合并流程的用户，具体操作的步骤如下：

1）插入点定位

在主文档中，将插入点定位到要插入域的位置。

2）加载数据源

在"开始邮件合并"组中单击"选择收件人"下拉按钮，在下拉列表中选择数据源的加载方式，可以直接键入数据源列表内容，或者选择现有数据源文件中的列表，也可以从 Outlook 联系人中选择数据源列表。

例如，在下拉列表中选择"使用现有列表"选项，在"选择数据源"对话框中定位并选择所需的文件，即可将数据源中的列表数据加载到主文档中，如图 7-4 所示。

图 7-4 加载数据源的方式

3）编辑数据源列表

在"开始邮件合并"组中单击"编辑收件人列表"按钮，打开"邮件合并收件人"对话框，通过勾选复选框、单击"筛选"命令设置筛选条件的方式，确定参与合并的数据记录，还可以单击"排序"按钮对数据进行排序等操作，如图 7-5 所示。

若对数据源无编辑要求，可忽略本步骤。

4）插入域

在主文档中插入域，主要有插入合并域和按规则生成域两种方式。

（1）选择并插入合并域。

在"编写和插入域"组中，单击"插入合并域"下拉按钮，在下拉列表中选择需要插入的域名，即可将数据源中的数据以域对象的方式插入当前位置。

例如：将插入点定位到文本"尊敬的"后面，在下拉列表中选择"姓名"选项，如图 7-6（a）所示；可将数据源中的"姓名"信息自动填写到当前位置，结果如图 7-6（b）所示。

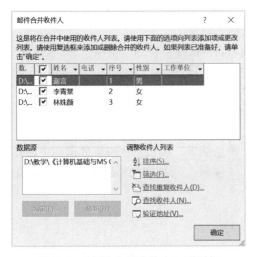

图 7-5 "邮件合并收件人"对话框

图 7-6 插入"姓名"合并域

(a)"插入合并域"下拉列表；(b) 插入"姓名"合并域的结果

（2）设置规则，插入域对象。

如果需要通过设置条件来控制生成结果，可以单击"规则"下拉按钮，在下拉列表中选择需要的规则命令并进行条件设置，如图 7-7（a）所示。其中，设置"如果…那么…否则"规则，可以使用数据源中的域名构造条件，按条件控制域的显示结果。操作过程如下：

将插入点定位到要插入域对象的位置，在"规则"下拉列表中，选择"如果…那么…否则"命令，打开"插入 Word 域：IF"对话框，完成比较条件和比较结果的设置，如图 7-7（b）所示。

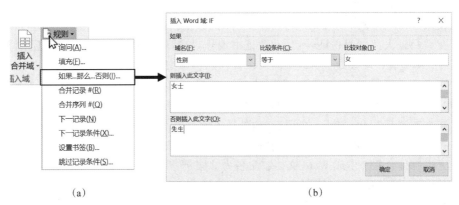

图 7-7 "如果…那么…否则"规则的使用

(a)"规则"列表；(b)"插入 Word 域：IF"对话框

- "域名"下拉列表：选择要设置比较条件的域名。
- "比较条件"下拉列表：选择比较条件，例如，大于、等于或小于。
- "比较对象"框：输入具体条件值。
- "则插入此文字"框：输入比较结果为真时的显示文本。
- "否则插入此文字"框：输入比较结果为假时的显示文本。

例如，根据数据源中的性别信息，在主文档中姓名后添加"先生"或"女士"。具体操作步骤如下：

167

①插入点定位到"姓名"域和":"文本之间。

②在"规则"下拉列表中，选择"如果…那么…否则"命令。

③在"插入Word域：IF"对话框中，"域名"下拉列表中选择"性别"选项、"比较条件"下拉列表中选择"等于"选项、"比较对象"框输入"女"、"则插入此文字"框输入"女士"、"否则插入此文字"框输入"先生"。

尊敬的·«姓名»·先生·：

图7-8 "如果…那么…否则"规则生成的域结果如图7-8所示。

图7-8 "如果…那么…否则"
规则生成的域结果

5）预览邮件合并的结果

在主文档编辑状态下，单击"预览结果"组中的"预览结果"按钮，可浏览数据源中的记录在主文档中的显示效果。单击记录跳转按钮 |◀ ◀ 1 ▶ ▶| ，可依次浏览数据源中的每条记录在主文档中的显示效果。

若对邮件合并结果无预览要求，可忽略本步骤。

6）完成邮件合并

在"完成"组中单击"完成并合并"下拉按钮，通过下拉列表可为邮件合并的结果选择一种处理方式：直接打印、发送电子邮件，或者保存为一个新的Word文档（即最终文档）。

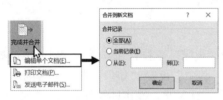

图7-9 完成邮件合并

以图7-1所示的文档为例，在"完成并合并"下拉列表中选择"编辑单个文档"命令，打开"合并到新文档"对话框，如图7-9所示，选择合并到最终文档中的记录范围。例如，单击"全部"单选按钮，生成如图7-1所示的最终文档。

注意：若主文档中的内容发生变化，则最终文档需要重新生成。

【案例7-1】打开"案例7-1 证书-1.docx"素材文件，将其另存为"案例7-1 证书.docx"文件，按下列要求完成操作。

（1）使用文件"案例7-1 证书信息.xlsx"中的数据创建邮件合并。

（2）在"持证人："、"身份证号："和"证书编号："后面的横线上插入对应的合并域，并调整横线上的文本位置，使其处于横线中间，设置《姓名》域文字占用3个字符宽度。

（3）在文本"考核"和"，"之间插入域，根据"总成绩"信息，显示为"优秀"（总成绩>=90）或者"合格"（总成绩<90）；段落中的字符格式必须统一。

（4）在文本"绩"和"分"之间的空白处插入域，要求显示的数值保留1位小数。

（5）在表格中插入"照片"文件夹中的照片；不显示表格边框；

（6）完成邮件合并并生成Word文档，命名为"案例.docx"。

【操作步骤】操作视频见二维码7-1。

（1）导入数据源"案例7-1.xlsx"。

①单击"邮件"选项卡→"开始邮件合并"组→"选择收件人"下拉按钮→"使用现有列表…"命令。

②在"选取数据源"对话框中，选择"案例7-1 证书信息.xlsx"文件，单击"打开"按钮。

二维码7-1

③在"选择表格"对话框中，选中"Sheet1"工作表，单击"确定"按钮。

（2）插入合并域。

①选中文本"持证人："后面横线上的中间部分半角空格，单击"邮件"选项卡→"编写和插入域"组→"插入合并域"下拉按钮→"姓名"选项。

②类似操作，插入证件号、证书编号。

③选中《姓名》域，单击"开始"选项卡→"段落"组→"中文版式"下拉按钮→"调整宽度"命令。在"调整宽度"对话框中，设置"新文字宽度"框中值为"3字符"。

④单击"邮件"选项卡→"预览结果"组→"预览结果"按钮，调整横线上的文本位置，使其处于横线中间。

（3）插入域并设置规则。

①将插入点定位到文本"考核"和","之间，单击"邮件"选项卡→"编写和插入域"组→"规则"下拉按钮→"如果…那么…否则"命令。

②在"插入word域：IF"对话框中，单击"域名"下拉按钮→"总成绩"选项，单击"比较条件"下拉按钮→"大于等于"选项，在"比较对象"框中输入90，在"则插入此文字"框中输入文本"优秀"，在"否则插入此文字"框中输入文本"合格"。使用"格式刷"将本段落文字的格式应用于该域。

（4）插入"总成绩"域，并设置保留1位小数。

①将插入点定位到文本"绩"和"分"之间，单击"邮件"选项卡→"编写和插入域"组→"插入合并域"下拉按钮→"总成绩"选项。

②对成绩域控件右击，在快捷菜单中单击"切换域代码"命令，将插入点定位在域代码{MERGEFIELD 总成绩}中"绩"字的后面，输入"\ #0.0"，使得域代码为{MERGEFIELD 总成绩 \ #0.0}。

③对成绩域控件右击，在快捷菜单中单击"更新域"命令，刷新查看预览结果。

（5）在表格中插入图片，并设置表格格式。

①将插入点定位到表格中，单击"插入"选项卡→"文本"组→"文档部件"下拉按钮→"域"命令，打开"域"对话框，在"类别"下拉列表中选择"链接和引用"选项；在"域名"列表中选择"IncludePicture"选项；在"域属性"下的"文件名或URL"框中复制或输入照片文件所在的路径，并在最后输入一个反斜杠"\"（如D:\素材\照片\）；勾选"更新时保留原格式"复选框，单击"确定"按钮。

②单击照片域控件，按下快捷键Shift+F9切换到域代码，例如域代码为：

{ INCLUDEPICTURE"D:\\素材\\照片\\"* MERGEFORMAT }

③将插入点定位到双反斜杠"\\"与双引号""""之间，单击"邮件"选项卡→"编写和插入域"组→"插入合并域"下拉按钮→"照片"选项。

④再次选中域控件，查看域代码，例如域代码为：

{ INCLUDEPICTURE"D:\\素材\\照片\\{ MERGEFIELD 照片 }"*MERGEFORMAT }

⑤选中表格，取消表格线。选中域后按下F9键刷新。

⑥选中照片，单击"图片工具|格式"选项卡→"大小"组→"对话框启动器"按钮，在"设置图片格式"对话框中，取消勾选"锁定纵横比"复选框，将其高度及宽度均设为100%。

（6）完成邮件合并，保存最终文档。

①单击"邮件"选项卡→"完成"组→"完成并合并"下拉按钮→"编辑最终个人文档"命令。

②在"合并到新文档"对话框中，单击"全部"单选按钮，单击"确定"按钮。

③在新生成的"信函1"文件中，按下快捷键Ctrl+A选中全文，按下F9键将照片全部刷新。

④将"信函1"文件另存为"案例.docx"文件，最后关闭主文档的预览结果，并保存主文档。

7.2

文档的审阅

文档的审阅是 Word 软件为多人协同工作开发的功能，通过"审阅"选项卡，可以对文档进行批注、修订和比较等操作，如图 7-10 所示。

图 7-10　"审阅"选项卡

7.2.1　批注

使用批注功能，审阅者可以通过添加注释信息的方式，对他人文档中的内容提出修改建议和意见，Word 支持多人审阅同一文档。

1. 添加批注

对选中的内容添加批注，主要有以下两种常用操作方法。

（1）在"审阅"选项卡的"批注"组中，单击"新建批注"按钮。

（2）右击选中的内容，在快捷菜单中选择"新建批注"命令。

在文档中添加批注后，默认在文档右侧显示批注框，批注信息直接输入批注框中，如图 7-11 所示。

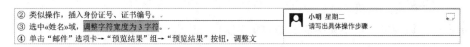

图 7-11　批注

2. 切换批注

单击"批注"组中的"上一条"/"下一条"按钮，或右击批注框中的审阅者头像，在快捷菜单中选择"上一条"/"下一条"命令，可以在多个批注之间快速切换。

3. 处理批注

文档作者对批注的处理，通常有以下三种情况。

（1）答复批注。

单击"答复批注"按钮，或者右击"答复批注"按钮，在快捷菜单中选择"答复批注"命令，可以对批注进行答复，如图 7-12（a）所示。

（2）将批注标记为完成。

若批注中的修改意见或建议已被解决，可右击批注框中的审阅者头像或"答复批注"按钮，在快捷菜单中选择

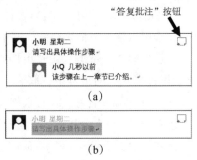

图 7-12　批注处理效果

（a）"答复批注"的效果；

（b）"将批注标记为完成"的效果

"将批注标记为完成"命令，批注框显示为已完成状态，如图7-12（b）所示。

（3）删除批注。

对于不需要的批注，可以使用以下三种常用操作方法对其进行删除。

①右击批注框中的审阅者头像或者"答复批注"按钮，在快捷菜单中选择"删除批注"命令，可以删除当前批注。

②将插入点定位到批注框内，在"审阅"选项卡的"批注"组中，单击"删除批注"按钮，即可删除当前批注。

③在"审阅"选项卡的"批注"组中，单击"删除批注"下拉按钮，可选择删除当前批注、所有显示的批注，或者所有批注。

7.2.2 修订

当文档启用修订功能、进入修订状态后，Word会自动跟踪和标记文档的变动。审阅者可以通过修订功能，将对他人文档的更改操作进行标记和记录；文档作者可以对这些修订标记进行查看，并处理修订结果。

1. 开启与关闭修订状态

默认情况下，Word处于修订的关闭状态。审阅者可以使用以下两种常用操作方法，开启修订状态、跟踪修订。

（1）在"审阅"选项卡的"修订"组中，单击"修订"按钮，或者单击"修订"组中的"修订"下拉按钮，在下拉列表中选择"修订"按钮。

（2）右击Word状态栏，在快捷菜单中选择"修订"命令，可在状态栏中显示"修订"按钮，通过单击该按钮可开启/关闭修订功能。

在开启修订状态的情况下，执行以上操作，即可关闭修订状态。

2. 查看修订内容

当文档修订内容较多时，文档作者可以通过"修订"任务窗格和文档主页面对修订内容进行查看。

（1）在文档主页面中查看修订内容。

在"修订"组中，单击"显示以供审阅"下拉按钮，可在下拉列表中选择修订标记的显示效果。

- 简单标记：文档中显示修订后的结果，隐藏所有修订标记和修订标注信息，仅在修订段落左侧区域显示红色竖线。

- 所有标记：文档中显示修订后的结果，以及所有的修订标记和详细的修订标注信息，并在修订段落左侧区域显示灰色竖线。

- 无标记：文档中显示修订后的结果，隐藏所有修订标记和修订标注信息。

- 原始状态：文档中显示修订前的内容（原始文档），隐藏所有修订标记和修订标注信息。

注意：单击红色或灰色竖线，可以实现"简单标记"和"所有标记"显示效果的切换。

（2）在"修订"任务窗格中查看修订内容。

在"修订"组中，单击"审阅窗格"下拉按钮，在下拉列表中选择"垂直审阅窗格"或"水平审阅窗格"选项，在文档的左侧或下方显示"修订"任务窗格，所有的修订与批注内容以列表方式显示在任务窗格中。

此外，在"修订"组中，单击"显示标记"下拉按钮，在下拉列表中可以选择要在文档中查看的标记类型，例如，选择"特定人员"选项，然后勾选指定审阅者，则文档中仅显示指定审阅者的修订内容。

3. 处理修订内容

将插入点定位到任意修订标注处，在"更改"组中，单击"接受"/"拒绝"下拉按钮，在下拉列表中选择一种合适的处理方法，如图 7-13 所示。接受或拒绝修订后，相关的修订标记会自动消失。

图 7-13　对修订内容的接受和拒绝

7.2.3　比较与合并

使用比较功能，可以精确对比不同版本文档的差异；使用合并功能，可以将多个修订版本的文档合并为一个文档。

1. 比较文档

如果要对两个版本的文档进行精确比较，可以进行以下操作。

（1）在"审阅"选项卡的"比较"组中，单击"比较"下拉按钮，在下拉列表中选择"比较"命令，打开"比较文档"对话框，如图 7-14 所示。

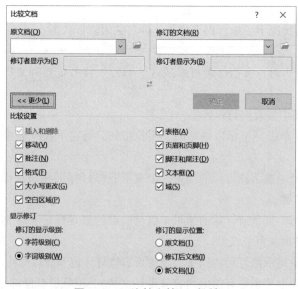

图 7-14　"比较文档"对话框

（2）分别单击"原文档"和"修订的文档"的"浏览"按钮，加载要进行比较的两个文档。

（3）单击"更多"按钮，可以进一步对比较选项、修订的显示级别和显示位置进行设置。

比较的最终结果将显示在"修订的显示位置"指定的文档中，并突出显示两个文档的不同之处，以便查看和处理。

2. 合并文档

如果将文档发给多人进行审阅和修订，可生成多个版本的修订文档。使用合并文档功能，可以将这些修订文档合并成一个文档。

（1）在"审阅"选项卡的"比较"组中，单击"比较"下拉按钮，在下拉列表中选择"合并"命令，打开"合并文档"对话框。

（2）分别单击"原文档"和"修订的文档"的"浏览"按钮，加载要进行合并的两个文档。

最终，两个文档的所有修订信息将被合并到"修订的显示位置"所指定的文档中。在生成的合并文档中，可以继续处理修订内容。以此类推，反复执行合并操作即可完成多个修订版本的合并。

【案例7-2】打开"案例7-2文档修订-1.docx"文件，将其另存为"案例7-2文档修订.docx"文件，并在"案例7-2文档修订.docx"中，按下列要求完成操作。

（1）接受审阅者文雯的所有修订，拒绝审阅者李东的所有修订。

（2）使用比较功能，在"案例7-2文档修订.docx"中接受素材"案例7-2文档修订-2.docx"的修改内容。

（3）将Word软件的用户名改为自己的真实姓名。开启修订状态：在文档末尾处填写实验及作业的真实完成情况，并以简单标记状态显示。关闭修订状态，效果如"案例7-2修订效果图.jpg"所示。

（4）删除第一条批注。

【操作步骤】操作视频见二维码7-2。

二维码7-2

（1）在文档中处理不同审阅者的修订结果。

①单击"审阅"选项卡→"修订"组→"显示以供审阅"下拉按钮→"所有标记"选项，显示所有的修订标记和修订信息。

②单击"显示标记"下拉按钮→"特定人员"→"李东"选项，取消李东的选中状态，仅保留文雯的选中状态。单击"更改"组→"接受"下拉按钮→"接受所有显示的修订"命令。

③单击"修订"组→"显示标记"下拉按钮→"特定人员"→"李东"选项，使李东处于选中状态；单击"更改"组→"拒绝"下拉按钮→"拒绝所有修订"命令。

（2）使用比较功能，接受素材文件中的修改内容。

①单击"比较"组→"比较"下拉按钮→"比较"按钮。

②在"比较文档"对话框中，单击"原文档"下拉按钮右侧的"文件夹"按钮，定位并选择"案例.docx"文件，修订的文档选择"案例7-2文档修订-2.docx"文件，单击"原文档"单选按钮，单击"确定"按钮。

③单击"审阅"选项卡→"更改"组→"接受"下拉按钮→"接受所有修订"命令。

（3）使用修订功能，标记修订内容。

①修改用户名：打开"Word选项"对话框，单击"常规"选项卡，在"用户名"及"缩写"框中，输入自己的真实信息，单击"确定"按钮。

②开启修订状态：单击"修订"组→"修订"按钮。

③打开"案例7-2修订效果图.jpg"素材文件，参照效果完成修订操作：首先，设置首行缩进2字符；其次，输入实验及作业的真实完成情况；然后，单击"审阅"选项卡→"修订"组→"显示以供审阅"下拉按钮→"简单标记"选项。

④关闭修订状态：单击"修订"组→"修订"按钮，解除修订状态。

（4）单击"审阅"选项卡→"批注"组→"下一条"按钮，找到第一条批注，单击"删除"按钮。

7.3

文档的导出与打印

Word 文档编辑完毕，可以将其保存为多种类型的电子文档或者打印输出为纸质文档。

1. 导出文档

在"文件"选项卡中选择"导出"命令，打开"导出"窗格，可以使用以下两种方式，将文档保存为 PDF、XPS 和纯文本等文件类型。

1）快速保存为 PDF/XPS 文档

选择"创建 PDF/XPS 文档"选项，单击"创建 PDF/XPS"按钮，打开"发布为 PDF 或 XPS"对话框，选择文件的保存位置、保存类型，输入文件名，即可快速创建 PDF/XPS 文档。

2）保存为指定的文件类型

选择"更改文件类型"选项，单击"更改文件类型"列表中需要的文件类型；或者单击"另存为"按钮，打开"另存为"对话框，即可将文件保存为指定的文件类型。

2. 打印文档

若要将文档打印为纸质，可在"文件"选项卡中选择"打印"命令，打开"打印"窗格，通过"打印"窗格完成以下打印设置，如图 7-15 所示。

图 7-15 "打印"窗格

1）选择打印机

单击"打印机"下拉按钮，在下拉列表中选择要使用的打印机。

2）设置打印份数

在"份数"框中输入数字或者使用微调按钮调整数字，可以设置文档的打印份数。

3）设置打印内容的范围

单击"设置"的"打印范围"下拉按钮，在下拉列表中选择以下选项，可以指定打印文档内容的范围。

- 打印所有页：打印整个文档内容。

- 打印所选内容：仅打印文档中被选中的内容。

- 打印当前页面：仅打印预览页面中显示的内容。

- 自定义打印范围：打印指定节或页面范围。选中本项后，在"页数"框中输入打印页码，其中，连续页码使用"-"分隔，不连续的页码使用","分隔。例如，在"页数"框中输入"1，5，8-10"，表示打印第1、5、8、9、10页。对于划分了多个节的文档，也可以在"页数"框中输入"p2s3"，即可打印文档第3节中第2页内容，其中，p表示页码，s表示节。

4）设置打印方式

通过单击"打印方式"下拉按钮，可选择单面或双面打印方式，如图7-16所示。其中双面打印有以下两种操作方式。

- 自动双面打印：若所选打印机具备自动双面打印功能，可选择"双面打印—翻转长边的页面"或者"双面打印—翻转短边的页面"选项，打印机自动实现不同方向翻页的双面打印。

- 手动双面打印：若所选打印机不具备自动双面打印功能，可选择"手动双面打印"方式，纸张的一面打印完毕，通过手动翻转重新加载纸张，再完成另一面的打印。

图7-16　打印方式

5）调整打印顺序

单击"打印顺序"下拉按钮，在下拉列表中选择一种打印顺序。

- 调整：先打印完整的一份，再打印其他份数。

- 取消排序：先打印指定份数的第1页，再打印指定份数的其他页。

6）设置纸张的方向、大小及页边距

通过单击"打印方向""打印纸张"和"页边距"下拉按钮，或者单击最下方的"页面设置"按钮，打开"页面设置"对话框，均可完成打印纸张方向、大小及页边距的设置。

7）设置打印版面的布局方式

单击"打印布局"下拉按钮，在下拉列表中选择所需的选项，设置每张纸质中可以打印的电子文档的页数和纸型，如图7-17所示。

8）预览打印效果

在打印前，通过打印预览窗格可以预先查看文档的最终打印效果。单击窗格右侧区域底

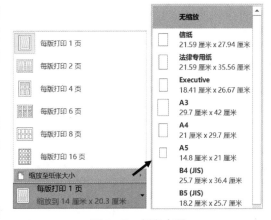

图7-17　打印布局

部的"上一页"或"下一页"箭头按钮，可以逐页浏览打印预览页面，如图7-18所示；也可以在"当前页面"框中输入页码，按下 Enter 键，快速浏览指定页面的打印效果。

在"打印预览"窗格底部的右侧，使用以下方法，可以对打印预览视图进行放大或缩小，如图7-19所示。

图 7-18　切换预览页　　　　　　　　　　图 7-19　显示比例控制栏

（1）在"显示比例控制栏"中拖动滑块或者点击"+"/"-"按钮，可以控制打印预览视图的缩放。

（2）单击"缩放到页面"按钮，可以自动调整打印预览视图的显示比例，以自动适应窗口大小。

（3）单击"显示比例"按钮，可以打开"显示比例"对话框，在其中设置打印预览视图的显示比例。

本篇习题

1. 制作海报

某高校近期将举办一场职业生涯规划的讲座，打开文档"Word.docx"，按下列操作要求制作一份宣传海报。注意：除题目要求外，不改变文档中的任何内容（如删除内容、更改文字、移动文字位置、添加空段落等）。

（1）设置纸张大小为B4，上下页边距为5厘米，左右页边距为4厘米，纸张方向为"纵向"。

（2）将海报的页面背景设置为"金色年华"预设颜色。

（3）在"主办：经济贸易学院"位置的后面另起一页，并设置第2页的纸张方向为"横向"，纸张高度为21厘米，宽度为29厘米，此页边距为"宽"页边距。

（4）参照"海报效果图.jpg"文件效果，调整海报内容文字的字体、字号以及颜色。在"主讲人："位置后面输入"陆蕈"。

（5）根据海报页面布局的需要，对整个海报调整各行间距/段落间距、缩进及对齐方式，去除文字下的白底，保证海报内容为两页。

（6）在第2页的"报名流程"下面，利用SmartArt中的基本流程，制作活动的报名流程图（包含签到报名、领取资料、领取座号和确认坐席），并调整大小和位置。

（7）在第2页的"时间安排"段落下面，插入本次活动的日程安排表（表格内容来自"海报时间安排.xlsx"文件中的内容），要求：如果Excel文件中的内容发生变化，Word文档中的日程安排信息会随之发生变化。

（8）不改变文档中原图片的大小，将其更换为"pic.jpg"素材图片，并为图片设置一种快速样式，将其移动到第2页的适当位置，且不遮挡文档中的内容。

（9）将文档显示比例调整为56%。最后，以"海报.docx"为文件名保存文档。

2. 制作桌贴

某高校要为即将开始的全国计算机等级考试打印各个考场的桌贴，打印版的效果如"桌贴效果图.jpg"所示。请按下列要求使用Word软件制作所需打印的桌贴。

（1）新建文档，在A4纸张上制作名称为"桌贴"的标签，标签宽6厘米、高3厘米，上边距3厘米、侧边距2厘米，标签上下间隔2厘米、左右间隔3厘米，每页A4纸张上可以打印2列5行的标签，将标签主文档保存为"桌贴样本.docx"。

（2）使用邮件合并功能导入源数据，源数据存放于"等级考试报名表.xlsx"文件中。在标签主文档中输入相关内容以及插入相关考生信息，并进行适当排版，要求"桌号"以及"姓名"文本均占用4个字符宽度。

（3）为每位考生生成一份标签，以便打印后裁剪、张贴，文档保存为"桌贴打印.docx"。

第四篇
电子表格软件 Excel 2016

Microsoft Excel 是一款功能强大的电子表格处理软件，是 MS Office 办公软件套装中的重要组件之一。Excel 软件可以便捷地实现各类数据的存储、查询和管理，具有强大的计算、分析、传递和共享功能，不仅被应用于财经、金融、工程等众多专业领域，也被广泛应用于日常生活和办公场景中。使用电子表格软件进行数据管理分析已成为人们当前学习和工作的必备技能之一。

通过本篇内容的学习，可以掌握以下重要功能及应用：

- 对工作簿和工作表进行创建等基本操作
- 构建电子表格，实现各种类型数据的输入和输出
- 对工作表进行格式化设置，美化数据显示效果
- 使用公式和函数快速计算及统计数据
- 构建图表，直观地展示和分析数据
- 对数据进行转换、统计、分类和汇总等分析处理

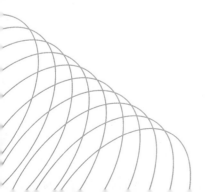

第 8 章

Excel 制表基础

Excel 制表基础包括对工作簿和工作表的基本操作、数据和公式的输入、数据的格式化设置，以及数据的打印输出等内容。

8.1

● 概述

使用 Excel 软件创建的电子表格文档也称为 Excel 工作簿，每个 Excel 工作簿都包含一个或多个工作表。数据的输入输出和分析处理均以工作表为基本单位，在工作表中可以设计和制作各种式样的电子表格，如员工档案表、学生成绩表、收支情况表、财务分析表等。

8.1.1　Excel 软件界面

与 Word 窗口的组成类似，Excel 窗口由标题栏、选项卡、功能区和状态栏等构成，通过 Excel 窗口可以显示和编辑工作簿中的内容，如图 8-1 所示。

8.1.2　Excel 常用术语

为了能更好地学习 Excel 的编辑技巧，需要掌握 Excel 软件中常用术语的含义和基本功能。

图 8-1　Excel 窗口界面

1. 工作簿

默认情况下，新创建的 Excel 电子表格文档会被命名为"工作簿 1，工作簿 2，……"，扩展名为 .xlsx。

2. 工作表

一个工作簿中至少包含一个工作表，在工作簿中可以创建多个工作表，每个工作表默认被命名为"sheet1""sheet2""sheet3"……

3. 工作表标签

工作表标签用于显示一个工作簿中各个工作表的名称。单击一个工作表的标签，则该工作表成为当前工作表。通过单击各个工作表标签，可以在 Excel 窗口中切换显示工作簿中各个工作表的内容。

4. 单元格

单元格是工作表最小的组成单元，指由一行和一列交叉形成的区域，在单元格中可以输入和显示各种类型的数据。一个工作表由 2^{20} 行和 2^{14} 列（即 1 048 576×16 384 个单元格）构成。

5. 行号/列标

在 Excel 窗口中，左侧阿拉伯数字"1，2，3，……"用于表示工作表中各行的编号，称为"行号"；上方英文大写字母"A，B，C，……"用于表示工作表中各列的编号，称为"列标"。

6. 单元格地址

单元格地址可用于表示某个单元格所在的位置，通常由列标+行号组成。例如，工作表中第三行第四列单元格的地址为 D3。在工作表中输入公式时经常引用单元格地址。

7. 活动单元格

当前选中的或正在被编辑的单元格，称为活动单元格。若选择的是一个单元格区域，第一个被选中的单元格即为活动单元格。例如，从 B2 单元格拖动鼠标到 C5 单元格，选择一个矩形区域 B2:B5，则 B2 为活动单元格，如图 8-2 所示。

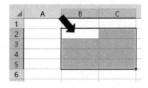

图 8-2　选定单元格区域中的活动单元格

8. 名称框

名称框中默认显示活动单元格地址，如果选中的单元格/单元格区域已被定义名称，则名称框中会显示出该单元格/单元格区域的名称；在名称框中输入单元格/单元格区域的地址或名称，按下 Enter 键，可快速选中对应的单元格/单元格区域。

9. 编辑栏

通过编辑栏可以往活动单元格中输入和编辑内容。选中某个单元格时，在编辑栏中会显示出该单元格中的文本、实际数值和具体公式等内容。例如，在某个单元格中输入数值"3. 14159"，并设数值保留 2 位小数，则单元格中显示数值"3. 14"，而编辑栏中显示实际数值"3. 14159"。

8. 2

Excel 的基本操作

Excel 基本操作包括对工作表、行、列和单元格的基本编辑操作、对工作簿和工作表的保护设置，以及多工作表操作等。

8. 2. 1 工作表的基本操作

对工作表的基本操作包括创建和删除工作表、移动和复制工作表、对工作表进行重命名和设置工作表标签颜色等内容。

1. 插入新工作表

在工作簿中添加新工作表，有以下三种常用的方法。

图 8-3 通过"新工作表"
按钮插入新工作表

（1）单击工作表标签最右侧的"新工作表"按钮⊕，可在当前工作表的后面插入一个新工作表，如图 8-3 所示。

（2）在"开始"选项卡的"单元格"组中，单击"插入"下拉按钮，选择"插入工作表"命令，可在当前工作表的前面插入一个新工作表。

（3）右击工作表标签，在快捷菜单中选择"插入"命令，在"插入"对话框中选择"工作表"图标，单击"确定"按钮，可在当前工作表的前面插入一个新工作表。

2. 删除工作表

在工作簿中删除工作表，有以下两种常用的方法。

（1）在"开始"选项卡的"单元格"组中，单击"删除"下拉按钮，选择"删除工作表"命令，可删除当前工作表。

（2）右击工作表标签，在快捷菜单中选择"删除"命令，可删除对应工作表。

注意：工作簿中要求至少包含有一个非隐藏的工作表。如果要删除工作簿中唯一一个非隐藏的工作表，需要先插入一个新工作表，或重新显示一个隐藏的工作表，否则无法执行删除工作表的操作。

3. 移动和复制工作表

在同一个工作簿中或在不同工作簿之间，可以实现工作表的移动和复制。

1）移动工作表

使用以下两种常用的方法，既可以改变工作簿中各工作表标签的排列顺序，也可以将工作表从一个工作簿移动到另一个工作簿中。

（1）单击工作表标签，按住鼠标左键，拖动工作表至目标位置。

（2）在"开始"选项卡的"单元格"组中，单击"格式"下拉按钮，选择"移动或复制工作表"命令，或者右击工作表标签，在快捷菜单中选择"移动或复制"命令，均可打开"移动或复制工作表"对话框，然后在"工作簿"下拉列表中选择目标工作簿，在"下列选定工作表之前"列表框中选择目标工作表，可将工作表移动到目标工作表的前面。

注意：如果将工作表从一个工作簿移动/复制到另一个工作簿中，须保证目标工作簿处于打开状态，否则，在"移动或复制工作表"对话框的"工作簿"下拉列表中不显示该目标工作簿的文件名。

2）复制工作表

通过复制工作表操作可以实现工作表的备份，通常有以下两种常用的方法。

（1）单击工作表标签，按下 Ctrl 键的同时，拖动工作表至目标位置。

（2）使用和"移动工作表"相同的方法，打开"移动或复制工作表"对话框，选择目标工作簿和目标工作表，勾选"建立副本"复选框，可将工作表复制到目标工作表的前面。

4. 重命名工作表

如果要对工作表名进行更改，可使用以下三种常用的方法。

（1）双击工作表标签。

（2）右击工作表标签，在快捷菜单中选择"重命名"命令。

（3）在"开始"选项卡的"单元格"组中，单击"格式"下拉按钮，在下拉列表中选择"重命名"命令。

5. 设置工作表标签颜色

为不同的工作表标签设置颜色，可以更加直观地区分和识别各个工作表，也可以突出显示个别工作表。使用以下两种常用的方法，可以设置工作表标签的颜色。

（1）在"开始"选项卡的"单元格"组中，单击"格式"下拉按钮，在下拉列表中选择"重命名"命令。

（2）右击某工作表标签，在快捷菜单中选择"工作表标签颜色"命令。

【案例8-1】打开"案例8-1工作表的基本操作-1. xlsx"工作簿，按下列要求完成工作表的基本操作。

（1）在"鼎盛书店"工作表的前面，新建一个名为"星辉书店"的新工作表。

（2）对"鼎盛书店"工作表进行复制，将其副本放置于"鼎盛书店"的后面。

（3）分别将"星辉书店"和"鼎盛书店"工作表标签设置为红色和蓝色效果。

（4）删除"微利书店"工作表。

（5）将"案例8-1工作表的基本操作-2. xlsx"工作簿中的"宏宇书店"工作表移动到"案例8-1工作表的基本操作-1. xlsx"工作簿中，放置在工作表的最后。

【操作步骤】操作视频见二维码8-1。

（1）右击"鼎盛书店"工作表标签，在快捷菜单中单击"插入"命令，打开"插入"对话框，选择"工作表"图标，生成"sheet1"新工作表，双击"sheet1"工作表标签，输入"星辉书店"。

（2）右击"鼎盛书店"工作表标签，在快捷菜单中单击"移动或复制"

二维码 8-1

命令，打开"移动或复制工作表"对话框，在列表框中选中"微利书店"，并勾选"建立副本"复选框，单击"确定"按钮。

（3）右击"星辉书店"工作表标签，在快捷菜单中单击"工作表标签颜色"→"红色"；同理可将"鼎盛书店"的标签颜色设置为"蓝色"。

（4）右击"微利书店"工作表标签，在快捷菜单中单击"删除"命令。

（5）不关闭"案例8-1工作表的基本操作-1.xlsx"工作簿，再双击打开"案例8-1工作表的基本操作-2.xlsx"工作簿，右击"宏宇书店"工作表标签，在快捷菜单中单击"移动或复制"命令，打开"移动或复制工作表"对话框，在"工作簿"下拉列表中选择"案例8-1工作表的基本操作-1.xlsx"工作簿，在下面的列表框中选择"（移至最后）"，单击"确定"按钮。

8.2.2　行、列和单元格的基本操作

对工作表中行、列和单元格对象的基本操作，包括选择、插入/删除、移动/复制以及隐藏/显示等。

1. 选择行/列和单元格

对数据进行移动、复制和填充等操作之前，需要先选择数据所在的单元格、行、列或单元格区域。

1）选择单个单元格

单击单元格，或者在名称框中输入其单元格地址并按下Enter键，即可选中该单元格。

2）选择行/列

（1）选择单行/单列：单击窗口左侧行号/上方列标，可选中该行/列。

（2）选择多个连续行/列：在窗口左侧行号/上方列标上拖动鼠标，可连续选择多行/列。

（3）选择大量连续行/列：单击要选择的起始行行号/起始列列标，按住Shift键，再单击要选择的结束行行号/结束列列标。

（4）选择多个不连续行/列：先选择若干行/列，按住Ctrl键，再依次选择其他行/列。

3）选择单元格区域

（1）选择矩形单元格区域：将鼠标指针移向起始单元格，按住鼠标左键，拖动鼠标至结束单元格；或者单击起始单元格，按住Shift键，再单击结束单元格/点击键盘上的方向键逐步扩展选择的区域。

（2）选择不规则的单元格区域：先选择一个单元格/矩形单元格区域，然后按住Ctrl键，再依次选择其他单元格/矩形单元格区域。

（3）选择工作表中所有单元格：单击工作区左上角的全选按钮（行号和列标的交汇处）；或者按下快捷键Ctrl+A。

（4）快速选择含有数据的单元格/单元格区域，主要有以下两种情况。

①快速选择数据区域的边缘单元格：在含有数据的单元格区域中，选中一个单元格，在键盘上按下Ctrl+方向键，可以快速选中该单元格对应方向上的边缘单元格。

②快速扩展选择区域至边缘单元格/边缘单元格区域：在含有数据的单元格区域中，选中一个单元格/单元格区域，在键盘上按下Ctrl+Shift+方向键，可以将选择范围快速扩展到对应方向上的边缘单元格/边缘单元格区域。

2. 插入行/列和单元格

1）插入行/列

选中行/列，然后使用以下两种常用操作方法，可以在选中行的上方/选中列的左侧，插入新行/新列。

（1）右击选中的行/列，在快捷菜单中选择"插入"命令。

（2）在"开始"选项卡的"单元格"组中，单击"插入"下拉按钮，在下拉列表中选择"插入工作表行"/"插入工作表列"命令。

2）插入单元格

右击一个单元格，在快捷菜单中选择"插入"命令，或者在"开始"选项卡的"单元格"组中单击"插入"下拉按钮，在下拉列表中选择"插入单元格"命令，均可以打开如图8-4所示的"插入"对话框。

在该对话框中，单击合适的单选按钮选项，可以在活动单元格位置插入一个新的单元格，原有活动单元格向右/向下移动；或者在活动单元格所在行的上方/左侧插入一个新行/新列，活动单元格所在行/列自动向下/向右移动。

注意：如果同时选中多个行/列/单元格，再执行"插入"操作，可一次性插入多个新的行/列/单元格。

3. 删除行/列和单元格

1）删除行/列

使用以下两种常用操作方法，可将选中的行/列删除。

（1）右击选中的行/列，在快捷菜单中选择"删除"命令。

（2）在"开始"选项卡的"单元格"组中，单击"删除"下拉按钮，在下拉列表中选择"删除工作表行"/"删除工作表列"命令。

2）删除单元格

右击要删除的单元格，在快捷菜单中选择"删除"命令，或者在"开始"选项卡的"单元格"组中单击"删除"下拉按钮，在下拉列表中选择"删除单元格"命令，打开如图8-5所示的"删除"对话框，单击合适的单选按钮选项，可以删除活动单元格，并将下方/右侧的单元格上移/左移，也可以将活动单元格所在的行/列删除。

图8-4　插入新单元格

图8-5　删除单元格

4. 移动和复制行/列

1）移动行/列

使用以下两种常用操作方法，可以将选中的行/列移动到其他位置。

（1）选中要移动的行/列，将鼠标指针移向行的下边线/列的右边线，变为时拖动鼠标将其移动到目标位置。

（2）选中要移动的行/列，按下快捷键Ctrl+X进行剪切，再选中其他行/列并右击，若在快捷菜单中选择"插入剪切的单元格"命令，可以将选中的行移动到其他行的上方/将选中的列移动到其他列的左侧；若在快捷菜单中选择"粘贴"命令，则选中的行/列会直接替换其他行/列。

2）复制行/列

使用以下两种常用操作方法，可以将选中的行/列复制到其他位置。

（1）选中要复制的行/列，将鼠标指针移向行的下边线/列的右边线，变为时按住Ctrl键，拖动鼠标将其移动到目标位置。

（2）选中要复制的行/列，按下快捷键 Ctrl+C 进行复制，再选中其他行/列并右击，若在快捷菜单中选择"插入复制的单元格"命令，可以将选中的行复制到其他行的上方/将选中的列复制到其他列的左侧；若在快捷菜单中选择"粘贴"命令，选中的行/列将被复制并覆盖其他行/列。

5. 移动和复制单元格

移动和复制单元格的方法与移动和复制行/列相似。对单元格/单元格区域执行"复制"命令后，可以使用"选择性粘贴"的功能，有选择地将源单元格中的数值、格式或公式等内容粘贴到目标单元格中，也可以实现单元格区域的行列转置复制、使复制的源数据与目标数据保持链接关系等功能。具体操作步骤如下：选中单元格/单元格区域，按下快捷键 Ctrl+C，右击目标单元格，在快捷菜单中选择合适的粘贴选项命令，如图 8-6 所示。

6. 隐藏和显示行/列

对于暂时不需要显示的行/列数据，可以先将其隐藏，节约显示空间；后期编辑需要再次显示这些行/列的时候，可将其取消隐藏。

1）隐藏行/列

使用以下两种常用操作方法，可以隐藏选中的行/列。

（1）右击选中的行/列，在快捷菜单中选择"隐藏"命令。

（2）在"开始"选项卡的"单元格"组中，单击"格式"下拉按钮，在下拉列表中选择"隐藏和取消隐藏"下的"隐藏行"/"隐藏列"命令。

行/列被隐藏后，其行号/列标也被隐藏。例如，在 B 列和 D 列的列标之间出现"双竖线"隐藏标记，表示 C 列被隐藏，如图 8-7 所示。

图 8-6 选择性粘贴　　　　图 8-7 隐藏列

2）取消隐藏行/列

某行/列被隐藏后，使用以下三种常用操作方法，可以取消其隐藏状态。

（1）将鼠标指针移向"双竖线"隐藏标记，变为 ╫ 时向下/向右拖动鼠标，从而使隐藏的行/列显示出来。

（2）选中若干连续的行/列（其中包含被隐藏的行/列），右击选中的行/列，然后在快捷菜单中选择"取消隐藏"命令。

（3）选中若干连续的行/列（其中包含被隐藏的行/列），在"开始"选项卡的"单元格"组中，单击"格式"下拉按钮，在下拉列表中选择"隐藏和取消隐藏"下的"取消隐藏行"/"取消隐藏列"命令。

注意：如果想要将工作表中的所有隐藏行/列同时显示出来，可以全选所有单元格，再选择"取消隐藏行"/"取消隐藏列"命令。

【案例 8-2】打开"案例 8-2 行、列和单元格的基本操作.xlsx"工作簿，在"股票"工作表中有一个记录股票操作明细的数据列表，按下列要求完成工作表的基本操作。

（1）删除第 1563~1800 行和第 1805~1854 行，要求整行删除。

（2）将 A1:J2 单元格区域复制到 M1:V2 区域中，要求同时复制原列的列宽。

（3）将该数据列表中的第781行到最后一行的单元格移动到M1:V2区域下方（仅需移动包含数据的单元格）。

（4）将橙色底纹的单元格插入到A3:J3单元格区域的上方；将黄色底纹的单元格复制到橙色单元格区域的下方。

（5）隐藏最后四行数据。

【操作步骤】 操作视频见二维码8-2。

（1）同时选中1563～1800行和第1805～1854行，删除行。

①在"名称框"中输入"A1563"，按住Enter键，快速定位到A1563单元格。

二维码8-2

②单击行号"1563"，按住Shift键；单击行号"1800"，按住Ctrl键；单击行号"1805"，按住Shift键；单击行号"1854"。

③在选中区域任意位置右击，在快捷菜单中单击"删除"命令。

（2）选中A1:J2区域，按下快捷键Ctrl+C，单击M1单元格，单击"开始"选项卡→"剪贴板"组→"粘贴"下拉按钮→"保留源格式"选项。

（3）选中该数据列表中的第781行到最后一行的单元格，移动单元格区域。

①在"名称框"中输入"A781"，按下Enter键，快速定位到A781单元格。

②选中A781:J781区域，按下快捷键Ctrl+Shift+，从而快速选中A781:J1566区域（该数据列表的最后一行为1566行）。

③按下快捷键Ctrl+X，单击M3单元格，再按下快捷键Ctrl+V。

（4）选中橙色底纹的单元格区域，按下快捷键Ctrl+X，右击A3单元格，在快捷菜单中选择"插入剪切的单元格"命令；选中黄色底纹的单元格区域，按下快捷键Ctrl+C，右击A7单元格，在快捷菜单中选择"插入复制的单元格"命令，在"插入粘贴"对话框中，单击"活动单元格下移"单选按钮，单击"确定"按钮。

（5）按下快捷键Ctrl+，快速跳转到数据列表的最后一行；选中第785～788行，右击选中的行，在快捷菜单中选择"隐藏"命令。

8.3

工作簿与多工作表操作

Excel工作簿中的数据是以工作表为基本单位进行分类和处理的。例如，要对某公司一年四个季度销售情况的数据进行存储和分析，可以将其分别存放于一个工作簿的四个工作表中，然后通过不同的视图方式进行多工作表的数据操作和处理；为了保证数据安全，还可以为工作簿和工作表设置隐藏和保护功能。

8.3.1 多工作表操作

当工作簿中的若干个工作表具有相同的数据输入和格式设置需求时，可以将多个工作表组合成工作组，通过工作组快速实现数据内容和格式的编辑，提高工作效率。

1. 将多个工作表组合为工作组

通过以下常用的三种方法，可以将工作簿中的多个工作表同时选中，从而组合成一个工作组。

（1）单击要选择的某个工作表标签，按住 Ctrl 键，再依次单击并选择其他工作表标签，可同时选中多个不连续的工作表。

（2）单击要选择的第一个工作表标签，按住 Shift 键，再单击要选择的最后一个工作表标签，可快速选中多个连续的工作表。

（3）如果要将工作簿中的所有工作表都选中，可以右击任意工作表标签，在快捷菜单中选择"选定全部工作表"命令。

如果要取消已组合的工作组，可以单击工作组以外的任意工作表标签；或者右击工作组中的任意工作表标签，在快捷菜单中选择"取消组合工作表"命令。

2. 通过工作组实现快速填充

1）为多工作表快速输入数据/设置格式

将多个工作表组合成一个工作组后，在工作组的任意工作表中输入数据/设置格式，即可为工作组中的所有工作表同步输入数据/设置格式。

2）将工作表中的已有的数据内容/格式填充到其他工作表中

如果要将某个工作表中已编辑好的数据内容或格式快速复制到其他若干个工作表中，可以通过"填充成组工作表"功能实现操作。

例如，将 sheet1 工作表的 A5:C6 单元格区域中的数据内容（不包括格式）快速复制到 sheet2 和 sheet4 工作表中，具体操作步骤如下：

（1）选中 sheet1 工作表中的 A5:C6 单元格区域，再依次选中 sheet2 和 sheet4 工作表。

（2）在"开始"选项卡的"编辑"组中单击"填充"下拉按钮，在下拉列表中选择"成组工作表"命令。

（3）在"填充成组工作表"对话框中，单击"内容"单选按钮，即可将 A5:C6 单元格区域中的数据内容复制到 sheet2 和 sheet4 工作表的 A5:C6 单元格区域中，如图 8-8 所示。同理，也可以单击"全部"或"格式"单选按钮，实现全部内容（包含数据与格式）填充或仅格式填充。

图 8-8　在工作组中填充内容

【案例 8-3】打开"案例 8-3 多工作表操作 .xlsx"工作簿，利用"工作组"功能，完成以下操作。

（1）将"蔬菜类"工作表中的格式快速填充到"海鲜类"和"肉类"工作表中。

（2）将"蔬菜类"工作表 B1:F1 单元格区域中的数据和格式都填充到"水果类"工作表中。

（3）在四个工作表的 F1 单元格中均输入"销售合计（斤）"文字。

【操作步骤】操作视频见二维码 8-3。

（1）通过"工作组"进行格式填充。

①在"蔬菜类"工作表中，单击任意空白单元格，按下快捷键 Ctrl+A，然后按住 Ctrl 键，分别单击"海鲜类"和"肉类"工作表标签。

②单击"开始"选项卡→"编辑"组→"填充"下拉按钮→"成组工作表"命令，打开"填充成组工作表"对话框，单击"格式"单选按钮，单击"确定"按钮。

二维码 8-3

（2）通过"工作组"进行内容填充。

①在"蔬菜类"工作表中，选中 B1:F1 单元格区域，然后按住 Ctrl 键，单击"水果类"工作表标签。

②单击"开始"选项卡→"编辑"组→"填充"下拉按钮→"成组工作表"命令，打开"填充成组工作表"对话框，默认选择"全部"单选按钮，单击"确定"按钮。

（3）单击"蔬菜类"工作表标签，按住 Shift 键，再单击"肉类"工作表标签，在 F1 单元格中输入"销售合计（斤）"，按下 Enter 键。

8.3.2 隐藏和保护工作簿

通过对工作簿进行隐藏和保护设置，可以有效防止工作簿的结构和数据被误操作、恶意修改或删除。

1. 隐藏工作簿

当多个工作簿被打开时，可以通过隐藏工作簿的功能，设置仅显示当前需要的工作簿，隐藏暂时不作编辑的工作簿。

具体操作步骤如下：打开要隐藏的工作簿窗口，在"视图"选项卡的"窗口"组中，单击"隐藏"按钮，该窗口即被隐藏。重复使用该方法可依次将多个工作簿窗口隐藏。

如果要取消某个工作簿的隐藏状态，在"视图"选项卡的"窗口"组中，单击"取消隐藏"按钮，在"取消隐藏"对话框中，可选择需要恢复显示的工作簿，如图 8-9 所示。

2. 保护工作簿

1）保护工作簿的结构

使用"保护工作簿结构"功能，可以有效防止工作簿的结构被他人修改，例如，工作表的新增、删除、移动、复制、隐藏和重命名等多种操作都将被限制。通过以下两种常用操作方法，可以启动保护工作簿结构的功能。

（1）在"审阅"选项卡的"更改"组中，单击"保护工作簿"按钮，打开"保护结构和窗口"对话框，如图 8-10 所示，单击"确定"按钮即可完成保护设置；若在对话框中输入密码，则后期要取消该保护功能，须进行密码验证。

图 8-9 "取消隐藏"对话框

图 8-10 "保护结构和窗口"对话框

（2）在"文件"选项卡中选择"信息"命令，然后在"信息"窗格中单击"保护工作簿"下拉按钮，在下拉列表中选择"保护工作簿结构"命令。

注意：在 Excel 2016 软件版本中，保护工作簿的功能仅用于保护工作簿的"结构"不被改动，保护工作簿"窗口"的功能不可用。

2）对工作簿加密

对工作簿设置加密，可以防止他人随意打开工作簿、查看或修改其中内容。通过以下两种常用操作方法，可以启动工作簿加密的功能。

（1）在"文件"选项卡中选择"信息"命令，然后在"信息"窗格中单击"保护工作簿"下拉按钮，在下拉列表中选择"用密码进行加密"命令，打开"加密文档"对话框，在其中输入密码，保存设置并关闭文档。完成以上设置，则用户下次打开该工作簿，需要通过密码验证。

（2）在"文件"选项卡中选择"另存为"命令，在"另存为"窗格中单击"浏览"选项，打开"另存为"对话框，单击对话框右下方的"工具"下拉按钮，在下拉列表中选择"常规选项"，在"常规选项"对话框中，可以分别设置"打开权限密码"和"修改权限密码"。完成以上设置，则用户下次打开该工作簿或编辑工作簿内容，均需要通过密码验证。

如果要取消加密功能，只要再次打开"加密文档"对话框或"另存为"对话框，将之前设置的密码删除即可。

【案例8-4】打开"案例8-4 隐藏和保护工作簿.xlsx"工作簿，按下列要求完成操作。

（1）该工作簿已被设置了工作簿"结构"的保护功能，密码为"8.3.2"，请取消该保护功能。

（2）为该工作簿设置修改权限，使得用户在通过密码（密码为"8.3.2"）验证后才能对该工作簿进行编辑，否则仅能以"只读"的方式打开该工作簿。

【操作步骤】操作视频见二维码8-4。

（1）取消工作簿的"结构"保护功能。

①单击"审阅"选项卡→"更改"组→"保护工作簿"按钮。

②在"撤销工作簿保护"对话框中，输入密码"8.3.2"，单击"确定"按钮。

二维码8-4

（2）为工作簿设置修改权限。

①单击"文件"选项卡→"另存为"命令，在"另存为"窗格中，单击"浏览"选项。

②在"另存为"对话框中，单击"工具"下拉按钮→"常规选项"命令。

③在"常规选项"对话框中，单击"修改权限密码"框，输入"8.3.2"，单击"确定"按钮；在"确认密码"对话框中，再次输入"8.3.2"并单击"确定"按钮。

④在"另存为"对话框中，单击"保存"按钮。

⑤在"确定另存为"对话框中，单击"是"按钮。

⑥关闭工作簿，保存对工作簿所作的更改。

8.3.3　隐藏和保护工作表

对于工作簿中的不同工作表，可以根据实际应用需求，分别为其设置隐藏效果和个性化的保护功能。

1. 隐藏/显示工作表

如果希望某个工作表标签不在工作簿中显示出来，可以为该工作表设置隐藏效果。

1）隐藏工作表

右击要隐藏的工作表，在快捷菜单中选择"隐藏"命令，即可隐藏该工作表；也可以使用以上方法，同时选中多个工作表执行隐藏操作。

注意：不能将工作簿中的所有工作表都隐藏，工作簿中至少要有一个工作表是可视的。

2）取消工作表的隐藏

右击工作簿中的任意工作表，在快捷菜单中选择"取消隐藏"命令，在打开的"取消隐藏"对话框中可以看到该工作簿中所有被隐藏的工作表，在"取消隐藏工作表"列表框中选择需要取消隐藏的工作表。

191

除了以上方法，在"开始"选项卡的"单元格"组中，单击"格式"下拉按钮，在"隐藏和取消隐藏"的下级菜单中选择合适的命令，也可以设置工作表的隐藏与显示。

2. 保护工作表

通过对工作表设置保护功能，可以对工作表中的数据输入、格式设置、行/列编辑等操作进行限制，有效防止工作表被误操作或被他人修改编辑。

1）启动"保护工作表"功能

在"审阅"选项卡的"更改"组中单击"保护工作表"按钮，打开"保护工作表"对话框，在其中完成保护操作的设置，即可启动"工作表保护"功能，从而限制用户对工作表的操作。

例如，在"保护工作表"对话框中，如图 8-11 所示，设置了仅允许用户对工作表执行"选定单元格"和"设置单元格格式"的操作，那么其他操作如设置行/列格式、插入行/列等，将被限制执行。

保护工作表的功能启动后，在"审阅"选项卡的"更改"组中单击"撤销工作表保护"按钮，输入取消保护的密码，即可取消工作表保护功能。若此前未在"保护工作表"对话框中设置"取消保护"的密码，单击"撤销工作表保护"按钮即可取消保护工作表的功能。

图 8-11　"保护工作表"对话框

2）限制数据编辑

（1）不允许在工作表的任意单元格中编辑数据。

在"设置单元格格式"对话框的"保护"选项卡中，可以查看单元格的"保护"属性，如图 8-12（a）所示。默认情况下，工作表中的每个单元格都具有"锁定"保护属性。

未启动"保护工作表"功能前，工作表中的所有单元格均允许输入数据。在启动"保护工作表"功能后，工作表中的所有单元格都会被锁定，不再允许用户输入和编辑任何数据，若在单元格中输入数据会出现如图 8-12（b）所示的警告消息。

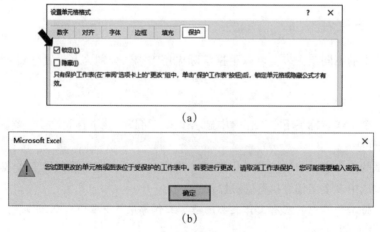

(a)

(b)

图 8-12　限制数据编辑

(a) 默认勾选"锁定"复选框；(b) 警告信息

（2）不允许在工作表的部分单元格中编辑数据。

如果某个单元格未被设置"锁定"保护属性，那么即使启动"工作表保护"功能，该单元格依旧可以输入数据。在工作表中，若为部分单元格设置"锁定"保护属性，而其他单元格未设置"锁定"保护属性，启动工作表保护功能后，即可对这部分单元格数据实现保护功能，限制输入、修改和删除等操作。

例如，在某个工作表中，要求"A11:C50"单元格区域不允许输入和修改数据，而其他单元格不限制数据输入，具体操作步骤如下：

①选中并右击工作表中的所有单元格，在快捷菜单中选择"设置单元格格式"命令，在"设置单元格格式"对话框的"保护"选项卡中，取消勾选"锁定"复选框。

②选择需要限制输入的单元格区域，如"A11:C50"，打开"设置单元格格式"对话框，在"保护"选项卡中勾选"锁定"复选框。

③在"审阅"选项卡的"更改"组中，单击"保护工作表"按钮。

（3）仅允许在工作表的部分单元格中编辑数据。

如果工作表被保护、限制操作的同时，希望部分单元格还允许编辑数据，可以在启动保护工作表功能之前，事先指定允许编辑的单元格区域，具体操作步骤如下：

①在"审阅"选项卡的"更改"组中，单击"允许用户编辑区域"按钮，打开如图8-13所示的对话框。

②在"允许用户编辑区域"对话框中，单击"新建"按钮，可以指定工作表中允许编辑的区域范围和解锁该区域的密码（也可不设密码）。通过多次"新建"区域，可以指定多个允许编辑的单元格区域，并为其分别设置解锁密码。

3）隐藏编辑栏内容

如果工作表被保护、限制操作的同时，不希望部分单元格中的原始数据在编辑栏中显示，可以事先为这部分单元格设置"隐藏"保护属性，再启动保护工作表的功能。

例如，在一个工作表中，要隐藏D2:D6单元格区域中的所有公式内容，具体操作步骤如下：

（1）选中要隐藏公式的单元格区域D2:D6，右击选中的区域，在快捷菜单中选择"设置单元格格式"命令。

（2）在"设置单元格格式"对话框的"保护"选项卡中，勾选"隐藏"复选框。

（3）在"审阅"选项卡的"更改"组中，单击"保护工作表"按钮。

完成以上设置后，单击D2:D6区域中的任意单元格，在编辑栏中显示的内容均为空，如图8-14所示。

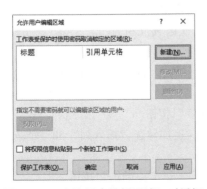

图8-13　"允许用户编辑区域"对话框　　　　图8-14　隐藏公式

【案例8-5】打开"案例8-5隐藏和保护工作表.xlsx"工作簿，按下列要求完成操作。

（1）对"海鲜类"工作表做一个复制备份，备份的工作表放置于"肉类"工作表的右侧，并将其隐藏。

（2）在"海鲜类"工作表中，启动保护工作表功能，要求：不允许在A1:A9和B1:F1单元格区域中进行数据输入和修改；其他单元格允许输入和修改数据。设置该工作表的保护密码为"8.3.3"。

（3）在"肉类"工作表中，启动保护工作表功能，要求：对于A1:F9单元格区域，通过密码（密码为"01"）验证后可允许输入和修改数据；其他单元格不允许输入和修改数据、工作表中允许执行"选定单元格"和"插入行/列"操作。设置该工作表的保护密码为"8.3.3"。

（4）在"蔬菜类"工作表中，启动保护工作表功能，要求：隐藏且不允许修改F2:F47单元格区域中的公式内容，其他单元格允许输入和修改数据。设置该工作表的保护密码为"8.3.3"。

【操作步骤】操作视频见二维码8-5。

（1）复制工作表，设置工作表隐藏。

①右击"海鲜类"工作表标签，在快捷菜单中单击"移动或复制"命令，打开"移动或复制"对话框，在"下列选定工作表之前"列表框中选择"（移至最后）"，勾选"建立副本"复选框，单击"确定"按钮，生成"海鲜类（2）"备份工作表。

二维码8-5

②右击"海鲜类（2）"工作表标签，在快捷菜单中单击"隐藏"命令。

（2）在"海鲜类"工作表中，为A1:A9和B1:F1单元格区域进行"锁定"保护。

①单击工作表中任意空白单元格，按下快捷键Ctrl+A选中所有单元格，右击，在快捷菜单中单击"设置单元格格式"命令，打开"设置单元格格式"对话框，单击"保护"选项卡→"锁定"复选框，取消"锁定"的勾选，单击"确定"按钮。

②选中F2:F47区域，再次打开"设置单元格格式"对话框，在"保护"选项卡中单击"锁定"复选框和"隐藏"复选框，以勾选"锁定"和"隐藏"功能，单击"确定"按钮。

③单击"审阅"选项卡→"更改"组→"保护工作表"按钮，打开"保护工作表"对话框，输入密码"8.3.3"，单击"确定"按钮；在"确认密码"对话框中，再次输入密码"8.3.3"，单击"确定"按钮。

（3）在"肉类"工作表中，将A1:F9单元格区域设置为允许用户编辑区域。

①选中A1:F9单元格区域，单击"审阅"选项卡→"更改"组→"允许用户编辑区域"按钮。

②在"允许用户编辑区域"对话框中，单击"新建"按钮。

③在"新区域"对话框中，"引用单元格"框已默认区域范围为"=$A$1:$F$9"；在"区域密码"框中输入"01"，单击"确定"按钮。

④在"确认密码"对话框中，再次输入密码"01"，单击"确认"按钮；在"允许用户编辑区域"对话框中单击"确定"以关闭对话框。

⑤单击"审阅"选项卡→"更改"组→"保护工作表"按钮。

⑥在"保护工作表"对话框中，输入密码"8.3.3"，追加勾选"插入列"和"插入行"复选框，然后单击"确定"按钮。

⑦在"确认密码"对话框中，再次输入密码"8.3.3"，单击"确定"按钮。

（4）在"蔬菜类"工作表中，为F2:F47区域设置"公式隐藏"保护功能。

①单击工作表中任意空白单元格，按下快捷键Ctrl+A，右击，在快捷菜单中单击"设置单

元格格式"命令，打开"设置单元格格式"对话框，单击"保护"选项卡→"锁定"复选框，取消"锁定"的勾选，单击"确定"按钮。

②选中 F2:F47 区域，再次打开"设置单元格格式"对话框，在"保护"选项卡中，单击"锁定"复选框和"隐藏"复选框，以勾选"锁定"和"隐藏"功能，单击"确定"按钮。

③单击"审阅"选项卡→"更改"组→"保护工作表"按钮，打开"保护工作表"对话框，输入密码"8.3.3"，单击"确定"按钮，在"确认密码"对话框中，再次输入密码"8.3.3"，单击"确定"按钮。

8.3.4 窗口视图控制

如果需要对多个工作簿/工作表、工作表中不同部分的数据内容进行同屏比较和处理，可以使用窗口视图控制功能，对窗口的查看、排列和拆分等进行合理的视图效果设置。

1. 设置显示比例

在"视图"选项卡的"显示比例"组中，通过"显示比例""100%"和"缩放到选定区域"这三个按钮，实现对窗口显示内容的缩放设置。

1) 设定显示比例数值

单击"显示比例"按钮，可以选择常见的显示比例，如"200%""50%"等，也可以自定义设置显示比例数值。

2) 快速恢复至标准大小

单击"100%"按钮，可以让窗口中显示的内容快速恢复至100%显示比例，即标准大小。

3) 缩放到选定区域

选中单元格区域后，单击"缩放到选定区域"按钮，Excel 软件可以根据选定的区域大小，自动调整窗口中内容的显示比例。

2. 新建窗口

默认情况下，Excel 仅使用一个窗口打开一个工作簿文件，同一时刻在屏幕上只能展现工作簿中的部分单元格区域的内容。通过新建窗口的方式，可以实现多个窗口打开同一个工作簿文件，打开的窗口标题名分别为"工作簿名：1""工作簿名：2""工作簿名：3"……等，这些窗口可以分别展示同一个工作簿中不同工作表或不同单元格区域的内容。多个窗口同屏排列，可以更便利地对该工作簿不同区域中的数据进行查看、比较和编辑，通过任意窗口对数据所进行的编辑操作，都能保存到此工作簿文件中。

例如，要同屏显示同一个工作簿（工资.xlsx）中的"sheet1"和"sheet2"工作表的内容，以方便查看和对比两个工作表中的数据。具体操作步骤如下：打开"工资.xlsx"工作簿，然后在"视图"选项卡的"窗口"组中单击"新建窗口"按钮，即可在另一个新窗口中再次打开该Excel工作簿。那么，两个标题名分别为"工资.xlsx:1"和"工资.xlsx:2"的窗口即可同时排列于屏幕上，这两个窗口可分别显示"sheet1"和"sheet2"工作表中的内容。

3. 多窗口查看方式

当多个 Excel 窗口被打开时，可以使用以下方式在屏幕上便捷地对这些窗口进行切换和排列。

1) 切换窗口

在"视图"选项卡的"窗口"组中，单击"切换窗口"下拉按钮，当前打开的所有 Excel 窗口都会出现在下拉列表中，单击一个任意窗口名称即可快速切换到该窗口界面，如图 8-15 所示。

2）并排查看

使用“并排查看”功能，可以将两个窗口以上下并行排列的方式同时显示在屏幕上，且可以实现滚动条的同步滚动，方便对两个窗口的相同单元格区域进行并列对比。

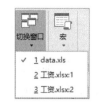

图 8-15 “切换窗口”下拉列表

例如，已打开若干个 Excel 窗口，由于需要进行数据比较，要求实现“分店 1 销售量 . xlsx”和“分店 2 销售量 . xlsx”这两个工作簿窗口的并排查看效果。具体操作方法如下：先选择“分店 1 销售量 . xlsx”窗口，将其切换为当前活动窗口；然后在“视图”选项卡的“窗口”组中单击“并排查看”按钮，打开“并排比较”对话框，在其中选择“分店 2 销售量 . xlsx”窗口，即可将“分店 1 销售量 . xlsx”和“分店 2 销售量 . xlsx”两个窗口上下并行排列。此时，“同步滚动”功能会自动生效，拖动滚动条可同时控制两个窗口的数据滚动。

如果要取消并排查看或同步滚动的功能，只需在“视图”选项卡的“窗口”组中单击“并排查看”/“同步滚动”按钮即可。

3）全部重排

在“视图”选项卡的“窗口”组中，单击“全部重排”按钮，打开如图 8-16 所示的“重排窗口”对话框，选择一种排列方式即可实现窗口的重新排列。

在“重排窗口”对话框中，若不勾选“当前活动工作簿的窗口”复选框，则对所有打开的 Excel 窗口实现排列；若选中该复选框，则仅对当前活动工作簿的窗口实现排列，例如，当前活动窗口为“工资 . xlsx：1”，则仅对“工资 . xlsx：1”“工资 . xlsx：2”“工资 . xlsx：3”这些当前活动工作簿的窗口进行排列，其他窗口不参与排列。

4. 冻结窗格

当工作表中的数据量较大时，浏览数据通常需要拖动水平/垂直滚动条。但是，屏幕上的行/列标题时常会随着滚动条的滑动而“消失”，不利于用户对数据内容的阅读和理解。使用“冻结窗格”功能，可以锁定工作表中的部分行/列，使其在屏幕上始终保持可见、不受滚动条的控制。以下介绍冻结/取消冻结窗格的常用操作方法。

1）冻结行/列

先选中一个单元格，在“视图”选项卡的“窗口”组中，单击“冻结窗格”下拉按钮，在下拉列表中选择“冻结拆分窗格”命令，则活动单元格所在行/列的上方行/左侧列均会被冻结。例如，选中 C3 单元格后，执行冻结拆分窗格命令，可将 A、B 列和 1、2 行冻结，使其在屏幕上始终可见，如图 8-17 所示。

图 8-16 “重排窗口”对话框

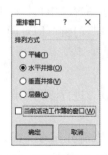

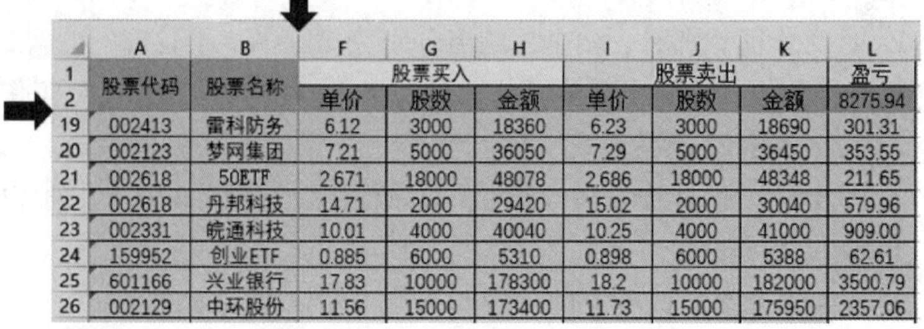

	A	B	F	G	H	I	J	K	L
1	股票代码	股票名称	股票买入			股票卖出			盈亏
2			单价	股数	金额	单价	股数	金额	8275.94
19	002413	雷科防务	6.12	3000	18360	6.23	3000	18690	301.31
20	002123	梦网集团	7.21	5000	36050	7.29	5000	36450	353.55
21	002618	50ETF	2.671	18000	48078	2.686	18000	48348	211.65
22	002618	丹邦科技	14.71	2000	29420	15.02	2000	30040	579.96
23	002331	皖通科技	10.01	4000	40040	10.25	4000	41000	909.00
24	159952	创业ETF	0.885	6000	5310	0.898	6000	5388	62.61
25	601166	兴业银行	17.83	10000	178300	18.2	10000	182000	3500.79
26	002129	中环股份	11.56	15000	173400	11.73	15000	175950	2357.06

图 8-17 冻结拆分窗格

2）冻结首行/首列

选中任意单元格，单击"冻结窗格"下拉按钮，在下拉列表中选择"冻结首行/冻结首列"命令，即可将工作表中的第一行/第一列冻结。

3）取消冻结窗格

如果要取消已经设置的冻结窗格效果，可以单击"冻结窗格"下拉按钮，在下拉列表中选择"取消冻结窗格"命令。

5. 拆分窗口

在"视图"选项卡的"窗口"组中，单击"拆分"按钮，可以在当前工作表中添加水平拆分条和垂直拆分条，将窗口分为四个窗格，拖动拆分条可以调整窗格大小，每个窗格都可以通过拖动滚动条来显示工作表中的不同区域的内容，如图8-18所示。再次单击"拆分"按钮则可以取消窗口的拆分。

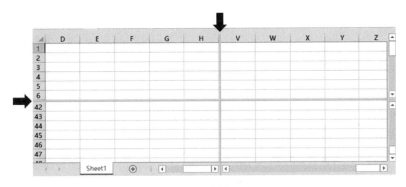

图 8-18　拆分窗格

【案例 8-6】打开"案例 8-6 窗口视图控制.xlsx"工作簿，按下列要求完成操作。

（1）在"蔬菜类"工作表中，锁定工作表的第 1~3 行，使之在滚动浏览时始终可见。

（2）设置"海鲜类"工作表的窗口视图，保持第 1 行和第 1 列在滚动阅读数据时总是可见。

【操作步骤】操作视频见二维码 8-6。

（1）在"蔬菜类"工作表中，单击 A4 单元格，单击"视图"选项卡→"窗口"组→"冻结窗格"下拉按钮→"冻结拆分窗格"命令。

（2）在"海鲜类"工作表中，单击 B2 单元格，单击"视图"选项卡→"窗口"组→"冻结窗格"下拉按钮→"冻结拆分窗格"命令。

二维码 8-6

8.4 数据的输入和输出

对数据进行处理前，首先要在工作表中手动输入数据，或从其他数据源获取数据并导入工作表中。经过编辑和处理后的数据可以通过打印设备实现纸质输出。

8.4.1　数据的输入

在 Excel 工作表中可以输入多种不同类型的数据，也可以通过复制和序列填充等方式快速生成数据。

1. 在活动单元格中输入和修改数据

在单元格中键入数据后，可以确认输入或取消输入。数据确认输入后，还可以修改其内容。

1）确认输入数据

在 Excel 活动单元格中输入数据内容后，可以通过以下三种常用操作方法，确认数据的输入。

（1）单击"编辑栏"左侧的"输入"按钮 ✓，活动单元格不变。

（2）按下 Enter 键，活动单元格下移。

（3）按下方向键，例如，按下"→"方向键，活动单元格右移。

2）取消输入数据

在 Excel 活动单元格中输入数据内容且还未确认输入之前，可以通过以下两种常用操作方法，取消数据的输入。

（1）单击"编辑栏"左侧的"取消"按钮 ✕。

（2）按下"Esc"键。

3）修改数据

在单元格中输入数据并确认后，若要修改数据内容，可以通过以下三种常用操作方法，实现数据内容的修改。

（1）双击单元格，进入数据编辑状态，即可在单元格中修改数据内容。

（2）单击单元格，然后在编辑栏中修改单元格数据内容。

（3）单击单元格后直接输入数据，则新输入的数据将覆盖该单元格中原有的数据。

2. 在多个单元格中同时输入数据

使用以下两种常用操作方法，可以快速在多个单元格中同时输入数据。

（1）选中多个单元格，输入数据后，按下快捷键 Ctrl+Enter，这些单元格将被同时输入相同的数据内容。

（2）先在一个单元格中输入数据，按下快捷键 Ctrl+C，然后选中多个单元格，再按下快捷键 Ctrl+V，可将该数据同时输入多个单元格中。

3. 输入不同类型的数据

在 Excel 工作表中可以输入数值型、文本型和日期型等多种类型的数据。Excel 软件会根据单元格中的数据内容，自动识别其数据类型。

1）输入数值型数据

在单元格中输入的数值型数据，除了可以包含数字 0~9 之外，还可以包含小数点、正负号、货币符号和千位分隔符等符号，也可以使用科学记数法来表示。例如，12.3、-33、￥12.50、1,000、5.0E+10 等数据，都可以被 Excel 识别为数值类型。数值型数据在 Excel 工作表中可以参与各种算术运算，默认情况下以右对齐方式显示。

常见数值型数据的输入以及在单元格中的显示效果见表 8-1。

表 8-1　常见数值型数据的输入和显示

数值型数据	输入说明	示例
整数	当输入的整数位数超过 11 位长度，或者输入的整数位数超过 5 位且单元格宽度不足以显示所有的整数位数时，该整数在单元格中会自动以科学记数法的形式显示	输入身份证号"350103197705240012"，可能显示为"3.5E+17"（小数位数会随着列宽的改变而改变）； 列宽不足时，输入"123456"，可能显示为"1E+05"

续表

数值型数据	输入说明	示例
小数	当单元格的宽度不足以显示所有的小数位数时，单元格会根据宽度自动减少显示的小数位数（四舍五入），或者以科学记数法的形式显示小数	列宽不足时，输入"0.12345"，可能显示为"0.123"； 输入"0.0003"可能显示为"3E-04"
负数	在数字前添加负号或者为数字添加括号	输入-25或（25），将显示为"-25"
分数	在单元格中先输入"0"和一个空格符号，再输入分数。 注意：若直接输入分数，将默认被识别为日期型数据	在单元格中输入"0 2/5"，将显示为"2/5"，与数值0.4等值； 若直接输入"2/5"将显示为"2月5日"

注意：Excel只保留15位有效数字，若输入超过15位长度的数值型数据，从第16位数开始将全部显示为0；若单元格中显示由若干个"#"符号构成的字符串，如"#####"，则表示列宽不足，此时需要调整列宽，使数字正常显示。

2）输入文本型数据

在单元格中输入的文本数据，可以包含字母、汉字、作为字符串处理的数字、空格字符以及其他可打印字符，如weekday、第1周、1-50、CZ-1等。文本型数据默认情况下以左对齐的方式显示。

在单元格中输入纯数字时，会被识别为数值型数据。例如，在单元格中输入"0050"，则显示为"50"，高位"00"会自动被去除；而且数值在单元格中的显示效果受到数字位数和列宽等因素的影响，例如，列宽不足时，在单元格中输入"87662352"，可能会显示为"8.8E+07"或者"####"。所以在单元格中输入一些不参与算术运算的数字，如身份证号码、学号、银行账号、股票代码、电话号码等，通常会将它们转换为显示效果更稳定的文本型数据。

要在单元格中输入数字并自动将其转换为文本型数据，可以先在单元格中输入英文状态下的单引号"'"字符，然后再输入数字，确认输入后这些数字将以文本类型进行存储和处理。例如，在单元格中输入"'000630"后，按下Enter键确认，单元格中显示为"000630"，数据类型为"文本"且默认左对齐，如图8-19所示。

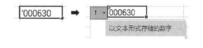

图8-19　文本型数字

3）输入日期型数据

Excel中日期型数据的显示格式有多种，如2010/2/15、2010-2-15、2010年2月15日、15-Feb-10等。日期型数据在Excel系统内部以数值形式存储，从1900年1月1日开始计数。例如，日期"1900年1月1日"存储为数值"1""1900年1月2日"存储为数值"2"、……以此类推。因此，日期型数据的默认对齐方式与数值型数据相同，均为右对齐。

使用快捷键"Ctrl+;"和"Ctrl+Shift+;"，可以在单元格中快速输入当前系统日期和时间。如果在单元格中手动输入日期，最常用的年、月、日分隔符号为"/"或"-"。例如，在单元格中输入"2010/2/10"或"2010-2-10"，Excel会自动将其识别为日期型数据，并提供多种日期型数据的显示格式。通过单元格格式设置，可以在单元格中将"2010/2/10"显示为"2010年2月10日""二〇一〇年二月十日"等日期格式，具体操作方法参见"8.5.1 设置单元格格式"节中的相关介绍。

4）输入逻辑型数据

在单元格中输入逻辑型数据"True"和"False"，可用于表示逻辑值"真"和"假"，默认情况下以居中对齐的方式显示。

4. 填充数据

在 Excel 中使用合适的填充方法，可以在单元格区域中高效地完成内容复制和生成序列等操作，以下介绍四种常用的快速实现数据填充的方法。

1）使用填充柄

选定一个单元格或单元格区域，右下方会出现一个黑色小方块，称为"填充柄"。将鼠标指针移到填充柄上，将出现一个实心十字加号，如图 8-20 所示；此时按住鼠标左键，沿着行/列方向拖动鼠标，可以实现该方向上数据的复制填充或序列填充。释放鼠标后，在单元格区域右下角处会自动出现一个"自动填充选项"下拉按钮，单击该按钮，可在下拉列表中选择各种不同的填充效果，如图 8-21 所示。

图 8-20 使用填充柄填充的结果

图 8-21 填充效果的选择

对于不同类型的数据，拖动填充柄完成填充的效果可能不同，默认情况下，有复制填充和序列填充（如递增序列）两种填充效果。表 8-2 列出了四种常见输入数据的默认填充效果。

表 8-2 不同的数据类型与拖动填充柄的填充效果

输入数据	拖动填充柄默认实现的填充效果	示例
纯文本	实现复制填充	学生、学生、学生、……
纯数字	实现复制填充	101、101、101、……
文本与数字组合	实现递增序列填充	考生 001、考生 002、考生 003、……
日期	实现递增序列填充	2010/2/1、2010/2/2、2010/2/3、……

若单元格中的数据包含数字，按住 Ctrl 键并拖动填充柄，可以实现复制填充和序列填充的相互切换。例如，选中数据为"101"的单元格，按住 Ctrl 键拖动填充柄将生成"101，102，103，……"的递增序列效果；选中数据为"考生 001"的单元格，按住 Ctrl 键拖动填充柄则实现"考生 001、考生 001、考生 001、……"的数据复制效果。

2）使用"填充"下拉按钮

在"开始"选项卡的"编辑"组中，单击"填充"下拉按钮，在下拉列表中选择合适的命令，可以完成以下常用填充操作。

（1）在指定方向上进行数据复制填充：在一个单元格中输入数据后，从该单元格开始选定一个单元格区域，然后在"填充"下拉列表中选择"向下""向右"等指定方向的填充命令，即可在选定的单元格区域内完成该方向上的复制填充。

（2）使用"序列"对话框进行序列填充：在一个单元格中输入序列中的第一个数据后，选中该单元格，在"填充"下拉列表中选择"序列"命令，打开"序列"对话框，设置该序列的各项参数，可在工作表中自动生成等比、等差、日期等不同类型的序列。

例如，要生成如图8-22（a）所示的日期序列，具体操作步骤如下：先在一个单元格中输入序列中的第一个数据"2010年1月5日"，然后选中该单元格，打开"序列"对话框，设置该序列的方向、类型、单位、步长值和终止值，如图8-22（b）所示。若事先已选定一个单元格区域，那么在"序列"对话框中可以不设置终止值，在行/列上填充序列时不会超出该选定区域。

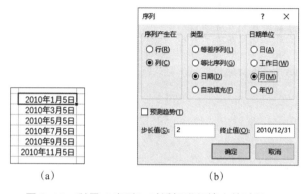

图8-22 利用"序列"对话框进行填充的过程

（a）序列生成效果；（b）"序列"对话框

3）使用内置序列

Excel中提供了一些可以重复使用的内置序列，如"星期日、星期一、星期二、……星期六""甲、乙、丙、……癸""正月、二月、三月……腊月"等。在单元格内输入内置序列中的任意数据，拖动填充柄，即可使用内置数据序列自动完成循环填充。

4）使用自定义序列

在Excel中除了可以使用已存在的内置序列进行填充，还可以将日常使用频率较高的数据序列添加为自定义序列，在数据填充过程中，Excel会自动使用自定义序列完成循环填充。

例如，为了提高工作效率，需要把经常使用的序列"一班、二班、……六班"添加为自定义序列，下面介绍两种常用操作方法。

（1）在"文件"选项卡中选择"选项"命令，打开"Excel选项"对话框，在"高级"选项卡的"常规"组中，单击"编辑自定义列表"按钮，打开"自定义序列"对话框，输入自定义的序列内容"一班、二班、……六班"，各数据之间使用"Enter"键隔开，如图8-23所示，序列输入完毕，单击"添加"按钮，即可完成自定义序列的添加。

（2）若已将序列"一班、二班、……六班"输入单元格区域中，可选中该序列所在单元格区域，然后打开"自定义序列"对话框，单击"导入"按钮，即可快速实现自定义序列的添加。

如果要删除自定义序列，可以打开"自定义序列"对话框，在"自定义序列"列表框中选中该序列，单击"删除"按钮。

【案例8-7】打开"案例8-7数据的输入和选择.xlsx"工作簿，按下列要求完成数据的输入操作。

（1）在"值班表"工作表中，在A2:C2单元格区域中输入以下不同类型的数据："1""第一周""2024/3/10"；在E2单元格中输入"059185774215"；在E11单元格中快速生成当前日期。

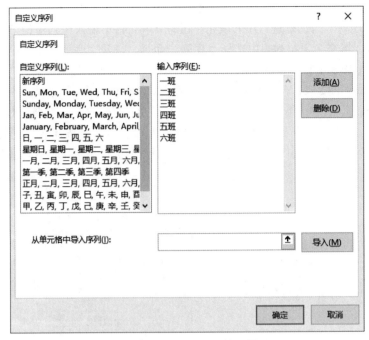

图 8-23 自定义序列的设置

（2）在"序号"列的 A2:A10 区域中，完成数字序列"1，2，3，……9"的填充。

（3）添加自定义序列"第一周，第二周，……第九周"，并在"周次"列的 B2:B10 区域中使用该自定义序列快速完成序列填充。

（4）将"时间安排"列标题更改为"日期安排"。

（5）在"日期安排"列的 C2:C10 区域中，完成等差序列"2024/3/10，2024/3/17，2024/3/24，……"的填充。

（6）在"人员名单"工作表中，使用"快速填充"的功能，将"姓名"列和"职务"列的数据合并填入"姓名职务"列中。

（7）将"人员名单"工作表中 C2:C10 区域的数据复制到"值班表"工作表的 D2:D10 区域中，要求仅复制数据值、不复制格式。

【操作步骤】操作视频见二维码 8-7。

（1）在"值班表"工作表中输入各种不同类型的数据。

①单击 A2 单元格，输入"1"；然后分别选中 B2 和 C2 单元格，输入数据"第一周"和"2024/3/10"。

②单击 E2 单元格，输入"'059185774215"。

③单击 E11 单元格，按下 Ctrl+; 快捷键。

二维码 8-7

（2）在 A3 单元格中输入"2"，选中 A2:A3 区域，拖动填充柄填充到 A10 单元格；单击 A10 单元格右下角的"自动填充选项"下拉按钮→"不带格式填充"命令。

（3）添加自定义序列并完成序列填充。

①单击"文件"选项卡→"选项"命令。

②在"Excel 选项"对话框中，单击"高级"选项卡→"常规"组→"编辑自定义列表"按钮。

③在"自定义序列"对话框中，在"输入序列"框中输入"第一周"，按下 Enter 键，再输

入"第二周"，……，以此类推，直至输入"第九周"，然后单击"添加"按钮。

④选中 B2 单元格，拖动填充柄，将序列填充到 B10 单元格，然后单击区域右下方的"自动填充选项"下拉按钮→"不带格式填充"命令。

（4）双击 C1 单元格，选中"时间"二字，输入替换文字"日期"，按下 Enter 键。

（5）使用"序列"对话框完成等差序列的填充，并恢复原单元格格式。

①选中 C2:C10 区域，单击"开始"选项卡→"编辑"组→"填充"下拉按钮→"序列"命令。

②在"序列"对话框中，设置序列产生在"列"，类型为"等差序列"，在"步长值"框中填入"7"，单击"确定"完成序列填充。

③选中 B2:B10 区域，单击"开始"选项卡→"剪贴板"组→"格式刷"按钮，在 C2:C10 区域拖动，完成格式复制。

④选中 B2:B10 区域，右击该区域，在快捷菜单中单击"设置单元格格式"命令，打开"设置单元格格式"对话框，单击"日期"分类，单击"确定"按钮。

（6）在"人员名单"工作表的 C2 单元格中输入数据"张红主任"，拖动填充柄，将数据填充到 C10 单元格，然后单击单元格区域右下方的"自动填充选项"下拉按钮→"快速填充"命令。

（7）选中"人员名单"工作表的 C2:C10 区域，按下快捷键 Ctrl+C，单击"值班表"工作表标签，右击 D2 单元格，在快捷菜单中单击"粘贴选项"→"值"。

8.4.2 数据的外部获取及处理

在 Excel 工作表中除了可以直接输入数据，还可以通过导入的方式，从文本文件、网页文件以及数据库文件等外部文件中获取数据。下面介绍如何从文本文件和网页文件中导入数据并完成分列操作。

1. 从文本文件导入数据

将文本文件导入 Excel 工作簿中，可以启动"文本导入向导"功能，根据向导提示的步骤进行设置，主要包括定位文本文件、数据分列和设置数据格式等操作步骤。下面以文本文件（产品 . txt）数据导入 Excel 工作表为例，对关键步骤进行介绍。

1）定位文本文件

在"数据"选项卡的"获取外部数据"组中，单击"自文本"按钮，定位到要导入的文本文件"产品 . txt"，启动"文本导入向导"对话框。

2）数据分列

在"文本导入向导-第 1 步，共 3 步"对话框中，根据数据具体内容，选择合适的分列方式导入工作表，有"分隔符号"和"固定列宽"两种方式供选择。

（1）如果选择"分隔符号"单选按钮，则可在"文本导入向导-第 2 步，共 3 步"对话框中，选择或输入具体的分隔符号，如 Tab 键、分号、逗号等多种符号。例如，要将"产品 . txt"文本按照原有两列数据导入工作表，"文本导入向导"将默认使用"Tab 键"分隔符号将数据分为两列导入，如图 8-24 所示。

（2）如果选择"固定列宽"单选按钮，则可以在"文本导入向导-第 2 步，共 3 步"对话框中自定义建立分列线，按指定的列宽对数据进行分列。例如，要将"产品 . txt"文本分为三列导入工作表，在"数据预览"窗格中单击，手动建立两个分列线将数据分为三列，分列线可以通过拖动调整位置，如图 8-25 所示。

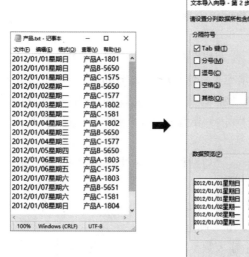

图 8-24　使用"分隔符号"分列

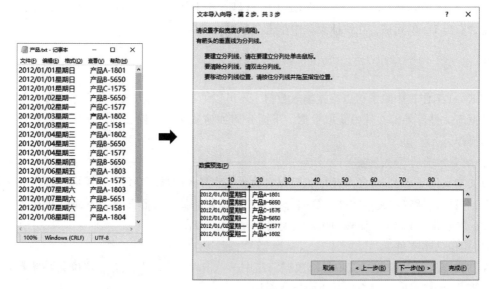

图 8-25　设置"固定列宽"分列

3) 设置数据格式

在"文本导入向导-第3步，共3步"对话框中，默认选择"常规"数据格式，Excel会自动为各列数据选择合适的数据类型导入工作表。如果想要自行指定某列的数据格式，可以在"数据预览"窗格中，单击该列数据，为其指定数据格式。

例如，在图 8-26 所示的对话框中，将第一列数据选中，单击"文本"单选按钮，可以将该列以"文本"类型的数据格式导入工作表。若第一列数据默认选择"常规"单选按钮，则该列导入工作表后将被自动转换为"日期"类型的数据格式。

如果希望某列不被导入工作表，可以在对话框中选中该列，并选择"不导入此列"单选按钮。

2. 从网页文件导入数据

如果要从网站上获取用于统计分析的表格数据，可使用 Excel 软件的"网页文件导入"功

图 8-26 设置导入数据的格式

能，将网页中的表格数据提取到 Excel 工作表中，再对其进行数据编辑。

例如，将"第三次全国农业主要数据普查公报"网页中的"表1 农业生产经营人员数量和结构"表格导入 Excel 工作表，具体操作步骤如下：

（1）在"数据"选项卡的"获取外部数据"组中，单击"自网站"按钮，打开"新建 Web 查询"对话框，在"地址"框输入网址"http://www.stats.gov.cn/tjsj/tjgb/nypcgb/qgnypcgb/201712/t20171215_1563599.html"，单击"转到"按钮，打开该网页。

（2）在表格的左上方单击"黄色箭头框" ⇨，使其变为蓝色"选中"状态 ☑，再单击"导入"按钮，如图 8-27 所示。

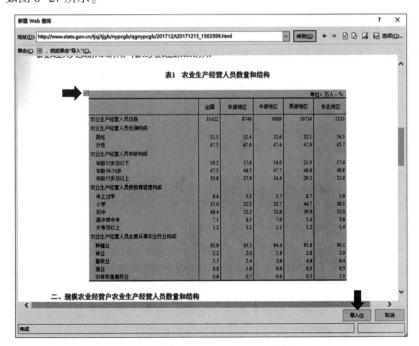

图 8-27 导入网页中的表格数据

（3）在"导入数据"对话框中，设置数据的导入位置，即可将数据导入当前工作表或新工作表中。

3. 数据分列

数据不仅在导入 Excel 工作表的过程中可设置分列，在输入/导入 Excel 工作表后，还可以进行分列操作，其操作方法与将文本文件导入数据时设置分列的方法类似。

例如，要将某工作表中的 C 列数据拆分成 C 列和 D 列两列数据，效果如图 8-28 所示。具体操作步骤如下：选中工作表中的 C 列数据，在"数据"选项卡的"数据工具"组中，单击"分列"按钮，打开"文本分列向导"对话框，第 1 步选择"分隔符号"单选按钮，第 2 步输入连字符"–"作为分隔符号，第 3 步设置各列的数据格式，即可实现数据的分列操作。

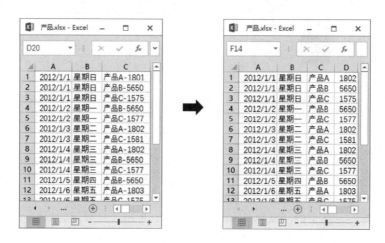

图 8-28　数据分列示例

注意：在对某一列进行数据分列操作之前，需要先确认该列右侧是否有足够的空列数量，用于置放拆分出来的新列数据。若预留空列数量不足，须先插入空列再执行分列操作，否则，拆分操作生成的新列数据将覆盖右列原有数据。

4. 更新与取消外部连接

将数据从外部文件导入 Excel 工作表后，该工作表与外部数据源默认具有连接关系。通过"更新外部连接"功能，可以随时刷新工作表中的数据，使其和外部数据保持一致；如果想要断开与外部数据源的关联，可以设置取消连接关系。

1）更新外部连接

在 Excel 工作簿中，如果有多个工作表与外部数据连接，需要从外部数据源获取更新数据时，可以使用"全部刷新"功能，对工作簿中的所有工作表实现数据更新；也可以使用"刷新"功能对任意一个工作表实现数据更新。

更新外部连接的常用操作方法有以下两种。

（1）在"数据"选项卡的"连接"组中，单击"全部刷新"下拉按钮，在下拉列表中选择"全部刷新"或"刷新"命令。

（2）在"数据"选项卡的"连接"组中，单击"连接"按钮，在"工作簿连接"对话框中单击"刷新"下拉按钮，在下拉列表中选择"全部刷新"或"刷新"命令。

2）取消外部连接

在"数据"选项卡的"连接"组中，单击"连接"按钮，打开"工作簿连接"对话框，选中外部连接的名称，单击"删除"按钮，即可与外部数据源取消连接关系。

【案例 8-8】打开"案例 8-8 数据的外部获取及处理-1.xlsx"工作簿，按下列要求完成网页数据的导入，以及数据列格式转换的操作。

（1）在"全国计算机等级考试考试大纲"工作表中，从 A1 单元格开始，导入网页（网址：https://ncre.neea.edu.cn/html1/report/2306/266-1.htm）中的表格数据。

（2）在"贷款利率调整时间表"工作表中，使用"数据分列"功能，将"调整时间"列从文本数据类型转换为日期数据类型。

【操作步骤】操作视频见二维码 8-8。

（1）在"全国计算机等级考试考试大纲"工作表中，从 A1 单元格开始导入网页数据。

二维码 8-8

①选中 A1 单元格，单击"数据"选项卡→"获取外部数据"组→"自网站"按钮，打开"新建 Web 查询"对话框。

②在"地址"框输入网址"https://ncre.neea.edu.cn/html1/report/2306/266-1.htm"，单击"转到"按钮，打开网页。

③单击表格对象对应的"黄色箭头框"→"导入"按钮，打开"导入数据"对话框，默认选中"现有工作表"单选按钮，下方文本框已定位到"A1"单元格，单击"确定"按钮。

（2）在"贷款利率调整时间表"工作表中，使用"文本分列向导"对话框，完成数据类型转换。

①选中 A2:A36 区域，单击"数据"选项卡→"数据工具"组→"分列"按钮。

②在"文本分列向导"对话框中，使用默认设置，单击"下一步"按钮；再次单击"下一步"按钮；单击"日期"单选按钮，日期格式默认选择"YMD"，单击"完成"按钮。

【案例 8-9】打开"案例 8-9 数据的外部获取及处理-2.xlsx"工作簿，按下列要求将文本数据导入新工作表中，并实现数据分列操作。

（1）将"案例 8-9 客户信息.txt"文本文件中的数据全部导入"客户"工作表中，要求将"编号/客户"列拆分为"编号"和"客户"两列导入，"编号"列和"出生年月"列导入后转换为"文本"数据格式。

（2）在该工作表中，使用"数据分列"功能，将"出生年月"列拆分为"出生年份"和"出生月份"两列。

【操作步骤】操作视频见二维码 8-9。

（1）在"客户"工作表中，导入文本文件中的数据。

二维码 8-9

①单击 A1 单元格，单击"数据"选项卡→"获取外部数据"组→"自文本"按钮。

②在"导入文本文件"对话框中，定位并选择"案例 8-9 客户信息.txt"文件，单击"导入"按钮。

③在"文本导入向导"对话框中，单击"分隔符号"单选按钮，单击"下一步"按钮。

④取消勾选"Tab 键"复选框，勾选"空格"复选框和"其他"复选框，并在"其他"框中输入"/"，单击"下一步"按钮。

⑤选中"编号"列，单击"文本"单选按钮，再选中"出生年月"列，单击"文本"单选按钮，单击"完成"按钮。

⑥在"导入数据"对话框中，选中"现有工作表"单选按钮，单击"确定"按钮。

（2）使用"文本分列向导"对话框，将一列数据分为两列。

①选中并右击 D 列，在快捷菜单中单击"插入"命令，生成一个空列。

②选中 C 列，单击"数据"选项卡→"数据工具"组→"分列"按钮。

③在"文本分列向导"对话框中，单击"固定宽度"单选按钮，单击"下一步"按钮。

④在"数据预览"窗格中单击生成分列线，分割年份和月份文字，单击"完成"按钮。

⑤双击 C1 单元格，修改文本内容为"出生年份"；双击 D1 单元格，修改文本内容为"出生月份"。

8.4.3 数据的验证

为了更高效地控制数据输入，减少数据错误，可以为单元格设置数据验证规则。若输入的数据违反了事先设定的验证规则，将会弹出警告或错误信息，以此控制数据输入的有效性。

1. 设置验证条件

选择要设置数据验证的单元格区域，在"数据"选项卡的"数据工具"组中，单击"数据验证"按钮，打开"数据验证"对话框，在"设置"选项卡中，可以设置输入数据的验证条件，进行文本长度控制、序列限定、设定类型和范围、限制重复数据等数据验证设置。

1) 控制文本长度

通过设置"控制文本长度"数据验证，可以限定单元格中可输入文本字符数的范围。

例如，对某数据列表中的"备注"列设置数据验证，使该列单元格输入的文本长度不超过 10 个字符。具体操作步骤如下：选定"备注"列单元格区域，在"数据验证"对话框的"设置"选项卡中，单击"允许"下拉按钮，从下拉列表中选择"文本长度"选项；再从"数据"下拉列表中选择"小于或等于"选项；在"最大值"框中输入"10"，设置效果如图 8-29 所示。

2) 输入指定序列中的数据

为单元格设置下拉列表，可以限定单元格的输入内容为指定序列中的数据。

例如，对某数据列表中的"学位"列设置数据验证，要求该列单元格中的数据只能从"学士、硕士、博士"序列中选择，单元格下拉列表效果如图 8-30 所示。具体操作步骤如下：选定"学位"列单元格区域，在"数据验证"对话框的"设置"选项卡中，单击"允许"下拉按钮，从下拉列表中选择"序列"选项，在"来源"框中输入序列"学士，硕士，博士"，各序列值之间使用英文逗号","分隔，如图 8-31（a）所示；若工作表某单元格区域中已输入这三个序列值，可直接选定该区域，将序列值导入"来源"框中，如图 8-31（b）所示。

图 8-29 文本长度的设置

图 8-30 下拉列表效果

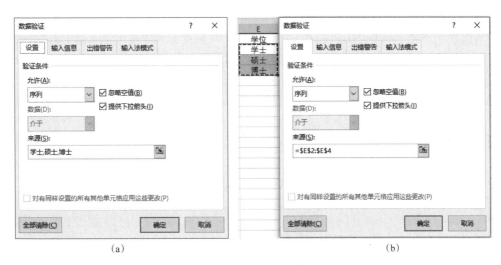

图 8-31　输入序列的设置

（a）序列值的输入；（b）序列值的导入

3）控制数据类型及范围

为单元格区域输入的数据限定数据类型，如允许输入整数、小数和日期等数据类型，同时可指定数值的取值范围，如大于或等于 60、小于 2015/1/1 等。

例如，对某数据列表中的"年龄"列设置数据验证，要求仅允许输入整数，且数值须在 0~65 之间。具体操作步骤如下：选定"年龄"列单元格区域，在"数据验证"对话框的"设置"选项卡中，单击"允许"下拉按钮，从下拉列表中选择"整数"选项，从"数据"下拉列表中选择"介于"选项，在"最小值"和"最大值"框中分别输入"0"和"65"，如图 8-32 所示。

4）控制数据唯一性

通过数据唯一性设置，控制每个数据在指定范围内只能出现一次，可用于防止单元格区域中出现重复数据。

例如，对某数据列表的"身份证号码"列设置数据唯一性，使该列不出现重复身份证号。具体操作步骤如下：选中"身份证号码"列（F 列）中的单元格区域，在"数据验证"对话框的"设置"选项卡中，单击"允许"下拉按钮，从下拉列表中选择"自定义"选项，在"公式"框中输入"= COUNTIF(F : F,F2) = 1"，如图 8-33 所示。

图 8-32　数据类型和取值范围的设置

图 8-33　数据唯一性的设置

其中"COUNTIF"是一个条件计数函数，在本例中使用该函数统计各个单元格数据在 F 列中出现的次数；公式"=COUNTIF(F:F,F2)=1"用于限定在 F 列中每个单元格中的数据仅允许出现一次。关于 COUNTIF 函数的格式和具体用法，可参见"8.6.2 函数"节中的相关介绍。

2. 设置"输入信息"提示

通过"输入信息"设置，可以让用户在输入数据前，单击单元格即可看到输入信息提示，避免输入无效数据。

例如，在某数据列表中单击"备注"列中的单元格，会自动弹出输入信息提示"输入字符不允许超过 10 位!"，如图 8-34（a）所示。具体操作步骤如下：选中"备注"列中的单元格区域，打开"数据验证"对话框，单击"输入信息"选项卡，在"标题"框和"输入信息"框中输入合适的提示文字，如图 8-34（b）所示。

图 8-34　设置"输入信息"提示

（a）输入信息提示效果　（b）"输入信息"的设置

3. 设置出错警告

如果输入的数据违反了数据验证设定的条件，将会弹出"出错警告"对话框以告知用户输入数据错误。"出错警告"对话框有三种样式，分别是"停止""警告"和"信息"，这三种样式对"未能通过验证"的输入数据有不同程度的修正要求，见表 8-3。

表 8-3　三种"出错警告"样式

样式	数据修正要求
停止	输入不符合验证条件的数据，强制要求重新输入或更正
警告	输入不符合验证条件的数据，可以自行决定是否重新输入或更正
信息	输入不符合验证条件的数据，仅弹出提示信息，不作重新输入或更正要求

例如，在某数据列表中，已为"备注"列单元格区域设置验证条件：文本长度不超过 10 个字符。若输入的数据不能满足该验证条件，要求自动弹出"出错警告"对话框，使得用户必须修改文本长度，通过数据验证后方可在单元格中确认输入，如图 8-35（a）所示。具体操作步骤如下：选中"备注"列中的数据区域，在"数据验证"对话框中，单击"出错警告"选项卡，

选择"停止"样式，输入合适的"标题"文字和"错误信息"文字，如图 8-35（b）所示。

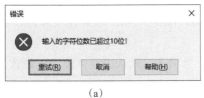

（a）　　　　　　　　　　　　　　　（b）

图 8-35　出错警告的效果和设置

（a）"停止"样式的"出错警告"对话框效果；（b）"出错警告"的设置

【案例 8-10】 打开"案例 8-10 数据验证 xlsx"工作簿，在"订单信息"工作表中，按下列要求完成数据验证设置。

（1）"订单编号"列不允许出现数据重复，否则弹出对话框，标题为"输入错误"，错误信息为"订单号重复，请重新输入！"。

（2）在"发货日期"列输入 2021 年以外的日期，将会弹出"警告"样式的对话框，错误信息为"请核对发货日期！"。

（3）单击"发货地区"列中的单元格，会弹出输入提示信息：仅允许输入"发货范围"工作表中列出的城市。

（4）"发货地区"列只允许填入"发货范围"工作表中所列出的城市，否则弹出错误信息"超出发货范围！"。

（5）"是否已发货"列可以选择填入"是"和"否"两个选项值，当输入其他数据时，将会弹出错误信息"请检查输入内容！"。

【操作步骤】 操作视频见二维码 8-10。

（1）设置"数据唯一性"验证条件和"停止"样式的"出错警告"对话框。

①选中 A2：A20 区域，单击"数据"选项卡→"数据工具"组→"数据验证"按钮。

二维码 8-10

②在"数据验证"对话框中，单击"设置"选项卡→"允许"下拉按钮→"自定义"选项，在"公式"框中输入"=COUNTIF（$A$2：$A$20,A2）=1"。

③在"数据验证"对话框中，单击"出错警告"选项卡，默认选择"停止"样式；在"标题"框中输入"输入错误"，在"错误信息"框中输入"订单号重复，请重新输入！"。

（2）设置"数值范围"验证条件和"警告"样式的"出错警告"对话框。

①选中 C2：C20 区域，打开"数据验证"对话框。

②在"数据验证"对话框中，单击"设置"选项卡→"允许"下拉按钮→"日期"选项，

在"数据"下拉列表中默认选择"介于"选项,在"开始日期"框和"结束日期"框中,分别输入"2021/1/1"和"2021/12/31"。

③在"数据验证"对话框中,单击"出错警告"选项卡→"样式"下拉按钮→"警告"选项;在"错误信息"框中输入"请核对发货日期!"。

(3)选中 D2:D20 区域,打开"数据验证"对话框,单击"输入信息"选项卡,在"输入信息"框中输入以下文字:仅允许输入"发货范围"工作表中列出的城市。

(4)设置"指定序列"验证条件和"停止"样式的"出错警告"对话框。

①选中 D2:D20 区域,打开"数据验证"对话框。

②在"数据验证"对话框中,单击"设置"选项卡→"允许"下拉按钮→"序列"选项,单击"来源"框,选择"发货范围"工作表中的"A1:A8"区域,或者在"来源"框中输入"=发货范围!$A$1:$A$8"。

③在"数据验证"对话框中,单击"出错警告"选项卡,默认选择"停止"样式;在"错误信息"框中输入"超出发货范围!"。

(5)设置"指定序列"验证条件和"信息"样式的"出错警告"对话框。

①选中 F2:F20 区域,打开"数据验证"对话框。

②在"数据验证"对话框中,单击"设置"选项卡→"允许"下拉按钮→"序列"选项;单击"来源"框,输入"是,否"。

③在"数据验证"对话框中,单击"出错警告"选项卡→"样式"下拉按钮→"信息"选项,在"错误信息"框中输入"请检查输入内容!"。

8.4.4 数据的打印输出

Excel工作表中的数据在打印输出前,需要先进行打印设置,包括页面设置、打印范围和打印标题设置等,以确保打印效果合理美观。

1. 页面设置

通过页面设置功能,可以对工作表进行纸张大小、纸张方向、页边距和页眉页脚等设置。

1)设置纸张大小和纸张方向

通过以下三种常用操作方法,可以设置打印纸张大小和打印方向。

(1)在"页面布局"选项卡的"页面设置"组中,单击"纸张方向"和"纸张大小"下拉按钮,在下拉列表中选择合适的选项。

(2)在"页面布局"选项卡的"页面设置"组中,单击右下方的"对话框启动器"按钮,打开"页面设置"对话框,在"页面"选项卡中设置纸张方向和纸张大小。

(3)在"文件"选项卡中选择"打印"命令,在"打印"窗格中,单击"页面方向"和"纸张大小"下拉按钮,在下拉列表中选择合适的选项。

2)设置页边距

与设置纸张大小、纸张方向的方法类似,可以通过"页面设置"组、"页面设置"对话框和"打印"窗格,对纸张页边距进行设置。

在"文件"选项卡中选择"打印"命令,在"打印"窗格中可以更直观地设置页边距大小。如图 8-36 所示,单击窗口右下角的"显示边距"按钮 ▥,在打印页面四周将出现页边距、行和列的多个控点,使用鼠标拖动控点即可便捷地调整各页边距、行高和列宽。

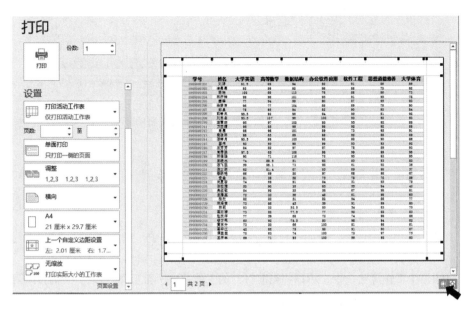

图 8-36　页边距的调整

3）设置页眉/页脚

在 Excel 工作表中添加的页眉/页脚内容，在"普通视图"中不显示，可以通过"打印"窗格或"页面布局"视图来查看页眉/页脚效果。以下介绍两种设置页眉/页脚的常用操作方法。

（1）在"页面布局"选项卡的"页面设置"组中，单击"对话框启动器"按钮，打开"页面设置"对话框，在"页眉/页脚"选项卡中单击"自定义页眉"/"自定义页脚"按钮，打开"页眉"/"页脚"对话框，在其中可以输入文本，插入页码和页数、日期和时间、文件名和图片等对象，如图 8-37 所示。

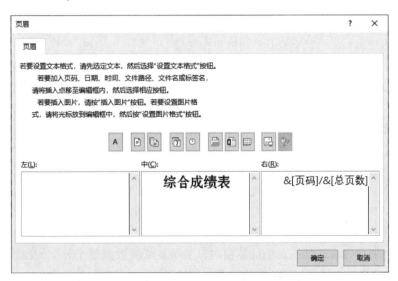

图 8-37　"页眉"对话框

（2）在"插入"选项卡的"文本"组中，单击"页眉和页脚"按钮，当前工作表将进入"页面布局"视图状态，在该视图中可查看、输入和编辑页眉/页脚，如图 8-38 所示。完成页眉和页脚编辑后，可单击窗口状态栏上的"普通"按钮 ▦，返回普通视图页面。

213

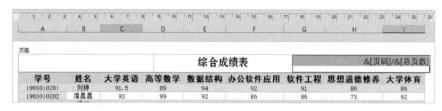

图 8-38　在"页面布局"视图中的页眉编辑

2. 设置打印范围

除了可以将当前工作簿或工作表全部打印输出，还可以设置仅打印工作表中部分单元格区域的数据。

1）打印当前工作表/工作簿

在"文件"选项卡中选择"打印"命令，在"打印"窗格中，选择"打印范围"下拉列表中的"打印活动工作表"命令，可以将当前工作表的数据全部打印输出；在"打印范围"下拉列表中选中"打印整个工作簿"命令，可以将当前打开的工作簿中所有工作表数据全部打印输出。

2）打印工作表中的指定单元格区域

以下介绍如何对工作表中的打印区域进行设置、查看、重设、添加和取消操作。

（1）设置打印区域：选中要打印的单元格区域，在"页面布局"选项卡的"页面设置"组中，单击"打印范围"下拉按钮，在下拉列表中选择"设置打印区域"命令。完成以上设置后执行打印命令，则仅打印指定单元格区域，其他区域不被打印输出。

注意：在"打印"窗格中，如果在"打印范围"下拉列表中选中"忽略打印区域"命令，打印区域设置将失效。

（2）查看打印区域：在"页面布局"选项卡的"页面设置"组中，单击"对话框启动器"按钮，打开"页面设置"对话框，单击"工作表"选项卡，即可在"打印区域"框中查看已设置的打印范围。

（3）重设打印区域：在已经设置打印区域的情况下，再次选定新的单元格区域进行打印区域设置，则新设置的打印区域会自动替换原打印区域。

（4）添加打印区域：将某个单元格区域设置为打印区域后，如果需要添加更多其他打印区域，可以将新增打印的单元格区域选中，然后在"页面布局"选项卡的"页面设置"组中，单击"打印范围"下拉按钮，在下拉列表中选择"添加打印区域"命令，即可完成新增打印区域的添加。对于多次添加的不连续的打印区域，Excel 将自动为这些区域进行分页打印。

（5）取消打印区域：在"页面布局"选项卡的"页面设置"组中，单击"打印范围"下拉按钮，在下拉列表中选择"取消打印区域"命令，可取消已设定的打印区域。

注意：如果只需要打印工作表中的某个图表对象，不采用设置打印区域的方法，只需将该图表选中并打印，即实现仅打印该图表。

3. 设置打印标题

当工作表的打印内容超过一页纸的范围时，为了使纸质数据便于分页阅读，可以通过设置"打印标题"的功能，使每页打印纸张的顶端/左侧都能显示标题行/标题列。

例如，要将某工作表的 A、B 两列设置为每页纸张左侧重复打印的标题列，具体操作步骤如下：在"页面布局"选项卡的"页面设置"组中，单击"打印标题"按钮，打开"页面设置"对话框，单击"工作表"选项卡，将光标定位到"左端标题列"框中，然后拖动鼠标选中工作表中的 A、B 两列，或者在"左端标题列"框中直接输入"$A:$B"，设置效果如图 8-39 所示。

图 8-39 打印标题列的设置

若要将某工作表的第 1~3 行设置为每页纸张上方重复打印的标题行，其操作方法与设置左端标题列相似，将"顶端标题行"框中的内容设置为"$1:$3"。

打印标题设置完毕，在"文件"选项卡中选择"打印"命令，在"打印"窗格中即可查看标题行/标题列在每页纸张上重复打印的效果。

4. 缩放打印页面

通过使用缩放打印的功能，可以实现设置打印缩放比例、调整纸张打印的数据范围、控制打印纸张的张数等操作，使打印效果更美观、合理。下面介绍两种设置缩放打印的常用方法。

1）在"打印"窗格中设置

在"文件"选项卡中选择"打印"命令，在"打印"窗格中单击"缩放选项"下拉按钮，可以选择缩放效果，使整个工作表可以在一页纸张中打印、所有行或列在一页纸张中打印，如图 8-40 所示。

图 8-40 "打印"窗格中缩放效果的设置

2）在"页面设置"对话框中设置

在"页面布局"选项卡的"页面设置"组中，单击"对话框启动器"按钮，或者在"打印"窗格中，选择"缩放选项"下拉列表中的"自定义缩放选项"命令，均可打开"页面设置"对话框。

在"页面设置"对话框的"页面"选项卡中，既可以自定义设置缩放比例，也可以通过设置数据列/行指定打印页数，由 Excel 自动调整打印缩放比例，如图 8-41 所示。

图 8-41　"页面设置"对话框中缩放打印的设置

【案例 8-11】 打开"案例 8-11 打印输出.xlsx"工作簿，在"装修预算"工作表中，按下列要求完成工作表的打印设置。

（1）纸张打印方向为"横向"；在纸张上表格水平且垂直居中打印。

（2）仅打印"一、主卫和次卫"和"二、厨房"的相关数据，要求"一、主卫和次卫"数据和"二、厨房"不在同一页中打印输出。

（3）缩减打印输出使得所有列仅占一页纸张。

（4）每张打印页面的开头均显示第 1、2 行标题。

（5）页眉居中显示"装修预算"文字，页脚右侧显示"页码/总页数"。

【操作步骤】 操作视频见二维码 8-11。

（1）单击"页面布局"选项卡→"页面设置"组→"对话框启动器"按钮，打开"页面设置"对话框，在"页面"选项卡中，单击"横向"单选按钮；在"页边距"选项卡中，分别勾选"水平"和"垂直"复选框。

（2）选中 A1:K31 区域，单击"页面布局"选项卡→"页面设置"组→"打印区域"下拉按钮→"设置打印区域"命令，选中第 18 行，单击"页面布局"选项卡→"页面设置"组→"分隔符"下拉按钮→"插入分页符"命令。

二维码 8-11

（3）单击"文件"选项卡→"打印"命令，打开"打印"窗格，单击"缩放选项"下拉按钮→"将所有列调整为一页"命令。

（4）单击"页面布局"选项卡→"页面设置"组→"打印标题"按钮，打开"页面设置"对话框，单击"顶端标题行"框，选择"装修预算"工作表中的第 1、2 行，或在"顶端标题行"框中输入"$1:$2"。

（5）单击"页面布局"选项卡→"页面设置"组→"对话框启动器"按钮，打开"页面设置"对话框，在"页眉/页脚"选项卡中，单击"自定义页眉"按钮，打开"页眉"对话框，在中部的文本框中输入"装修预算"；同理打开"页脚"对话框，在右侧的文本框中，单击"插入页码"按钮，输入"/"，再单击"插入页数"按钮。

8.5

数据的格式化

为了增强工作表中数据的可读性和美观性，可以在输入数据后对其进行格式化操作。

8.5.1　设置单元格格式

在 Excel 中输入数据后，可以通过单元格格式设置来控制数据的显示效果、实现数据整理和美化表格外观。单元格格式主要包括数字格式、对齐方式、字体格式、边框和填充效果等内容。

1. 设置数字格式

在单元格中输入数字后，默认以"常规"数字格式显示。通过格式设置，可以将单元格中的数字以不同的方式进行显示和处理，例如，可以将数字转换成货币、日期、百分比、文本等多种不同的格式。

1）设置数字格式的常用方法

通过"设置单元格格式"对话框或功能区中的相关按钮，可以将常规数字格式转换成其他格式。

（1）在"设置单元格格式"对话框的"数字"选项卡中，可选择"数值""货币""会计专用"等多种分类，设置不同显示效果的数字格式，如图 8-42 所示。打开"设置单元格格式"对话框有以下两种常用方法。

①选中并右击要设置数字格式的单元格，在快捷菜单中选择"设置单元格格式"命令。

②在"开始"选项卡的"数字"组中，单击右下方的"对话框启动器"按钮。

图 8-42　"设置单元格格式"对话框

（2）在"开始"选项卡中的"数字"组中，如图 8-43 所示，单击以下按钮可快速更改数字格式。

①单击"数字格式"下拉列表，在其中选择各种数字格式选项。

②单击"会计格式""百分号"或"千位分隔符"按钮，可以为数字添加会计格式货币符号、百分号或千位分隔符。

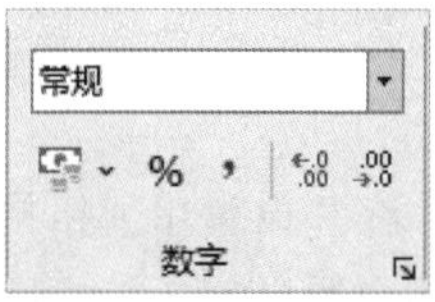

图 8-43　"数字"选项组

③单击"增加小数位数"和"减少小数位数"这两个按钮，可以更改数字中显示的小数位数。

2）数字格式的分类

Excel提供了多种内置数字格式，各数字格式的分类及其格式说明见表8-4。

表8-4　数字格式分类

分类	说　明
常规	数据默认的格式，不包含任何特定的数字格式
数值	设置显示的小数位数、是否使用千位分隔符，以及负数的格式
货币	设置显示货币符号的种类、小数位数、负数格式，数字自动使用千位分隔符
会计专用	货币符号自动靠单元格左侧对齐，其他功能与"货币"分类相似
日期	可选择不同的日期显示格式
时间	可选择不同的时间显示格式
百分比	以百分数形式显示，可设置小数位数
分数	可选择不同的分数显示格式
科学记数	以科学记数法显示数字，可设置小数位数
文本	转换为文本格式
特殊	可选择以邮政编码或中文大/小写数字格式显示
自定义	自定义数字显示的格式

3）自定义数字格式

使用自定义数字格式，可以更灵活地设计数字显示的方式。自定义格式代码可以分别为正数、负数、零值和文本四种数据定义格式。自定义格式代码最多可以分为四个区段来表示，各区段之间用分号";"隔开，如图8-44所示。实际应用中不一定使用四个区段，根据使用的区段数不同，其格式应用范围也不相同，见表8-5。例如，对于自定义格式"#,##0;[红色]-#,##0"，仅定义了2个区段的条件代码，那么，第1个区段的格式"#,##0"应用于正数和零，第2个区段的格式"[红色]-#,##0"应用于负数。

正数格式；负数格式；零格式；文本格式

图8-44　格式代码结构

表8-5　自定义数字格式代码结构

区段数	代码结构及格式应用范围
1	格式应用于所有数据
2	第1区段格式应用于正数、零，第2区段格式应用于负数
3	第1区段格式应用于正数，第2区段格式应用于负数，第3区段格式应用于零
4	第1区段格式应用于正数，第2区段格式应用于负数，第3区段格式应用于零，第4区段格式应用于文本

在"设置单元格格式"对话框的"数字"选项卡中，选择"自定义"分类，既可以选择预设的内置自定义格式代码，也可以在"类型"框中，输入个性化的自定义格式代码。

（1）以下列出多种常用的数字格式代码及其功能。

● "G/通用格式"：不设置特定数字格式，即数字格式分类中的"常规"格式。

● "#"：数字占位符。仅显示有效数字，不显示无意义的零；对于输入的数字，若小数点右侧的位数超过占位符"#"的位数，则自动实现四舍五入。例如，自定义格式为"#.##"，输入"032.5256"和"20.1"，分别显示为"32.53"和"20.1"。

● "0"：数字占位符。对于输入的数字，其小数点左侧/右侧的位数若不足占位符"0"的位数，需要用数字"0"补足位数；其小数点右侧的位数若超过"0"的位数，需要四舍五入。例如，自定义格式为"000.00"，输入"2.315"和"2600.2"，分别显示为"002.32"和"2600.20"。

注意：若在单元格中输入数据"'001"，则显示为文本类型的"001"数据；若在单元格中输入数据"1"，自定义格式为"000"，则显示为数值类型的"001"数据。

● ","（逗号）：千位分隔符。对于输入的数字，其小数点左侧的位数若超过3位，则自动添加千位分隔符。例如，自定义格式为"#,##0.0"，输入"1024.16"和"1024000"，分别显示为"1,024.2"和"1,024,000.0"。

● "@"：文本占位符。使用符号@的作用是引用文本内容。例如，自定义格式为""语文"@"分""，输入"95"，显示为"语文95分"；自定义格式为"@@@"，输入"a"，显示为"aaa"。

● ";;;"（三个分号）：数据隐藏代码。将单元格中的数据内容隐藏起来，该数据仅能在编辑栏中显示。

● "%"：百分号代码。自动在输入的数字后面添加"%"符号。例如，自定义格式为"#%"，输入"25"，显示为"25%"。

● "y""m""d"：日期占位符，分别表示"年""月""日"。根据占位符的位数显示相应的日期格式。例如，自定义格式为"yyyy-mm-dd"，输入"15/10/8"，显示为"2015-10-08"；自定义格式为"d-mmm-yy"，输入"15/10/8"，显示为"8-Oct-15"。其中，"mm"表示两个字符的月份数值，，"mmm"表示月份英文单词中的前三个字母。

● "aaaa"："星期几"占位符。根据输入的日期数据，自动计算出该日期属于星期几。例如，自定义格式"yy"年"m"月"d"日" aaaa"，输入"2006/5/20"，显示为"06年5月20日 星期六"。

● "h""m""s"：时间占位符，分别表示"时""分""秒"代码。根据占位符的位数显示相应的时间格式。例如，自定义格式为"h:mm:ss AM/PM"，输入"15:3:42"，显示为"3:03:42 PM"；自定义格式为"上午/下午 hh"时"mm"分""，输入"15:3:42"，显示为"下午03时03分"。

（2）在自定义格式中加入颜色设置，可以为单元格数据设置字体颜色。

在格式代码中设置颜色，需要将颜色名称或颜色编号输入"[ ]"（中括号）中，放置于其他占位符的左侧。可用的颜色名称有红色、绿色、蓝色、白色、黄色、黑色、蓝绿色和洋红色八种；可用的颜色编号为1~56，分别代表了Excel调色板中的56种颜色。例如，自定义格式为"[蓝色]0.00%"或者"[颜色5]0.00%"，输入数字"25"，显示为蓝色的数字"25.00%"。其中，"颜色5"即"蓝色"颜色编号。

（3）在自定义格式中加入条件设置，可以使满足条件的数据自动应用指定的格式。

在自定义格式中添加条件，需要将条件内容输入"[ ]"（中括号）中，设置规则为：区段1设置第1个条件及返回值，区段2设置第2个条件及返回值，区段3设置1、2条件均不满足时的返回值，区段4设置文本格式；最多设置四个区段，且设置条件的区段不能超过三个。条件代码中可以使用的比较运算符包括：等于"="、大于">"、小于"<"、大于等于">="、小于等于"<="和不等于"<>"。

例如，自定义格式为"[>=90]"优秀";[>=60]"及格";"不及格";[红色]G/通用格式"，
输入大于等于90的数字时，单元格中显示"优秀"；输入大于等于60且小于90的数字时，显示
"及格"；若前两个条件都不满足，显示"不及格"；输入文本数据时，该文本显示为红色字体。

2. 设置文本效果

对单元格中的文本显示效果进行设置，主要包括文本的对齐方式、文本控制和文本方向等内
容，可以在"设置单元格格式"对话框的"对齐"选项卡中进行设置，如图8-45（a）所示；也可
以在"开始"选项卡的"对齐方式"组中，单击相应的按钮进行设置，如图8-45（b）所示。

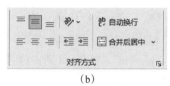

(a)　　　　　　　　　　　　　　　　(b)

图8-45　设置文本效果

（a）"设置单元格格式"对话框；（b）"对齐方式"组

1）文本对齐方式

在单元格中，文本的对齐方式分为水平方向和垂直方向的对齐。在"设置单元格格式"对
话框中，可通过"水平对齐"和"垂直对齐"下拉列表选择合适的对齐方式；也可以在"开
始"选项卡的"对齐方式"组中，单击相应的按钮来设置对齐效果。

2）文本排列及旋转方向

在"设置单元格格式"对话框中，可以设置文本在单元格中的排列方向以及旋转的角度。
例如，竖排文字以及旋转45°的文本效果如图8-46所示；也可以在"开始"选项卡的"对齐方
式"组中，单击"方向"下拉按钮进行文字的旋转和排列设置。

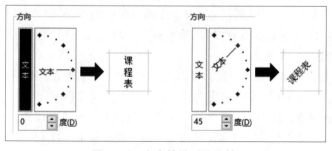

图8-46　文本的排列及旋转

3）文本控制

通过自动换行、缩小字体填充和合并单元格等方式进行文本控制，可以改善数据在单元格中的显示效果。

（1）当单元格宽度不足以显示所有文本内容时，为该单元格设置"自动换行"，Excel可以自动调整行高使数据以多行的方式显示，如图8-47所示，且自动换行的效果会随着列宽的改变而变化。

在"设置单元格格式"对话框中勾选"自动换行"复选框，或者在"开始"选项卡的"对齐方式"组中，单击"自动换行"按钮，可以为单元格设置自动换行效果；如果对自动换行的效果不满意，也可以将光标移至文本中任意位置，按下快捷键Alt+Enter实现手动换行。

在不考虑换行的情况下，当单元格宽度不足以显示所有文本内容时，可以在"设置单元格格式"对话框中勾选"缩小字体填充"复选框，那么，该单元格中的文本字号会根据单元格的宽度自动调整缩小，使得该单元格可以显示出所有文本，如图8-48所示。

图8-47　自动换行　　　　　　　　　　　　　　　图8-48　缩小字体填充

（2）合并单元格，指将若干个选定的单元格合并成一个单元格，以下列出合并单元格的三种方式。

①单元格的合并：在"开始"选项卡的"对齐方式"组中，单击"合并后居中"下拉按钮，在下拉列表中选择"合并单元格"命令；或者在"设置单元格格式"对话框中勾选"合并单元格"复选框，即可实现单元格的合并。

②单元格合并后居中：在"开始"选项卡的"对齐方式"组中，单击"合并后居中"按钮，即可实现单元格合并，同时，单元格中的数据也被设置为水平居中。

③单元格跨越合并：在"开始"选项卡的"对齐方式"组中，单击"对齐方式"组中的"合并后居中"下拉按钮，在下拉列表中选择"跨越合并"命令，即可将所选区域中的各行单元格分别合并，如图8-49所示。

图8-49　跨越合并

如果要取消以上合并效果，可单击"合并后居中"下拉按钮，在下拉列表中选择"取消单元格合并"命令；或者在"设置单元格格式"对话框中，取消勾选"合并单元格"复选框。

3. 设置边框和底纹

为了更好地修饰表格的外观，可以为工作表中的数据添加合适的边框和底纹效果，常用方法有以下两种。

（1）在"设置单元格格式"对话框的"边框"和"填充"选项卡中，设置单元格/单元格区域的边框和底纹。

（2）在"开始"选项卡的"字体"组中，单击"边框"下拉按钮或者"填充颜色"下拉按钮，在下拉列表中选择相应的命令，可以快速设置单元格/单元格区域的边框和底纹。

4. 调整行高/列宽

要对工作表中的行高/列宽进行调整，主要有以下三种常用操作方法。

1）拖动鼠标调整行高/列宽

将鼠标指针移至行号的下边线/列号的右边线，出现双向箭头✛时，拖动鼠标可以自由调整行高/列宽。

2）使用对话框指定行高/列宽

选中要调整的行/列后，使用以下两种常用操作方法，可以打开"行高"/"列宽"对话框，在其中输入具体数值，即可精确设定行高/列宽。

（1）右击选中的行/列，在快捷菜单中选择"行高"/"列宽"命令。

（2）在"开始"选项卡的"单元格"组中，单击"格式"下拉按钮，在下拉列表中选择"行高"/"列宽"命令。

3）设置最合适的行高/列宽

Excel可以根据单元格中数据的内容自动调整最合适的行高/列宽。选中要调整的行/列后，使用以下两种常用操作方法，可设置最合适的行高/列宽。

（1）将鼠标指针移到行号的下边线/列号的右边线，出现双向箭头↔时双击鼠标。

（2）在"开始"选项卡的"单元格"组中，单击"格式"下拉按钮，在下拉列表中选择"行高"/"列宽"命令。

【案例8-12】打开"案例8-12设置单元格格式.xlsx"工作簿，在"图书销售"工作表中，按下列要求完成单元格格式设置。

（1）将"订单编号"列的数值转换成文本。

（2）在"销售日期"列中标注出销售日期属于星期几，例如，"2021年1月2日"日期在单元格中显示为"2021年1月2日 星期六"。

（3）将"图书名称"列调整为最合适的列宽。

（4）修改"出版时间"列中日期的格式，要求显示效果如"20年01月"，年份和日期均显示两位。

（5）为"定价"和"金额"两列数值设置为"会计专用（人民币）"数字格式。

（6）将"销量"列中的数值设置为带千位分隔符的整数。

（7）将"折扣"列中的数值设置为百分比效果，显示1位小数。

（8）将A1:J3单元格区域合并，数据在水平和垂直方向上均为居中对齐效果，在单元格中设置换行，使标题文本以两行文本显示；第一行文本为"2021年一月份"第二行文本为"图书销售明细表"。

（9）为标题行设置上、下双线边框，橙色底纹；适当增大第4~21行的行高，为A4:J21单元格区域添加蓝色单线内部框线和下框线。

（10）设置A4:J21单元格区域中的数据水平且垂直居中。

【操作步骤】操作视频见二维码8-12。

（1）选中并右击A5:A21区域，在快捷菜单中选择"设置单元格格式"命令，在"设置单元格格式"对话框中，单击选择"文本"分类，单击"确定"按钮。

（2）选中并右击B5:B21区域，在快捷菜单中选择"设置单元格格式"命令，在"设置单元格格式"对话框中单击"自定义"分类，在"类型"框中输入"yyyy"年"m"月"d"日"aaaa"，单击"确定"按钮。

二维码8-12

（3）将鼠标指针移向E列列号的右边线，出现双箭头时双击鼠标。

（4）选中并右击F5:F21区域，在快捷菜单中选择"设置单元格格式"命令，在"设置单元格格式"对话框中单击"自定义"分类，在"类型"框中输入"yy"年"mm"月""，单击"确定"按钮。

（5）同时选中G5:G21和J5:J21区域，右击选中的区域，在快捷菜单中选择"设置单元格格式"命令，在"设置单元格格式"对话框中单击"会计专用"分类，选择货币符号"￥"，单击"确定"按钮。

（6）选中并右击 H5:H21 区域，在快捷菜单中选择"设置单元格格式"命令，在"设置单元格格式"对话框中单击"数值"分类，在"小数位数"框中输入"0"，并勾选"使用千位分隔符"复选框，单击"确定"按钮。

（7）选中 I5:I21 区域，单击"开始"选项卡→"数字"组→"百分比样式"按钮，然后单击"增加小数位数"按钮。

（8）选中 A1:J3 区域，单击"开始"选项卡→"对齐方式"组→"合并后居中"按钮，再单击"垂直居中"按钮；双击合并后的 A1 单元格，将光标定位到文本"份"和"图"之间，按下快捷键 Alt+Enter，再按下 Enter 键。

（9）添加边框和底纹，增大行高。

①选中 A1 单元格，打开"设置单元格格式"对话框，单击"边框"选项卡，选择"双线"样式，在"预览草图"中单击上、下框线；单击"填充"选项卡，选择"橙色"背景色。

②单击行号"4"，按住 Shift 键，再单击行号"21"，右击选中的区域，在快捷菜单中选择"行高"命令，输入"20"。

③选中并右击 A4:J21 区域，在快捷菜单中选择"设置单元格格式"命令，在"设置单元格格式"对话框中单击"边框"选项卡，选择"单线"样式、"蓝色"颜色，单击"内部"预置选项按钮和"下框线"按钮，单击"确定"按钮。

（10）选中 A4:J21 区域，单击"开始"选项卡→"对齐方式"组，依次单击"垂直居中"和"水平居中"按钮。

8.5.2 自动套用格式

为了修饰和美化 Excel 中的表格，可以对字体、边框、底纹和对齐方式等格式进行个性化设计。除了通过设置单元格格式等方式对单元格/单元格区域的外观进行手动设计，还可以选择 Excel 内置的多种表格格式和单元格样式。对单元格/单元格区域快速应用这些预设的内置格式集合，可有效提高工作效率。

1. 套用表格格式

使用"自动套用表格格式"的功能，可以将内置的"表格格式"快速应用到选定的单元格区域。

1）为数据列表套用表格格式

选择需要套用格式的数据列表区域，在"开始"选项卡的"样式"组中，单击"套用表格格式"下拉按钮，在下拉列表中选择一个合适的预设表格样式，将其应用到选定的单元格区域中。

对于套用了表格格式的单元格区域，Excel 会自动将其定义为一个"表"对象，且在列标题上出现"自动筛选"按钮，如图 8-50 所示。在"表"中，用户可以便捷地进行数据编辑和处理，例如，套用的格式会随着数据的添加而自动扩展应用区域、数据的填充不会改变已套用的表格格式、表中的所有列都已定义名称便于引用、在表中输入的公式会自动向下填充、"自动筛选"功能可使用，等等。但是，对"表"对象的操作也有局限性，例如，不能进行单元格合并和分类汇总等改变表格结构的操作。

2）取消套用的表格格式

要取消套用的表格格式，选中"表"中的任意一个单元格/整个"表"，在"表格工具|设

计"选项卡的"表格样式"组中，单击列表框右下角的"其他"按钮，如图 8-51 所示，选择"清除"命令，即可清除该"表"套用的内置格式。清除格式后，数据列表所在单元格区域依旧属于"表"对象，不会自动转换为普通区域。

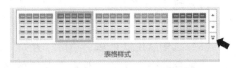

图 8-50　套用表格格式的数据列表　　　　　　　图 8-51　"表格样式"组

3）将"表"对象转换为普通区域

若只想为单元格区域套用一个预设格式，但不需要"表"的功能，可以在套用表格格式后再将该"表"转换为普通单元格区域。具体操作步骤如下：选中"表"中任意一个单元格，或者选中整个"表"，在"表格工具|设计"选项卡的"工具"组中，单击"转换为区域"按钮。

2. 应用单元格样式

应用 Excel 中预设的单元格样式，可以对需要应用相同格式的单元格快速进行统一的格式设置。应用单元格样式的具体操作步骤如下：选中单元格/单元格区域，在"开始"选项卡的"样式"组中，单击"单元格样式"列表框右下角的"其他"按钮，在列表中选择一个合适的预设样式。

【案例 8-13】打开"案例 8-13 自动套用格式 .xlsx"工作簿，在"降水量"工作表中，按下列要求完成操作。

（1）将对工作表中的数据列表区域套用表格样式"表样式中等深浅 13"。

（2）取消表格镶边行效果。

（3）将表格转换为普通区域。

（4）为 A1 单元格设置"标题 1"单元格样式；为 A2 单元格设置"20%-着色 5"单元格样式。

【操作步骤】操作视频见二维码 8-13。

（1）选中 A3:M37 区域，单击"开始"选项卡→"样式"组→"套用表格格式"下拉按钮→"表样式中等深浅 13"。

（2）选中 A3:M37 区域，单击"表格工具|设计"选项卡→"表格样式选项"组→"镶边行"复选框，取消勾选。

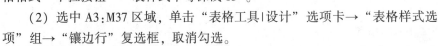

二维码 8-13

（3）选中 A3:M37 区域，单击"表格工具|设计"选项卡→"工具"组→"转换为区域"按钮。

（4）选中 A1 单元格，单击"开始"选项卡→"样式"组→"单元格样式"列表框右下角的"其他"按钮→"标题 1"样式；同理完成 A2 单元格的样式设置。

8.5.3　条件格式

1. 常用的条件格式

使用条件格式功能，使单元格及数据可以根据创建的条件规则自动应用不同的格式效果。Excel 提供了多种常用的内置规则，可突出显示指定的单元格或数据，也可以利用数据条、色阶或图标集来体现数据的对比或变化趋势。条件格式的常见规则及功能说明见表8-6。

表8-6　条件格式的常用规则功能说明

规则	功能与示例
突出显示单元格规则	包含"大于""小于""介于""文本包含"等限定数据范围的规则设置，满足规则的数据将被自动应用指定的单元格格式。例如，将成绩表中低于60分的成绩用红色字体突出显示
项目选取规则	包含"前10项""前10%""最后10项""高于平均值"等选取规则，满足规则的数据将被自动应用指定的单元格格式。例如，将所有低于班级平均分的成绩所在的单元格以浅红色填充
数据条	用数据条的长度直观地表示数值的大小，数据条的颜色有"渐变填充"和"实心填充"两类。例如，使用"蓝色实心填充"数据条表示公司1~6月份的销售额
色阶	使用不同的颜色表示不同的数值，通过颜色的变化直观地展示出数值的分布和变化趋势。例如，使用"红-黄-绿"色阶呈现某股票盈亏变化的情况
图标集	使用不同的图标表示不同区域范围的数值，图标的类型包括"方向""形状""标记"和"等级"四种。例如，使用等级类别中的"三个星形"图标集，直观地表示顾客对服务的评分高低

2. 设置条件格式

1）创建规则

以创建"项目选取规则"为例，将所有低于班级平均分的各科成绩所在单元格以浅红色填充。具体操作步骤如下：选择要设置条件格式的单元格区域，在"开始"选项卡的"样式"组中，单击"条件格式"下拉按钮，下拉列表中选择"项目选取规则"中的"低于平均值…"命令；在"低于平均值"对话框中，单击"针对选定区域，设置为"下拉按钮，在下拉列表中选择"浅红色填充"，如图8-52（a）所示。完成以上规则创建，应用条件格式的结果如图8-52（b）所示。

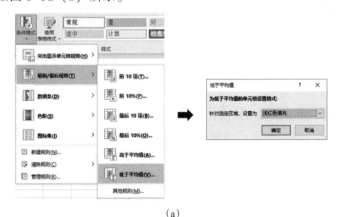

（a）　　　　　　　　　　　　　　　　　（b）

图8-52　条件格式的设置

（a）创建规则；（b）显示结果

除了使用常用内置规则进行条件格式设置，还可以在"条件格式"下拉列表中选择"新建规则"，自定义设置更多个性化的条件格式。

2）管理规则

对数据区域创建了多个条件格式规则后，如果需要对这些规则进行修改或删除等操作，可以单击"条件格式"下拉列表，选择"管理规则"命令，在"条件格式规则管理器"对话框中进行规则的添加、编辑、调整应用顺序、删除等操作，如图 8-53 所示。

图 8-53　条件格式规则管理器

3）清除规则

在"条件格式"下拉列表中选择"清除规则"命令，可以清除部分选定单元格的规则，也可以清除工作表中所有的规则。

【案例 8-14】打开"案例 8-14 条件格式 .xlsx"工作簿，在"工资表"工作表中，按下列要求完成条件格式设置。

（1）在"员工姓名"列，将同名的员工姓名所在单元格标记为浅红色填充效果。

（2）在"出生日期"列，将 1970 年以前和 1990 年以后的出生日期文字设置为蓝色加粗效果。

（3）在"基础工资"列，将低于基础工资平均值的数据用"绿填充色深绿色文本"的格式突出显示。

（4）对"总计"列应用实心填充的蓝色数据条，要求仅显示数据条、不显示数据。

【操作步骤】操作视频见二维码 8-14。

（1）选中 B2:B51 区域，单击"开始"选项卡→"样式"组→"条件格式"下拉按钮→"突出显示单元格规则"选项→"重复值"选项，打开"重复值"对话框，在其中分别选择"重复"值和"浅红色填充"格式。

二维码 8-14

（2）选中 C2:C51 区域，进行以下两个条件格式设置。

①单击"开始"选项卡→"样式"组→"条件格式"下拉按钮→"突出显示单元格规则"选项→"大于"选项，在"大于"对话框中，输入"1989/12/31"，在"设置为"下拉列表中选择"自定义格式"选项；在"设置单元格格式"对话框的"字体"选项卡中，设置字形为"加粗"，颜色为"蓝色"。

②单击"开始"选项卡→"样式"组→"条件格式"下拉按钮→"突出显示单元格规则"选项→"小于"选项；在"小于"对话框中，输入"1970/1/1"，在"设置为"下拉列表中选择"自定义格式"选项；在"设置单元格格式"对话框的"字体"选项卡中，设置"蓝色、加

粗"的字体格式。

（3）选中 E2:E51 区域，单击"开始"选项卡→"样式"组→"条件格式"下拉按钮→"项目选取规则"选项→"低于平均值"选项，打开"低于平均值"对话框，在下拉列表中选择"绿填充色深绿色文本"选项。

（4）选中 G2:G51 区域，单击"开始"选项卡→"样式"组→"条件格式"下拉按钮→"数据条"选项→"其他规则"选项；在"新建格式规则"对话框中，勾选"仅显示数据条"复选框，在"填充"下拉列表中选择"实心填充"选项，在"颜色"下拉列表中选择"蓝色"选项。

8.6 ● 公式和函数

Excel 具有强大的计算、统计和分析功能，通过在单元格中输入公式和函数，可以自动、快速地对数据进行求和、求平均值、计数、查找和提取数据等操作。

8.6.1 公式

Excel 公式是由运算符和参与运算的数据组成的一组表达式，可以对工作表中的数据进行各种数值计算和统计分析等处理。

1. 公式的输入和编辑

通过输入 Excel 公式，可以对数据进行算术运算、字符运算或逻辑运算等多种运算处理，为用户分析和处理工作表中的数据提供了极大的便利。

1）输入公式

在 Excel 单元格中输入公式，如" $=E5\^3+A1*B2$ "，包括以下三个步骤。

（1）在单元格中输入"="，表示该单元格中的内容为公式或函数，缺失"="的公式将被 Excel 识别为文本常量。

（2）输入包括常量数据、单元格地址、运算符等表达式内容。其中，单元格地址如 E5、A1、B2 可以通过键盘输入，也可以通过鼠标选择的方式自动生成单元格地址；公式中的所有运算符均应输入英文半角符号。

（3）单击"编辑栏"左侧的"输入"按钮，或者按下 Enter 键，单元格中立即显示出公式的计算结果。

2）修改公式

双击单元格，可对已确认输入的公式进行修改，也可以单击单元格，然后在编辑栏中修改公式。

2. 公式中的常见运算符

在 Excel 公式中，主要包括算术运算符、文本运算符、比较运算符和引用运算符四种运算符类型，见表 8-7。

表 8-7　公式中的常见运算符

运算符类型	常见运算符	示例及说明
算术运算符	+（加号）、-（减号）、*（乘号）、/（除号）、^（乘方）等	=A1*A2：计算出 A1 与 A2 单元格中数值的乘积 =A1^3：计算出 A1 单元格中数值的三次方
字符运算符	&（连接符）	=A1&A2：将 A1 与 A2 单元格中的字符连接合并 =A1&"优秀"：将 A1 单元格中的字符与文本"优秀"连接合并
比较运算符	=（等于）、>（大于）、<（小于）、>=（大于等于）、<=（小于等于）、<>（不等于）	A1=5：若 A1 单元格中的数据等于 5，返回 TRUE（逻辑值），否则返回 FALSE A1<>A2：若 A1 与 A2 单元格中的数据不相等，返回 TRUE，否则返回 FALSE
引用运算符	冒号：（区域运算符）、逗号，（联合运算符）、空格（交叉运算符）	A:A：引用 A 列 A1:C5：引用 A1 到 C5 之间的矩形单元格区域 A1:A5, B1:B5：引用 A1:A5 单元格区域和 B1:B5 单元格区域 A1:B5 B2:C5：引用 A1:B5 单元格区域与 B2:C5 单元格区域中共有的单元格区域

3. 公式中的单元格地址引用

在 Excel 公式中，常常需要引用当前工作表或其他工作表中的一个或多个单元格的数据，单元格地址的格式如图 8-54 所示。例如，"[财务报表.xlsx]Sheet1!$B$3"表示引用"财务报表"工作簿的 Sheet1 工作表中的 B3 单元格。

在公式中，单元格地址引用的方式分为相对引用、绝对引用和混合引用三种。

1）相对地址引用

相对地址由列标+行号组成，如 A5、B3 等。在公式编辑过程中，单击一个单元格，可在公式中自动生成该单元格的相对地址。将一个单元格中的公式复制到另一个单元格时，根据源单元格和目标单元格的位置变化，复制公式中的相对地址也会产生相应的变化。例如，将 A1 单元格中的公式"=B2+B3"复制到 C5 单元格中，则 C5 单元格中的公式变化为"=D6+D7"，如图 8-55 所示。

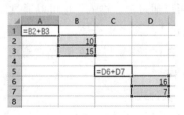

图 8-54　单元格地址的格式　　　图 8-55　相对地址的复制

2）绝对地址引用

绝对地址指在相对地址中的列标和行号前添加"＄"符号，如 $A$5、$B$3 等，从而固化公式中的行号和列标。将一个单元格中的公式复制到另一个单元格时，公式中的绝对地址不会产生变化。例如，将 A1 单元格中的公式"= $B$2+ $B$3"复制到 C5 单元格中，则 C5 单元格中的公式依旧为"= $B$2+ $B$3"。

3）混合地址引用

混合地址指仅在列标或者行号前添加"$"符号，如 $A5、B$3 等，从而固化某个列标或者行号。对于混合地址的复制，结合了相对地址和绝对地址的复制规则。例如，将 A1 单元格中的公式"= $B2+B$3"复制到 C5 单元格中，则 C5 单元格中的公式为"= $B6+D$3"。

注意：在公式编辑过程中，将光标定位到引用地址中，多次按下"F4"功能键，即可实现相对地址、绝对地址和混合地址之间的快速切换。

4. 公式中的名称引用

为了更加直观地识别某个单元格/单元格区域，可以为其定义个性化的名称。若在公式中使用名称，复制公式时将实现绝对引用效果。例如，为 B2:B50 单元格区域定义名称"商品价格"，为 D1 单元格定义名称"折扣率"，则公式"=SUM($B$2：$B$50) *$D$1"可使用"=SUM(商品价格) *折扣率"替代。

1）自定义名称

选中要定义名称的单元格/单元格区域，使用以下三种常用操作方法进行自定义名称。

（1）通过"名称框"创建名称：在"名称框"中输入名称，按下 Enter 键即可快速完成名称的定义。

（2）通过"新建名称"对话框创建名称：在"公式"选项卡的"定义的名称"组中，单击"定义名称"按钮；在"新建名称"对话框中，输入定义的名称。

（3）通过"名称管理器"对话框创建名称：在"公式"选项卡的"定义的名称"组中，单击"名称管理器"按钮；在"名称管理器"对话框中，可进行名称的创建、编辑或删除。

2）根据所选内容创建名称

如果要将行标题或者列标题快速定义为各行或各列数据区域的名称，可以通过"以选定区域创建名称"对话框进行设置。

例如，在图 8-56 所示的数据列表中，将列标题"姓名""性别"……"小测三"分别定义为"A2:A8""B2:B8"……"E2:E8"单元格区域的名称。具体操作步骤如下：选定要定义名称的数据列表区域 A1:E8，在"公式"选项卡的"定义的名称"组中，单击"根据所选内容创建"按钮；在"以选定区域创建名称"对话框中，勾选"首行"复选框，即可将各个列标题分别定义为各列数据的名称。同理，勾选"最左列"复选框，可以将各个行标题定义为各行数据的名称。

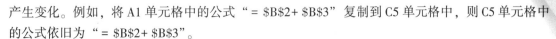

图 8-56 根据所选内容创建名称

【案例 8-15】打开"案例 8-15 公式 .xlsx"工作簿，按下列要求完成公式的编辑操作。

（1）在"毕业人数情况"工作表的"增长比例"列中，使用公式求出增长比例的百分比数值，增长比例＝(今年人数−去年人数)/今年人数。

(2) 在"成绩单"工作表的"增长比例"列中，使用公式求出每个学生的总评成绩，总评成绩＝平时成绩×平时成绩占比+期末考试成绩×期末考试成绩占比。

(3) 在"商品销售"工作表中，完成折后单价的计算。

①使用公式求出"方案一折后销售单价（元）"列中的折后单价。

②为 E3 单元格定义名称"折扣二"；使用公式求出"方案二折后销售单价（元）"列的折后单价，要求在公式中使用"折扣二"名称。

【操作步骤】操作视频见二维码 8−15。

(1) 在"毕业人数情况"工作表中，单击 D3 单元格，输入公式"＝(C3−B3)/C3"；双击 D3 单元格右下方的填充柄，完成 D3:D15 区域的填充。

二维码 8−15

(2) 在"成绩单"工作表中，单击 D2 单元格，输入公式"＝B2＊G2+C2＊H2"；在编辑栏中选中"G2"，按下 F4 键，再选中"H2"，按下 F4 键；公式变为"＝B2＊\$G\$2+C2＊\$H\$2"；最后，双击 D2 单元格右下方的填充柄，完成 D2:D26 区域的填充。

(3) 在"商品销售"工作表中，分别求出采用方案一和方案二得到的折后销售单价。

①单击 D3 单元格，输入公式"＝B3＊\$C\$3"，拖动填充柄填充到 D9 单元格；单击 D10 单元格，输入公式"＝B10＊C10"，双击 D10 单元格右下方的填充柄，完成 D10:D14 区域的填充，然后单击 D14 单元格右下角的"自动填充选项"下拉按钮→"不带格式填充"命令。

②单击 E3 单元格，在名称框中输入文本"折扣二"，按下 Enter 键；单击 F3 单元格，输入公式"＝B3＊折扣二"，双击 F3 单元格右下方的填充柄，完成 F3:F14 区域的填充，然后单击 F14 单元格右下角的"自动填充选项"下拉按钮→"不带格式填充"命令。

8.6.2 函数

函数是一种预先定义好的、可以满足指定功能的公式。通过使用函数，可以有效简化公式内容，还能高效解决各种复杂的运算需求，实现查找、引用、逻辑判断和统计等多种功能。

1. 函数的构成

Excel 函数主要由函数名和参数两部分组成，其通用格式如图 8−57 所示。其中，函数名表明该函数的功能和作用；函数名后面紧跟小括号"（ ）"，小括号中可以包含 0~255 个参数，多个参数之间用逗号"，"隔开；函数中的参数不是必需的，中括号"［ ］"中的参数可以省略。

2. 插入和编辑函数

函数的插入和编辑，除了可以通过键盘键入的方式完成，还可以借助"函数库"打开"函数参数"对话框等方式完成，后者既有效减少了对参数功能和使用规则的记忆量，又提高了函数编辑效率和准确率。

1）插入函数

在单元格中插入函数，主要可以通过键盘输入或者"函数参数"对话框设置的方式实现。

(1) 由于 Excel 软件中默认启动了"公式记忆式键入"功能，在单元格中输入"＝"和函数名的开头部分字母后，在单元格下方会自动弹出下拉列表，显示出以这部分字母开头的所有函数名，如图 8−58 所示，双击任意一个函数名即可将其输入该单元格中；此时单元格下方会自动提示该函数的格式及参数，用户可以继续使用键盘完成所有参数的输入。

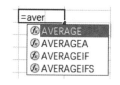

图 8-57　函数通用格式　　　　　　　　　　　　图 8-58　公式记忆式键入

注意：如果"公式记忆式键入"功能被关闭，可以在"文件"选项卡中选择"选项"命令，打开"Excel 选项"对话框，在"公式"选项卡的"使用公式"组中，勾选"公式记忆式键入"复选框，即可启动该功能。

（2）通过以下三种常用操作方法，可以打开"函数库"并选择所需的函数，从而启动与该函数相关的"函数参数"对话框，在其中可分别对函数的各项参数进行输入，最终完成整个函数的输入。

①在单元格中输入"="后，单击"名称框"下拉按钮，在下拉列表中选择所需的函数，也可以单击"其他函数"选项，打开"插入函数"对话框进行更多函数选择。

②选中要插入公式的单元格，在"公式"选项卡的"函数库"组中，根据函数类别单击相应的下拉按钮，如"财务""逻辑""文本"等，然后在下拉列表中选择所需函数；也可以单击"插入函数"按钮，打开"插入函数"对话框进行函数选择。

③选中要插入公式的单元格，单击编辑栏左侧的"插入函数"按钮 f_x，即可快速打开"插入函数"对话框进行函数选择。

2）修改函数

函数输入完毕后，可以通过以下两种常用操作方法修改函数中的内容。

（1）双击函数所在单元格，即可进入函数编辑状态并对其进行修改。

（2）单击函数所在单元格，即可在编辑栏中对函数内容进行修改。

在修改函数的过程中，将插入点定位到函数内容中，单击编辑栏左侧的"插入函数"按钮 f_x，即可打开指定函数的"函数参数"对话框，在其中便捷更改参数内容。

3. 常见函数

不同函数的具体功能、参数数量和参数含义各不相同，下面对 Excel 中一些常用函数的功能、格式和应用进行介绍。

1）求和函数 SUM(number1, [number2], …)

该函数用于执行求和计算，将函数中的所有参数进行数值相加。例如，可应用于统计班级成绩总分、计算地区销售总量、求员工收入总和等多种案例。

参数介绍

number1、number2、……可以是数值、单元格地址、公式或函数等对象。

应用实例

（1）= SUM(10, 20, 30)：将三个数值 10、20 和 30 相加求和。

（2）= SUM(5, true, "2024/1/1")：将数值 5、1 和 45292 相加求和。其中，逻辑值"TRUE"可转换为数值 1，日期"2024/1/1"可转换为数值 45292。

（3）= SUM(A1, A3:A6, B5)：将 A1、A3、A4、A5、A6 和 B5 单元格中的数值相加求和。

（4）= SUM(A1, ABS(A4))：将 A1 单元格中的数值与函数 ABS(A4)的计算结果相加求和。

2）条件求和函数 SUMIF(range, criteria, [sum_range])

该函数对单元格区域中满足指定条件的数值执行求和操作。例如，可用于求出座号小于 10

号的学生的成绩总和、所有男性员工的总工资等案例。

参数介绍

（1）Range：进行条件判断的单元格区域。

（2）Criteria：设定的条件内容，可以是各种类型数据、表达式、单元格地址或函数。

（3）sum_range：根据条件判断的结果进行求和计算的区域。

应用实例

（1）=SUMIF(D1:D8，"女"，E1:E8)：在D1:D8单元格区域中找到文本内容为"女"的数据行，如图8-59所示，然后将这些数据行在E列中的数值相加求和。

（2）=SUMIF(C3:C6，">10")：将C3:C6单元格区域中大于10的数值相加求和。本例中，由于第三个参数缺省，所以第一个参数"C3:C6"既是条件判断区域又是求和计算区域。

	A	B	C	D	E
1	工号	姓名	部门	性别	基本工资
2	1001	常乐琪	办公室	男	2285
3	1002	万红	人事处	男	3473
4	1003	徐美克	总务处	女	5265
5	1005	胡万欣	总务处	男	2265
6	1004	陶虹言	办公室	女	3100
7	1006	唐晓	总务处	男	3240
8	1007	邱志明	人事处	男	4225
9	1008	谷田	人事处	女	2265
10	1009	程墨	总务处	男	4240

图8-59　满足条件的两个数据行

3）多条件求和函数SUMIFS(sum_range，criteria_range1，criteria1，[criteria_range2，criteria2]，…)

该函数对单元格区域中满足多个设定条件的数值执行求和操作。例如，可用于计算所有年龄小于35岁的女性博士员工的工资、将座号介于5~10号之间的学生的成绩相加求和等案例。

参数介绍

（1）sum_range：根据多个条件判断的结果进行求和计算的区域。

（2）criteria_range1：第1个条件判断的单元格区域。

（3）criteria1：第1个设定条件。

（4）criteria_range2：第2个条件判断的单元格区域。

（5）criteria2：第2个设定条件。

以此类推，可以通过criteria_range3、criteria3、criteria_range4、criteria4等参数，设置更多判断条件。

应用实例

（1）=SUMIFS(G5:G18，C5:C18，"男"，D5:D18，"研发部")：找到C5:C18单元格区域中文本内容为"男"且D5:D18单元格区域中文本内容为"研发部"的数据行，将这些数据行在G列中的数值相加求和。

（2）=SUMIFS(J3:J17，H3:H17，">50"，H3:H17，"<>55")：找到H3:H17单元格区域中满足数值大于50且不等于55的数据行，将这些数据行在J列中的数值相加求和。

4）最大值函数MAX(number1，[number2]，…)和最小值函数MIN(number1，[number2]，…)

MAX函数和MIN函数分别用于返回一组数值或指定区域中的最大数值和最小数值。例如，可用于统计班级各科目成绩的最高分和最低分、某地区最高销售量和最低销售量等案例。

参数介绍

MAX函数和MIN函数的格式相似，number1、number2、……可以是数值、单元格地址、公式或函数等对象。

应用实例

（1）=MAX(A3，7，K2)：将A3单元格中的数值、数值"7"、K2单元格中的数值进行对比，获取最大值。

（2）=MIN(A3, MAX(K2:K5))：将 K2：K5 单元格区域中的最大数值，与 A3 单元格中的数值进行比较，然后从这两个数值中获取最小值。

5）数值计数函数 COUNT(value1, [value2],…)

该函数用于统计单元格区域中包含数值型数据的个数，也可以统计能转换为数值的日期型数据和逻辑型数据的个数，但对文本数据或空单元格不作统计。例如，统计班级成绩表中已录入有效考试成绩的学生个数，D12 单元格中统计的结果为 8 人，如图 8-60 所示。

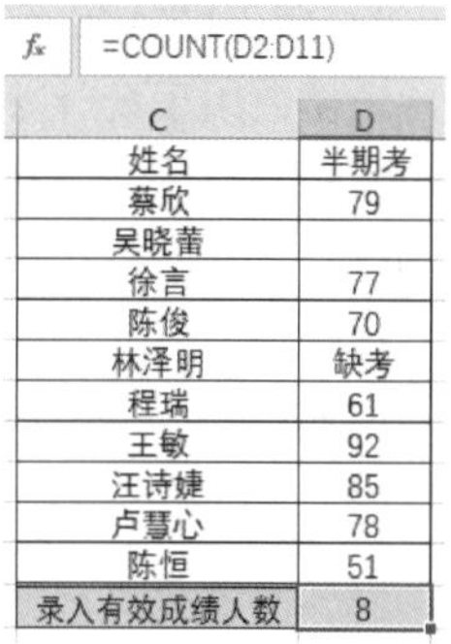

=COUNT(D2:D11)

C	D
姓名	半期考
蔡欣	79
吴晓蕾	
徐言	77
陈俊	70
林泽明	缺考
程瑞	61
王敏	92
汪诗婕	85
卢慧心	78
陈恒	51
录入有效成绩人数	8

图 8-60 使用 COUNT 函数统计人数

参数介绍

value1、value2、……可以是数值、单元格地址、公式或函数等对象。

应用实例

（1）=COUNT(D2:D11)：统计 D2:D11 单元格区域中包含数值的单元格个数。

（2）=COUNT("2024/1/1", 21, D3, "D4")：若 D3 单元格中为数值型数据，则该函数统计的结果为 3。其中,"2024/1/1" 日期存储为数值型数据,"D4" 由于加了引号，属于文本型数据，而非单元格地址 D4。

6）非空单元格计数函数 COUNTA(value1, [value2],…)

该函数用于统计单元格区域中任意类型数据的个数，即非空单元格的个数。例如，计算竞赛名单中包含学生姓名的单元格个数，以统计参赛学生的人数。

参数介绍

value1、value2、……可以是各种类型数据、单元格地址、公式或函数等对象。

应用实例

（1）=COUNTA(D2:D11)：统计 D2：D11 单元格区域中内容不为空的单元格的个数。

（2）=COUNTA("2024/1/1", 21, D3, "D4")：若 D3 单元格中包含任意数据，则该函数统计的结果为 4。

7）空单元格计数函数 COUNTBLANK(range)

该函数用于统计单元格区域中空单元格的个数。例如，可用于统计还未被录入课程成绩的学生个数、未登记检测结果数据的人员个数等案例。

参数介绍

range 用于指定要进行统计计算的单元格区域。

应用实例

=COUNTBLANK(D2:D11)：统计 D2:D11 单元格区域中空单元格的个数。

8）条件计数函数 COUNTIF(range, criteria)

该函数用于统计单元格区域中满足指定条件的单元格的个数。例如，可用于统计班级中女生的人数、公司中工龄小于 20 年的员工人数等案例。

参数介绍

（1）Range：进行条件判断的单元格区域。

（2）Criteria：设定的条件，可以是各种类型数据、表达式、单元格地址或函数。

应用实例

（1）=COUNTIF(E2:E51, ">=2021/1/1")：在 E2:E51 单元格区域中，统计日期在 2021 年之后的单元格个数。

（2）= COUNTIF(B2:B15, "陈 * ")：在 B2:B15 单元格区域中，统计第一个字符为"陈"的单元格个数。

9）多条件计数函数 COUNTIFS(criteria_range1, criteria1, [criteria_range2, criteria2], …)

该函数用于统计单元格区域中满足多个指定条件的数据行的个数。例如，可用于统计成绩表中某科目考试成绩高于 80 分的女生的人数、报价表中单价介于 20~30 元之间的产品个数等案例。

参数介绍

（1）criteria_range1 和 criteria1：第 1 个条件判断的单元格区域和第 1 个设定条件。

（2）criteria_range2 和 criteria2：第 2 个条件判断的单元格区域和第 2 个设定条件。

以此类推，可以通过 criteria_range3、criteria3、criteria_range4、criteria4……等参数，添加更多设定条件。

应用实例

（1）= COUNTIFS(E2:E51, ">=2021/1/1", E2:E51, "<=2021/12/31")：在 E2:E51 单元格区域中，统计日期在 2021 年的单元格个数。

（2）= COUNTIFS(I2:I51, "博士", J2:J51, ">35")：统计同时满足 I2:I51 单元格区域中文本为"博士"且在 J2:J51 单元格区域中数值大于 35 的数据行的个数。

10）平均值函数 AVERAGE(number1, [number2], …)

该函数用于平均值计算，求出函数中的所有参数的平均值。例如，可用于计算班级成绩平均分、各地区销售额平均值、员工平均年龄等案例。

参数介绍

number1、number2、……可以是数值、单元格地址、公式或函数等对象。

应用实例

（1）= AVERAGE(A1:A10, C1:C10)：为 A1~A10、C1~C10 这二十个单元格中的数值求平均值。

（2）= AVERAGE(A1, B1, , 1)：求四个参数的数值平均值。其中，第一、第二个参数分别为 A1、B1 单元格中的数值；第三个参数为空，则参与计算的数值为"0"；第四个参数为数值"1"。

11）条件求平均值函数 AVERAGEIF(range, criteria, [average_range])

该函数对满足指定条件的单元格执行求平均值操作。例如，可用于计算三班学生的成绩平均分、海鲜类商品的平均单价等案例。

参数介绍

（1）Range：进行条件判断的单元格区域。

（2）Criteria：设定的条件，可以是各种类型的数据、表达式、单元格地址或函数。

（3）average_range：根据条件判断的结果进行平均值计算的区域。

应用实例

（1）= AVERAGEIF(G2:G20, "优秀", E2:E20)：找到 G2:G20 单元格区域中满足文本为"优秀"的数据行，为这些数据行在 E 列中的数值求平均值。

（2）= AVERAGEIF(A:A, "<=100")：为 A 列中所有小于 100 的数值求平均值。其中，参数"A:A"指 A 列中所有单元格，既是条件判断区域又是平均值计算区域。

12）多条件求平均值函数 AVERAGEIFS(average_range, criteria_range1, criteria1, [criteria_range2, criteria2], …)

该函数对单元格区域中满足多个指定条件的数值执行求平均值操作。例如，可用于计算笔试成绩排位前三且面试成绩"合格"的女员工的平均年龄、出发地为"上海"且目的地为"广州"的车票均价等案例。

参数介绍

（1）average_range：根据多个条件判断的结果进行平均值计算的区域。

（2）criteria_range1 和 criteria1：第 1 个条件判断的单元格区域和第 1 个设定条件。

（3）criteria_range2 和 criteria2：第 2 个条件判断的单元格区域和第 2 个设定条件。

以此类推，可以通过 criteria_range3、criteria3、criteria_range4、criteria4……参数，添加更多设定条件。

应用实例

（1）= AVERAGEIFS(K2:K16, B2:B16, ">=80",B2:B16, "<=90",C2:C16, "1 班")：找到 B2:B16 单元格区域中数值介于 80~90 之间且 C2:C16 单元格区域中文本内容为"1 班"的数据行，为这些数据行在 K 列中的数值求平均值。

（2）= AVERAGEIFS(C2:C25, A2:A25, "？？？", B2:B25,"> = 2020/1/1", B2:B25, "< = 2020/3/31")：找到 A2:A25 单元格区域中文本长度为 3 个字符且 B2:B25 单元格区域中日期属于 2020 年第一季度的数据行，为这些数据行在 C 列中的数值求平均值。

13）条件判断函数 IF(logical_test，[value_if_true]，[value_if_false])

该函数根据是否满足指定条件决定返回值，若满足条件，则返回一个指定数据，否则返回另一个指定数据。例如，可用于根据考试成绩自动判别总评等级、根据个人应纳税所得额自动对应适用的税率等案例。

参数介绍

（1）logical_test：指定判断条件，可以是逻辑判断结果为 TRUE 或 FALSE 的任意值或表达式。

（2）value_if_true：参数 logical_test 计算结果为 TRUE 时的返回值。

（3）value_if_false：参数 logical_test 计算结果为 FALSE 时的返回值。

应用实例

（1）= IF(D6>=80, "是"，"否")：如果 D6 单元格中的数值大于或等于 80，则函数所在的单元格显示文本"是"，否则，显示"否"。

（2）= IF(B4="买",F4,F4 * (-1))：如果 B4 单元格中的文本为"买"，函数所在单元格则显示 F4 单元格中的数值，否则，显示 F4 单元格中数值的相反数。

（3）= IF(D6>=80, "通过",IF(D6>=60, "待定"，"淘汰"))：如果 D6 单元格中的数值大于或等于 80，则函数所在的单元格显示文本"通过"；如果 D6 单元格中的数值大于等于 60 且小于 80，则显示文本"待定"；如果 D6 单元格中的数值小于 60，则显示文本"淘汰"。

14）逻辑函数 AND(logical1，[logical2]，…)

当所有参数的逻辑值为 TRUE 时，该函数的返回值为 TRUE，否则返回值为 FALSE。例如，可用于判断学生的语文和数学成绩是否均高于 60 分、教职工是否学历为"博士"且职称为"教授"等案例。

参数介绍

logical1，logical2，……可以是逻辑判断结果为 TRUE 或 FALSE 的任意值或表达式。

应用实例

（1）= AND(E2>=500, E2<=600)：如果 E2 单元格中的数值介于 500~600 之间，则函数所在的单元格显示逻辑值"TRUE"，否则显示"FALSE"。

（2）=IF(AND(E2>90, F2>90),“优秀”,“一般”)：如果E2单元格和F2单元格的数值均大于90，则函数所在的单元格显示文本“优秀”，否则显示“一般”，如图8-61所示。

fx	=IF(AND(E2>90,F2>90),"优秀","一般")		
D	E	F	G
姓名	语文	数学	总评
杨瑞	92	95	优秀
林济程	84	81	一般
姜铎	87	98	一般
徐梦灵	91	95	优秀
郑晶	78	92	一般
郭美凤	89	51	一般
刘思名	90	78	一般

图8-61　使用IF和AND函数求总评

15）逻辑函数OR(logical1, [logical2],…)

只要任何一个参数的逻辑值为True，该函数的返回值即为True，否则返回值为False。例如，可用于判断消费者年龄是否高于60岁或者低于15岁、书籍是否属于外语类别或计算机类别等案例。

参数介绍

logical1, logical2, ……可以是逻辑判断结果为TRUE或FALSE的任意值或表达式。

应用实例

（1）=OR(E2>60, F2>60, G2>60)：如果E2、F2或G2中有任意一个单元格的数值大于60，则函数所在的单元格显示逻辑值“TRUE”，否则显示“FALSE”。

（2）=IF(OR(E5="周六", E5="周日"), "加班", "")：如果E5单元格中的数据为“周六”或者“周日”，则函数所在的单元格显示文本“加班”，否则显示为空。

16）排位函数RANK.EQ(number, ref, [order])和RANK.AVG(number, ref, [order])

RANK函数用于返回指定的数值在数值列表中的排位。如果该数值列表中有多个相同的数值，使用RANK.EQ函数可以返回最高排位值，使用RANK.AVG函数可以返回平均排位值。例如，在成绩表列表中求出各个学生成绩的排名情况，有两个学生的成绩均为92分（第4条和第6条成绩记录），RANK.EQ函数返回这两个学生的最高排名值“2”，RANK.AVG函数则返回这两个学生的平均排名值“2.5”，如图8-62所示。

	A	B	C	D
1	姓名	成绩	排名（RANK.EQ）	排名（RANK.AVG）
2	徐梦灵	86	5	5
3	郑晶晶	78	6	6
4	郭美凤	95	1	1
5	刘思名	92	2	2.5
6	连慧琼	89	4	4
7	万丽晴	92	2	2.5

图8-62　使用RANK函数排名

参数介绍

（1）number：要获取排位的数值。

（2）ref：数值列表所在的单元格区域。

（3）order：指定排位的方式，如果为0或忽略，则按照降序的方式进行排位；如果为非零值，则按照升序的方式进行排位。

应用实例

（1）=RANK.EQ(B3, \$B\$2:\$B\$7, 0)：求出B3数值在B2:B7数值列表中的降序排位；若B2:B7数值列表中有其他数值与B3数值相等，则返回这些数值的最高排位。

（2）=RANK.AVG(B3, \$B\$2:\$B\$7, 1)：求出B3数值在B2:B7数值列表中的升序排位；若B2:B7数值列表中有其他数值与B3数值相等，则返回这些数值的平均排位。

17）垂直查询函数VLOOKUP(lookup_value, table_array, col_index_num, [range_lookup])

使用VLOOKUP函数，可以在指定数据列表的第一列中搜索数据值，找到该数据所在的数据行，最终返回该数据行中指定列的数据值。例如，通过员工的姓名在员工信息列表中查询出该员工所在的部门，如图 8-63 所示。

I5 =VLOOKUP(H5,$B$1:$F$8,2,FALSE)

	A	B	C	D	E	F	G	H	I
1	工号	姓名	部门	年龄	性别	基本工资			
2	1001	常乐琪	办公室	25	男	2285			
3	1002	方红	人事处	27	男	3473			
4	1003	徐美克	总务处	29	女	5265		姓名	所在部门
5	1005	胡万欣	总务处	33	男	2265		徐美克	总务处
6	1004	陶虹言	办公室	36	女	3100		邱志明	人事处
7	1006	唐晓	总务处	39	男	3240			
8	1007	邱志明	人事处	45	男	4225			

图 8-63 使用 VLOOKUP 函数查询数据

参数介绍

（1）lookup_value：要查找的数据，可以是数值、文本或单元格地址等对象。

（2）table_array：查找列表区域，即用于查找数据的单元格区域，该单元格区域的第一列用于搜索 lookup_value 参数中指定的数据。例如，若参数 table_array 为“C1:F8”，则在 C 列中查找参数 lookup_value 指定的数据。

（3）col_index_num：用于指定返回值在 table_array 列表中的列号。例如，参数 col_index_num 为 2，则返回 table_array 列表中第二列的值。

（4）range_lookup：逻辑值 TRUE 或 FALSE，决定函数查找方式为近似匹配还是精确匹配。

①取值为 FALSE 或 0 时，函数将返回精确匹配值。

②取值为 TRUE、1 或省略时，函数将返回近似匹配值。近似匹配查找的规则为：在 table_array 列表的第一列中搜索 lookup_value 指定的数值，若无法精确查找到该数值，将查找小于 lookup_value 数值的最大数值。

注意：在进行近似匹配查找前，必须以 table_array 列表中的第一列为主要关键字，完成数据列表的升序排列。否则，函数可能返回错误值。

应用实例

（1）= VLOOKUP(H5, $B$1: $F$8, 2, FALSE)：要查找的数据为 H5 单元格中的数据“徐美克”，查找列表区域为 B1:F8，则在 B 列中查找到“徐美克”，并返回“徐美克”所在行（第 4 行）C 列（B1:F8 区域中的第 2 列）单元格中的数据“总务处”，如图 8-63 所示。

（2）= VLOOKUP(35, D1:F8, 3, TRUE)：要查找的数据为“35”，查找列表区域为 D1:F8，在 D 列中没有查找到精确数值“35”，则查找近似匹配值“33”（小于 35 的最大数值），并返回数值“33”所在行（第 5 行）F 列（D1:F8 区域中的第 3 列）单元格中的数据“2265”。

18）当前日期函数 TODAY( )

该函数用于返回计算机系统的当前日期，常用于与其他函数嵌套使用。与 TODAY( ) 函数功能相似，NOW( ) 函数可用于返回当前计算机系统的日期和时间。

参数介绍

该函数无参数值。

应用实例

（1）= TODAY( )：获取当前系统日期。

（2）= TODAY( )+30：获取当前系统日期 30 天后的日期。

19）向下取整函数 INT(number)

该函数用于将数值向下取整为最接近的整数。例如，该函数可用于计算员工的周岁年龄，公式“=INT((TODAY( )-A2)/365)”表示将当前日期减去出生日期（A2 单元格中的数据）得到天数的差值，再除以 365 天计算出年数，最后使用 INT 函数对该年数值向下取整，得到该员工的周岁年龄。在计算员工工龄的案例中，也可以使用类似的方法。

参数介绍

number 可以是数值、公式或函数。

应用实例

（1）= INT（48/10）：数值 48 除以 10 等于 4.8，对数值 4.8 向下取整得到整数 4。

（2）= INT（-9.7）：小于数值-9.7 且最接近-9.7 的整数为-10。

20）年份函数 YEAR（serial_number）

该函数可以根据给定的日期提取年份值，年份数值介于 1 900～9 999 之间。

参数介绍

serial_number 可以是大于等于 0 的数值、日期、单元格地址、公式或函数。

应用实例

（1）= YEAR（2021/10/22）：获取日期型数据"2021/10/22"的年份，函数的返回结果为 2021。

（2）= YEAR（46000）：数值型数据"46000"可转换为日期型数据"2025/12/9"，函数的返回结果为 2025。

（3）= YEAR（TODAY（））：获取当前系统日期所在的年份。

21）提取字符串函数 MID（text，start_num，num_chars）

该函数从文本字符串中的指定位置提取指定个数的字符。例如，可用于从身份证上提取出生年月信息，从学号上提取班级信息、从姓名中提取姓氏等案例。

参数介绍

（1）text：用于提取字符的文本字符串。

（2）start_num：指定开始提取字符的位置。例如，取值为 3，表示从字符串的第 3 个字符开始提取字符。

（3）num_chars：指定提取字符的个数。例如，取值为 5，表示提取 5 个字符。

应用实例

（1）= MID（"福建省福州市"，4，2）：从"福建省福州市"字符串中的第 4 个字符开始，提取 2 个字符，返回结果为字符串"福州"。

（2）= MID（B5，1，3）：提取并返回 B5 单元格中字符串的前 3 个字符。

22）文本合并函数 CONCATENATE（text1，[text2]，…）

该函数用于将多个（最多 255 个）文本字符串连接组成一个文本字符串。

参数介绍

text1，[text2]，……指定参与合并的对象，可以是文本、单元格地址、公式或函数等。

应用实例

（1）= CONCATENATE（C4，D4）：将 C4 和 D4 单元格中的字符串连接起来，其效果等同于公式"= C4&D4"。

（2）= CONCATENATE（MID（D9，7，4），"年"）：提取出 D9 单元格文本数据中的第 7～10 位字符（如"1970"），与文本"年"合并成一个字符串（如"1970 年"）。

23）日期函数 DATE（year，month，day）

该函数将年、月、日参数结合起来，返回一个日期型数据。例如，该函数可以将身份证号码中提取出来的年、月、日字符串合并转换为日期型数据。

参数介绍

参数 year, month, day 分别用于指定年、月、日的数值，可以是数字、单元格地址、公式或函数等。

应用实例

（1） = DATE(2024, A1, B1)：若 A1 和 B1 单元格中的数值分别为"11"和"2"，则该函数返回值为"2024/11/2"。

（2） = DATE(MID(D9,7,4), MID(D9,11,2), MID(D9,13,2))：将 D9 单元格中的第 7~10 位字符、第 11~12 位字符、第 13~14 位字符，分别作为年、月、日的数值，组成一个日期型数据。例如，D9 单元格中的数据为身份证号"350102198812051445"，则该函数返回值为"1988/12/5"。

24）四舍五入函数 ROUND(number, number_digits)

该函数按指定的位数对数值进行四舍五入。

参数介绍

（1） number：参与四舍五入的数值。

（2） number_digits：指定数值保留的位数，分为以下三种情况。

①该参数大于 0，将数值四舍五入到指定的小数位数。

②该参数等于 0，将数值四舍五入为整数。

③该参数小于 0，将数值小数点左侧（整数）的相应位数进行四舍五入。

应用实例

（1） = ROUND(3.14159, 3)：将数值 3.14159 保留 3 位小数，函数返回值为 3.142。

（2） = ROUND(335.23, -1)：将数值 335.23 取整到十位数，函数返回值为 340。

（3） = ROUND(10/9, 0)：10/9 的商为 1.111…，函数返回值为 1。

注意：如果在单元格中输入函数"=ROUND(10/9,2)"，则单元格中的显示数据和实际保存的数据均为"1.11"；如果在单元格中输入公式"= 10/9"，并设置单元格格式为保留 2 位小数，则单元格中显示数据"1.11"，而实际保存的数据为"1.11…"。

【案例 8-16】打开"案例 8-16 函数-1. xlsx"工作簿，在"招聘"工作表中按下列要求完成函数的编辑操作。

（1）在"笔试成绩"列求出每个考生的笔试成绩，笔试成绩为思想政治和专业技能分值的总和。

（2）在"总评"列求出每个考生的总评成绩，总评成绩为面试成绩和笔试成绩的平均值，并且要求使用 ROUND 函数对考生的总评成绩保留整数。

（3）求出销售部门考生的思想政治、专业技能、笔试成绩、面试成绩的平均分，分别填入第 19 行对应的单元格中。

（4）对参加笔试和面试的考生人数进行统计，分别填入第 20 行对应的单元格中。

（5）对笔试和面试缺考的人数进行统计，分别填入第 21 行对应的单元格中。

（6）对笔试和面试考试成绩不及格的人数进行统计，分别填入第 22 行对应的单元格中。

（7）对每个考生的总评成绩进行排名，填入"排名"列。

（8）对于笔试成绩或者面试成绩超过 85 分的考生，在其"考核结果"栏上填入"通过"，否则填入"未通过"。

（9）考核结果为"通过"且总评分值排名为前 5 名的考生给予录用，在"是否录用"栏上填入"是"，否则该栏为空。

【操作步骤】操作视频见二维码8-16。

二维码8-16

（1）单击I4单元格，输入函数"＝SUM（G4：H4）"，拖动填充柄完成I4：I18区域的填充。

（2）单击K4单元格，输入函数"＝ROUND（AVERAGE（I4：J4），0）"，拖动填充柄完成K4：K18区域的填充。

（3）单击G19单元格，输入函数"＝AVERAGEIF（$F$4：$F$18,"销售部",G4：G18）"，拖动填充柄完成G19：J19区域的填充。

（4）单击G20单元格，输入函数"＝COUNT（G4：G18）"，选中G20单元格，按下快捷键Ctrl＋C，单击H20单元格，按下快捷键Ctrl＋V，再单击J20单元格，按下快捷键Ctrl＋V。

（5）单击G21单元格，输入函数"＝COUNTBLANK（G4：G18）"，选中G21单元格，按下快捷键Ctrl＋C，单击H21单元格，按下快捷键Ctrl＋V，再单击J21单元格，按下快捷键Ctrl＋V。

（6）单击I22单元格，输入函数"＝COUNTIF（I4：I18,"<60"）"，拖动填充柄完成I22：J22区域的填充。

（7）单击L4单元格，输入函数"＝RANK．EQ（K4，$K$4：$K$18,0）"，拖动填充柄完成L4：L18区域的填充。

（8）单击M4单元格，输入函数"＝IF（OR（I4>85,J4>85），"通过"，"未通过"）"，拖动填充柄完成M4：M18区域的填充。

（9）单击N4单元格，输入函数"＝IF（AND（M4＝"通过"，L4<＝5），"是"，""）"，拖动填充柄完成N4：N18区域的填充。

【案例8-17】打开"案例8-17 函数-2.xlsx"工作簿，在"员工信息"工作表中按下列要求完成函数的编辑操作。

（1）员工工号中的第2、3位字符表示员工所在部门的编号，根据部门编号，在"部门"列中完成部门名称的自动填充，"部门编号"和"部门名称"的对应关系在"部门信息"工作表中。

（2）身份证号的第7～14位表示出生日期，在"出生年月"列中完成每个员工出生年月的填写，显示为"××××年××月"，例如，"1989年05月""1975年11月"。

（3）使用INT函数和TODAY函数，在"工龄"列中计算出每个员工的工龄。注意：一年按365天计算，不满一年不计入工龄。

（4）在D37单元格中计算出技术部门本科学历普通员工（除经理外）的平均工龄。

【操作步骤】操作视频见二维码8-17。

二维码8-17

（1）单击C2单元格，输入函数"＝VLOOKUP（MID（A2,2,2），部门信息！$A$2：$B$7,2,FALSE）"，双击B2单元格右下角的填充柄，完成填充。

（2）单击F2单元格，输入函数"＝CONCATENATE（MID（E2,7,4），"年"，MID（E2,11,2），"月"）"，双击F2单元格右下角的填充柄，完成填充。

（3）单击J2单元格，输入函数"＝INT（（TODAY（）-I2）/365）"，双击J2单元格右下角的填充柄，完成填充。

（4）单击D37单元格，输入函数"＝AVERAGEIFS（J2：J35,C2：C35,"技术"，H2：H35,"本科"，G2：G35,"员工"）"。

第 9 章

数据分析与处理

在 Excel 中对数据进行分析与处理，主要有排序、筛选、分类汇总、数据透视表、图表、合并计算等方式。经过分析处理后的数据可以实现统计、排列、整合和重构，最后以用户需要的显示方式呈现出来。

9.1

数据排序

为了更直观地浏览数据，可以对数据列表中的数据行按照关键字以升序或降序等方式进行排序。按操作复杂度区分，可将排序分为快速排序和复杂排序两种方式。

9.1.1 快速排序

如果要根据单一关键字对数据列表进行顺序排列，只需选中该关键字所在列的任意一个单元格，在"数据"选项卡的"排序和筛选"组中，单击"升序"按钮 ↓ 或"降序"按钮 ↓ 即可快速完成整个数据列表的排序。对不同的数据类型的关键字，排序规则有所不同，见表 9-1。

表 9-1　不同数据类型的排序规则

数据类型	排序规则	示例
文本	升序：根据字母顺序从 A 到 Z 排序 降序：根据字母顺序从 Z 到 A 排序 中文文本根据拼音的字母顺序进行排序，通常用于数据的"分类"操作	升序："Apple"排在"Lenovo"的前面 降序："女"排在"男"的前面
数值	升序：依据数字从小到大排序 降序：依据数字从大到小排序	升序："108.15"排在"109.23"的前面
日期	升序：依据日期从前到后排序 降序：依据日期从后到前排序	升序："2020/12/5"排在"2021/5/20"的前面
逻辑值	与文本排序规则相同	升序："FALSE"排在"TRUE"的前面

注意：若选中了数据列表中的部分区域，例如，仅选中某列单元格区域，然后执行快速排序操作，将打开如图 9-1 所示的"排序提醒"对话框，此时若选择"扩展选定区域"单选按钮，可以实现整个数据列表的排序；若选择"以当前选定区域排序"单选按钮，则仅对选定列的数据区域进行排序，其他列数据则不参与排序，由此可能导致列表中的数据行内容错乱。

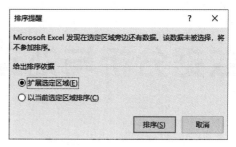

图 9-1　"排序提醒"对话框

9.1.2　复杂排序

对数据列表的复杂排序需要通过"排序"对话框进行设置，例如，根据多关键字排序、按照单元格填充色排序，或者依据自定义的序列进行排序等。

具体操作步骤如下：选中要排序的数据列表或数据列表中的任意一个单元格，在"数据"选项卡的"排序和筛选"组中单击"排序"按钮，打开"排序"对话框进行排序设置。

1. 按照颜色进行排序

可以根据单元格颜色、字体颜色或者单元格中含有的图标进行排序设置，将指定颜色的数据显示在数据列表的顶端或者底部。例如，将"成绩"列中字体颜色为红色的单元格所在的数据行，排列到数据列表的顶端，如图 9-2 所示。

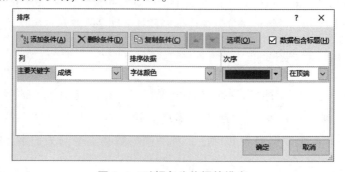

图 9-2　以颜色为依据的排序

2. 按照自定义列表进行排序

通过以下两种常用方法，可以在 Excel 中添加自定义序列。

（1）通过"选项"对话框添加自定义序列（参见"8.4.1 数据的输入"节中关于使用自定义序列的介绍）。

（2）在"排序"对话框中，单击"次序"下拉按钮，在下拉列表在中选择"自定义序列"选项，在打开的"自定义序列"对话框中添加自定义序列。

自定义序列添加完毕，即可在"排序"对话框的"次序"下拉列表中，选择自定义序列作为数据列表的排序次序。例如，数据列表以"部门"列为关键字，按照"人事处、办公室、总务处"的先后次序进行排序，如图 9-3 所示。

图 9-3 以自定义序列为依据的排序

3. 多关键字排序

通过添加排序条件，可以对数据列表指定多个关键字进行综合排序。数据列表首先按照主要关键字设定的次序进行排序，对于主要关键字相同的数据行，再按照次要关键字设定的次序进行排序，以此类推。例如，如图 9-4 所示的多关键字排序设置，在对员工信息进行排序时，先根据性别对数据行进行升序排序，性别为"男"的员工数据排在性别为"女"的员工数据前面，对于性别相同的员工数据行，再根据年龄从大到小对其进行排序。

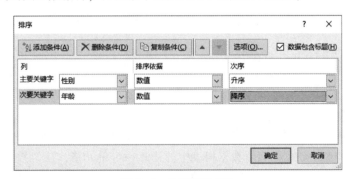

图 9-4 多关键字排序

【案例 9-1】打开"案例 9-1 复杂排序 .xlsx"工作簿，按下列要求完成排序操作。

（1）在"产品信息"工作表中，以"产品类别代码"为主要关键字进行升序排序，"产品型号"为次要关键字，单元格填充色为蓝色的数据行排列在前面。

（2）在"销售"工作表中，对数据列表按照"第一分店、第二分店、第三分店、……、第六分店"的顺序进行排序。

【操作步骤】操作视频见二维码 9-1。

（1）在"产品信息"工作表中，进行多关键字排序设置。

①选中 A1：C21 区域中的任意一个单元格，单击"数据"选项卡→"排序和筛选"组→"排序"按钮。

②在"排序"对话框中，设置排序的主要关键字：单击"主要关键字"下拉按钮→"产品类别代码"选项，单击"排序依据"下拉按钮→"数值"选项，单击"次序"下拉按钮→"升序"选项。

二维码 9-1

③单击"添加条件"按钮，设置排序的次要关键字：单击"次要关键字"下拉按钮→"产品型号"选项，单击"排序依据"下拉按钮→"单元格颜色"选项，单击"次序"下拉按钮→"蓝色"选项，再单击最右侧下拉按钮→"在顶端"选项。

（2）在"销售"工作表中，设置自定义序列并排序。

①选中 A3：G9 区域，单击"数据"选项卡→"排序和筛选"组→"排序"按钮。

②在"排序"对话框中，单击"主要关键字"下拉按钮→"部门"选项，单击"排序依据"下拉按钮→"数值"选项，单击"次序"下拉按钮→"自定义序列"选项。

③在"自定义序列"对话框中，输入序列内容："第一分店、第二分店、……、第六分店"，数据之间用"Enter"键隔开，单击"添加"按钮→"确定"按钮，完成自定义序列。

④在"排序"对话框中，"次序"下拉列表中默认选择自定义序列"第一分店、第二分店、……、第六分店"，单击"确定"按钮，执行排序操作。

9.2

数据筛选

在数据列表中，使用筛选功能可以快速查找并显示符合指定条件的数据行，将不符合条件的数据行隐藏。根据设置筛选方式的不同，可将筛选操作分为自动筛选和高级筛选。

9.2.1 自动筛选

通过自动筛选，用户可以便捷地设置筛选条件、快速查找满足条件的数据行。

1. 设置自动筛选

使用自动筛选的方式，可以通过各列标题右侧的下拉按钮为数据列表设置筛选条件。具体操作步骤如下：选中整个数据列表或数据列表中的任意一个单元格，在"数据"选项卡的"排序和筛选"组中，单击"筛选"按钮，即可进入"自动筛选"设置状态；单击任意列标题右侧的下拉按钮，在下拉列表中可选择并设置筛选条件。

例如，要在员工信息表中筛选出所有姓王和姓陈的员工，可单击"姓名"列标题右侧的下拉按钮，完成如图 9-5 所示的自动筛选设置。

在对某一列设置筛选条件的基础上，还可以再对其他列进行更多筛选条件设置，在不同列设置的筛选条件互为"与（and）"的逻辑关系。例如，在员工信息表的"姓名"列设置"开头是'王'或'陈'"的筛选条件后，继续在"性别"列设置筛选条件为"等于'男'"，则该数据列表最终显示所有姓王和姓陈的男性员工数据。

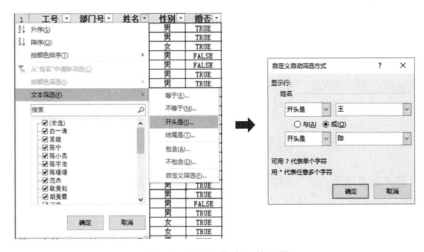

图 9-5　"自动筛选"的设置

2. 取消自动筛选

对于已经完成自动筛选的数据列表，如果要还原和显示原有数据、取消自动筛选效果，可以使用以下三种常用操作方法。

（1）对于已设置了自动筛选的列标题，其右侧会显示一个带"筛选标记"的下拉按钮 ，单击该下拉按钮，在下拉列表中选择"从'（列标题）'中清除筛选"命令，即可清除该列设置的自动筛选条件。例如，如图 9-6 所示，单击"姓名"列标题右侧的下拉按钮，在下拉列表中选择"从'姓名'中清除筛选"命令，即可清除在"姓名"列设置的自动筛选条件。如果数据列表中设置了多个自动筛选条件，可使用以上方法逐一清除在其他列设置的自动筛选条件，直至取消所有自动筛选结果。

图 9-6　从"（列标题）"中清除筛选

（2）在"数据"选项卡的"排序和筛选"组中单击"清除"按钮，可以一次性清除在所有列设置的数据筛选条件、快速取消所有筛选结果。

（3）在"数据"选项卡的"排序和筛选"组中单击"筛选"按钮，可以快速取消所有筛选结果并退出自动筛选状态。

【案例 9-2】打开"案例 9-2 自动筛选 .xlsx"工作簿，按下列要求完成自动筛选设置。

（1）在"成绩"工作表中，使用自动筛选的方式，筛选出语文成绩前 5 名且英语成绩高于平均分的学生记录。

（2）在"汽车销售"工作表中，使用自动筛选的方式，筛选出价格高于（包含）50 万元以及低于（包含）30 万元的"舒适"版轿车。

【操作步骤】操作视频见二维码 9-2。

（1）在"成绩"工作表中，分别对"语文"和"英语"两列进行自动筛选条件设置。

①选中数据列表中的任意一个单元格，单击"数据"选项卡→"排序和筛选"组→"筛选"按钮。

②单击"语文"列标题右侧下拉按钮→"数字筛选"命令→"前 10 项…"命令。

二维码 9-2

③在"自动筛选前 10 个"对话框中，分别选择"最大""5""项"，单击"确定"按钮。

④单击"英语"列标题右侧下拉按钮→"数字筛选"命令→"高于平均值"命令。

245

（2）在"汽车销售"工作表中，分别对"车型"和"指导价（万元）"两列进行自动筛选条件设置。

①选中数据列表中的任意一个单元格，单击"数据"选项卡→"排序和筛选"组→"筛选"按钮。

②单击"车型"列标题右侧下拉按钮→"文本筛选"命令→"包含"命令。

③在"自定义自动筛选方式"对话框中，选择"包含"选项、输入文本"舒适"，单击"确定"按钮。

④单击"指导价（万元）"列标题右侧下拉按钮→"数字筛选"命令→"大于或等于"命令。

⑤在"自定义自动筛选方式"对话框中，选择"大于或等于"选项、输入数值"50"；单击"或"单选按钮，再选择"小于或等于"选项、输入数值"30"，单击"确定"按钮。

9.2.2 高级筛选

使用高级筛选可以构造逻辑关系更为复杂的条件组合。与自动筛选不同，要进行高级筛选，首先需要按照指定的规则创建一个独立的条件区域，再根据条件区域的设置进行数据的筛选。

1. 创建条件区域

对数据列表进行高级筛选，需要在数据列表区域以外单独创建一个条件区域，并将所有的筛选要求按照规则输入条件区域中，条件区域的创建规则及示例见表9-2。

表9-2　高级筛选条件区域的创建规则

条件区域中的各行	指定的规则	示例
首行（标题行）	设定条件的列标题（该名称须与数据列表中的列标题名称一致）	<table><tr><td>班级</td><td>性别</td><td>成绩</td><td>成绩</td></tr><tr><td>1班</td><td></td><td><=90</td><td>>=80</td></tr><tr><td>2班</td><td>女</td><td>>=90</td><td></td></tr></table>
其他行（条件行）	可以借助"="">""<"">=""<=""<>"等运算符构建筛选条件。逻辑关系为"与（and）"的条件须设置在同一行；逻辑关系为"或（or）"的条件须设置在不同行	构建上图所示的条件区域，可筛选出1班中成绩介于80~90之间的所有学生记录，以及2班中成绩大于等于90分的女生记录

2. 根据条件区域进行高级筛选

条件区域创建完毕，即可为数据列表执行高级筛选操作，具体操作步骤如下：

（1）选中整个数据列表或数据列表中的任意一个单元格，在"数据"选项卡的"排序和筛选"组中，单击"高级"按钮。

（2）在"高级筛选"对话框中，"列表区域"框中已默认生成数据列表区域地址，"条件区域"框中须自行指定条件区域地址，如图9-7所示。

（3）通过单击"在原有区域显示筛选结果"或"将筛选结果复制到其他位置"单选按钮，选择筛选结果的显示方式。

（4）若勾选"选择不重复的记录"，则筛选结果中不会显示重复的数据记录。

图9-7　"高级筛选"对话框

注意：如果需要将高级筛选的结果放置到与当前数据列表不同的工作表中，则必须切换到筛选结果所在的工作表中执行高级筛选操作。

3. 取消高级筛选

如果在原有数据列表区域显示高级筛选结果，那么，在"数据"选项卡的"排序和筛选"组中单击"清除"按钮，可以取消高级筛选结果、恢复原有数据列表。

【案例9-3】打开"案例9-3 高级筛选.xlsx"工作簿，按下列要求完成高级筛选设置。

（1）在"单价"工作表中，使用高级筛选的功能，在原表中筛选出单价高于30元的日用品和单价低于30元的调味品记录。

（2）在"员工档案"工作表中，使用高级筛选的功能，筛选出在2010年入职、学历为本科或硕士的人事部门员工，要求在"高级筛选"工作表的浅蓝色底纹单元格范围内创建条件区域，筛选结果从橙色底纹单元格位置开始放置。

【操作步骤】操作视频见二维码9-3。

（1）在"单价"工作表中，创建条件区域，完成高级筛选。

①在数据列表下方的B79:C81区域，输入下图所示的条件区域内容：

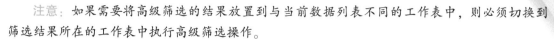

产品类别	单价
日用品	>30
调味品	<30

二维码9-3

②选中A1:D76区域中的任意一个单元格，单击"数据"选项卡→"排序和筛选"组→"高级"按钮。

③在"高级筛选"对话框中，单击"条件区域"框，选中B79:C81区域，单击"确定"按钮。

（2）在"高级筛选"工作表中，创建条件区域，完成高级筛选。

①在A2:D4区域中，输入如下所示的条件区域内容：

部门	学历	入职时间	入职时间
人事	本科	>=2010/1/1	<=2010/12/31
人事	硕士	>=2010/1/1	<=2010/12/31

②单击"数据"选项卡→"排序和筛选"组→"高级"按钮。

③在"高级筛选"对话框中，单击"列表区域"框，选择"员工档案"工作表中的A2:H37区域；再单击"条件区域"框，选择"高级筛选"工作表中的A2:D4区域；单击"将筛选结果复制到其他位置"单选按钮→"复制到"框，单击"A10"橙色底纹单元格；最后，单击"确定"按钮。

9.3

数据汇总

当电子表格中的数据繁多且冗杂时，可以使用分类汇总和合并计算的方法，对数据列表进行整理分类和汇总统计。

9.3.1 分类汇总

分类汇总是指将数据列表按照指定的条件进行分类（排序），然后根据不同的分类对数据进行统计或计算。

1. 分类汇总的创建

分类汇总的创建，主要分为"排序"和"分类汇总"两个操作步骤。

1）排序

在进行分类汇总之前，需要先根据分类字段对数据列表进行排序，即执行"分类"操作。

2）分类汇总

完成分类操作后，选中数据列表或数据列表中的任意一个单元格，在"数据"选项卡的"分级显示"组中单击"分类汇总"按钮，打开"分类汇总"对话框并进行各项参数的设置，最终在数据列表中生成分类汇总结果。

例如，要针对各个班级进行期末考试平均分的统计，具体操作步骤如下：

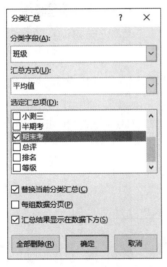

图9-8 "分类汇总"对话框

（1）以"班级"字段为关键字对数据列表进行排序。

（2）选中数据列表或数据列表中的任意一个单元格，在"数据"选项卡的"分级显示"组中单击"分类汇总"按钮。

（3）在"分类汇总"对话框中，分别对"分类字段""汇总方式"和"汇总项"进行设置，单击"确定"按钮即可完成分类汇总操作，如图9-8所示。

此外，在"分类汇总"对话框中，还可以对分类汇总进行以下设置。

● 设置是否替换当前分类汇总：若勾选"替换当前分类汇总"复选框，本次分类汇总结果将覆盖原有分类汇总结果；否则，本次分类汇总的结果与原有分类汇总的结果将叠加显示。

● 设置每组数据是否分页：若勾选"每组数据分页"复选框，可以将各组分类的汇总结果自动分页，从而可以在不同的纸张上打印输出；否则，各组数据将连续打印，不会自动分页。

● 设置汇总结果显示位置：若勾选"汇总结果显示在数据下方"复选框，汇总数据会出现在明细行的下方；否则，将出现在明细行的上方。

2. 分类汇总的删除

选中要删除分类汇总结果的数据列表区域，在"数据"选项卡的"分级显示"组中单击"分类汇总"按钮，打开"分类汇总"对话框，单击"全部删除"按钮，即可清除选定区域的分类汇总结果。

3. 分级显示数据

数据列表进行分类汇总操作后，会自动形成分级显示效果，可以选择显示或隐藏指定级别的数据内容。如图9-9所示，按"班级"进行分类汇总的数据列表，在窗口左侧显示1、2、3级的级别符号，1级为所有班级总计平均分，2级为各班级平均分，3级为所有学生明细数据。单击不同的级别符号按钮，可以显示/隐藏各个级别的数据明细；也可以单击 + 和 − 这两个符号按钮，对数据展开或折叠显示。

1 2 3		A	B	C	D	E	F	G	H
6		学号	姓名	班级	小测二	小测三	半期考	期末考	总评
+	29			一班 平均值				73.3	
+	41			二班 平均值				70.7	
+	49			三班 平均值				74.7	
−	50			总计平均值				72.8	

图 9-9　数据的分级显示

在"数据"选项卡的"分级显示"组中，单击"取消组合"下拉按钮，在下拉列表中选择"清除分级显示"命令，可以删除分级显示效果；单击"创建组"下拉按钮，在下拉列表中选择"自动建立分级显示"命令，可以恢复分级显示效果。

【案例 9-4】打开"案例 9-4 分类汇总的创建.xlsx"工作簿，按下列要求完成分类汇总操作。

（1）在"产品类别"工作表中，通过分类汇总功能求出每种产品类别的平均单价，并将每组结果分页显示。

（2）在"员工考核"工作表中，通过分类汇总功能，分别求出男、女员工的"业绩考核"成绩和"能力考核"成绩的最高分和最低分，并将汇总结果显示在数据上方。

【操作步骤】操作视频见二维码 9-4。

二维码 9-4

（1）在"产品类别"工作表中，先根据"产品类别"列进行排序，再对数据列表进行分类汇总。

①选中 C2:C76 区域中的任意一个单元格，单击"数据"选项卡→"排序和筛选"组→"升序"按钮/"降序"按钮。

②单击"数据"选项卡→"分级显示"组→"分类汇总"按钮。

③在"分类汇总"对话框中，单击"分类字段"下拉按钮→"产品类别"选项；单击"汇总方式"下拉按钮→"平均值"选项；在"选定汇总项"列表框中勾选"单价"复选框，再勾选"每组数据分页"复选框，单击"确定"按钮。

（2）在"员工考核"工作表中，先根据"员工性别"列进行排序，再对数据列表进行两次分类汇总，叠加分类汇总结果。

①选中 C2:C32 区域中的任意一个单元格，单击"数据"选项卡→"排序和筛选"组→"升序"按钮/"降序"按钮。

②单击"数据"选项卡→"分级显示"组→"分类汇总"按钮。

③在"分类汇总"对话框中，单击"分类字段"下拉按钮→"员工性别"选项；单击"汇总方式"下拉按钮→"最大值"选项；在"选定汇总项"列表框中，勾选"业绩考核"复选框和"能力考核"复选框；单击"汇总结果显示在数据下方"复选框以取消其勾选状态；其他设置保持默认，单击"确定"按钮。

④选中 A1:F35 区域，单击"数据"选项卡→"分级显示"组→"分类汇总"按钮。

⑤在"分类汇总"对话框中，单击"汇总方式"下拉按钮→"最小值"选项；单击"替换当前分类汇总"复选框以取消其勾选状态，其他设置保持默认，单击"确定"按钮。

9.3.2　合并计算

在对数据进行分析的过程中，常常需要对多个具有相同行、列结构的数据列表进行数据的归集与合并，并进行求和汇总、计数统计、获取最值和求标准差等运算。Excel 软件中提供的

"合并计算"功能，可以将多个布局相同的单元格区域中的数据（源数据）进行归集和统计计算，并最终汇总到一个指定的目标区域。即使这些源数据被分别存放在不同的工作簿或工作表中，也可以通过合并计算功能将其集中汇总到同一个工作表中。

1. 合并计算操作

选中要放置合并计算结果的目标单元格，在"数据"选项卡的"数据工具"组中，单击"合并计算"按钮，打开如图9-10所示的"合并计算"对话框，在其中进行函数选择、添加引用位置、设置标签位置等操作，即可生成合并计算的结果。

图9-10 "合并计算"对话框

1）选择函数

在"合并计算"对话框中，通过"函数"下拉列表，可以选择要进行汇总计算的函数，如求和、计数、平均值、最大值或最小值等。

2）添加引用位置

在"合并计算"对话框中，可通过"引用位置"框逐个定位要进行合并计算的源数据单元格区域，并将其依次添加到"所有引用位置"列表框中，从而实现源数据的归集。

（1）在"引用位置"框中，可以通过键盘输入源数据所在的单元格区域地址，或者通过拖动鼠标选中源数据的单元格区域，在"引用位置"框中快速生成引用地址。

（2）单击"添加"按钮，即可将"引用位置"框中的源数据区域添加到"所有引用位置"列表框中。

（3）通过多次执行第（1）~（2）步操作，可在"所有引用位置"列表框中添加多个不同的源数据区域。

3）设置标签位置

若添加的引用位置（源数据区域）中包含行标题（首行）或列标题（最左列），则需要在"合并计算"对话框的"标签位置"栏中，勾选"首行"或"最左列"复选框。否则，在合并结算的结果中，行标题和列标题对应的区域将显示为空。

4）创建链接到数据源的合并计算

默认情况下，合并计算的结果与源数据没有链接关系，在"合并计算"对话框中，如果勾选"创建指向源数据的链接"复选框，可以使合并计算生成的目标数据与源数据之间建立链接关系，若源数据产生变化，那么生成的合并计算结果也会随之更新和变化。

【案例9-5】打开"案例9-5 合并计算-1"工作簿，利用合并计算功能，将"案例9-5 一班学生.xlsx"和"案例9-5 二班学生.xlsx"这两个工作簿中的所有学生的综合成绩汇总到"案例9-5 合并计算-1.xlsx"工作簿的"信管专业综合成绩"工作表中。

【操作步骤】操作视频见二维码9-5。

二维码9-5

（1）打开"案例9-5 合并计算-1""案例9-5 一班学生.xlsx"和"案例9-5 二班学生.xlsx"这三个工作簿。

（2）在"案例9-5 合并计算-1"工作簿的"信管专业综合成绩"工作表中，单击A1单元格，单击"数据"选项卡→"数据工具"组→"合并计算"按钮。

（3）在"合并计算"对话框中，单击"引用位置"框，再单击"案例9-5 一班学生.xlsx"工作簿窗口，拖动鼠标选中"综合成绩"工作表中的A1:H41单元格区域，然后单击"添加"按钮；清除"引用位置"框中的内容，再单击"案例9-5 二班学生.xlsx"工作簿窗口，拖动鼠标选中"综合成绩"工作表中的A1:H39单元格区域，然后单击"添加"按钮。

（4）在"合并计算"对话框中，勾选"首行"和"最左列"复选框，最后，单击"确定"按钮。

【案例9-6】打开"案例9-6 合并计算-2"工作簿，利用合并计算功能，完成以下操作。

（1）在"销售明细统计"工作表中，根据各月份销售记录，在A16:B20单元格区域统计算出第一季度各商品的销售总量。

（2）根据"蓝天分店""祥辉分店"和"程埔分店"工作表中的相关数据，分别在"利润统计汇总（1）"和"利润统计汇总（2）"工作表中，统计所有分店各季度收入、成本和净利润的最高值和平均值。其中，利润统计汇总（2）工作表中的统计结果要求与源数据相链接。

【操作步骤】操作视频见二维码9-6。

二维码9-6

（1）在"销售明细统计"工作表中进行求和的合并计算操作。

①单击A16单元格，单击"数据"选项卡→"数据工具"组→"合并计算"按钮。

②在"合并计算"对话框中，单击"引用位置"框，拖动鼠标选中A3:B7区域，单击"添加"按钮；拖动鼠标选中F3:G7区域，单击"添加"按钮；拖动鼠标选中K3:L7区域，单击"添加"按钮。

③在"合并计算"对话框中，勾选"最左列"复选框，然后单击"确定"按钮。

（2）在"利润统计汇总（1）"工作表中，进行求最高值和平均值的合并计算操作。

①单击B5单元格，单击"数据"选项卡→"数据工具"组→"合并计算"按钮。

②在"合并计算"对话框中，单击"函数"下拉按钮→"最大值"选项。

③在"合并计算"对话框中，单击"引用位置"框，再单击"蓝天分店"工作表标签，拖动鼠标该工作表中的选中B5:E7区域，然后单击对话框中的"添加"按钮；用相同的方法，再分别将祥辉分店和程埔分店的B5:E7区域也添加到"所有引用位置"列表框中。然后单击"确定"按钮。

④在"利润统计汇总（2）"工作表中单击A4单元格，单击"数据"选项卡→"数据工具"组→"合并计算"按钮。

⑤在"合并计算"对话框中，单击"函数"下拉按钮→"平均值"选项。

⑥在"合并计算"对话框中，单击"引用位置"框，再单击"蓝天分店"工作表标签，拖动鼠标选中该工作表中的A4:E7区域，然后单击对话框中的"添加"按钮；用相同的方法，再分别将祥辉分店和程埔分店的A4:E7区域也添加到"所有引用位置"列表框中。

⑦在"合并计算"对话框中，依次勾选"首行""最左列""创建指向源数据的链接"这三个复选框。最后，单击"确定"按钮。

9.4

数据透视表

通过创建数据透视表，可以从数据源列表中提取所需的数据并执行多种数据汇总、分析和统计等功能，使数据的浏览更直观，便于多角度统计和分析数据。

9.4.1 数据透视表的创建

创建数据透视表有两种常见方式，可直接采用推荐的数据透视表，也可以自定义创建数据透视表。采用推荐的数据透视表，可以方便快速地创建与推荐效果相似的数据透视表结构；若推荐的数据透视表不能满足实际需求，也可以自定义设计数据透视表结构，创建更加个性化的数据透视表。

1. 采用推荐的数据透视表

选中数据源区域或数据源区域中的任意一个单元格，在"插入"选项卡的"表格"组中单击"推荐的数据透视表"按钮，打开"推荐的数据透视表"对话框，如图9-11所示，在其中列出多种推荐的数据透视表样式缩略图，可以选中一种合适的样式，快速生成数据透视表。

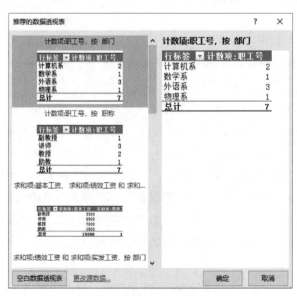

图9-11 "推荐的数据透视表"对话框

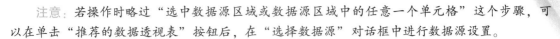

注意：若操作时略过"选中数据源区域或数据源区域中的任意一个单元格"这个步骤，可以在单击"推荐的数据透视表"按钮后，在"选择数据源"对话框中进行数据源设置。

2. 创建自定义的数据透视表

数据透视表主要由"筛选器""行""列"和"值"四个部分组成，如图9-13所示。根据实际需求，可以在数据透视表中自行添加行、列字段，设置数据统计和筛选，创建个性化的数据透视表，具体操作步骤如下：

（1）选中数据源区域或数据源区域中的任意一个单元格，在"插入"选项卡的"表格"组中，单击"数据透视表"按钮。

（2）在"创建数据透视表"对话框中，可以设置数据源，并指定数据透视表放置的位置。如图9-12所示，"员工表"工作表中的A1:J30区域被设置为数据透视表的数据源；"透视表"工作表中的A7单元格被指定为放置数据透视表的起始单元格。

（3）通过"创建数据透视表"对话框的设置，可在指定的位置生成空白内容的数据透视表区域，同时在Excel窗口右侧出现"数据透视表字段"任务窗格。通过以下三种常用方法，可以向数据透视表中的"筛选器""行""列"和"值"区域添加字段，从而完成数据透视表布局设计，如图9-13所示。

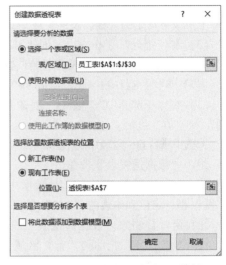

图9-12　"创建数据透视表"对话框

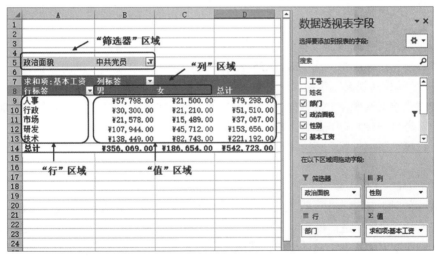

图9-13　数据透视表的布局

①通过鼠标拖动的方式，可以将所需的字段名从字段列表框中分别拖动到数据透视表的"筛选器""行""列"和"值"区域中。

②在字段列表中，勾选字段名前面的复选框，则非数值类型的字段（如"姓名""部门"等）自动添加到"行"区域中、数值类型的字段（如"年龄""工资"等）自动添加到"值"区域中。

③在字段列表框中右击字段名，可以在快捷菜单中选择相应命令，将其添加到数据透视表的"行""列""值"或"筛选器"区域中。

如果在"筛选器"区域中添加字段，可通过数据透视表中"筛选器"字段右侧的下拉按钮，筛选需要在数据透视表中显示的数据。

在字段列表框中，若取消字段名复选框的勾选，或者将字段名从"筛选器""行""列"或"值"区域中拖出移除，均可将字段名从数据透视表中删除。

【案例9-7】打开"案例9-7 数据透视表的创建.xlsx"工作簿，按下列要求完成操作。

（1）在"工资"工作表中创建一个数据透视表，从A40单元格开始放置，统计"研发"部门中不同职务不同学历的职工的基本工资总和。

（2）基于"成绩"工作表创建数据透视表，将其放置在名为"统计"的工作表中，要求统计每个班级男女生的人数以及语文成绩总分。

（3）在"统计"工作表中，创建第二个数据透视表，要求列出每个学生的数学成绩，并且以A15单元格为该数据透视表的起始位置。

【操作步骤】操作视频见二维码9-7。

（1）在"工资"工作表中，创建数据透视表并布局"筛选器""行""列"和"值"区域。

二维码9-7

①选中A1:I36区域中的任意一个单元格，单击"插入"选项卡→"表格"组→"数据透视表"按钮。

②在"创建数据透视表"对话框中，单击"现有工作表"单选按钮→"位置"框，定位到本表的"A40"单元格，单击"确定"按钮。

③在窗口右侧的"数据透视表字段"任务窗格中，将"部门"字段拖动到"筛选器"区域，将"职务"字段拖动到"行"区域，将"学历"字段拖动到"列"区域，将"基本工资"字段拖动到"值"区域。

④在生成的数据透视表中，单击"（全部）"单元格右侧的下拉按钮→"研发"选项，单击"确定"按钮。

（2）以"成绩"工作表为数据源，在新工作表中创建一个数据透视表。

①在"成绩"工作表中，选中A1:K25区域中的任意一个单元格，单击"插入"选项卡→"表格"组→"数据透视表"按钮。

②在"创建数据透视表"对话框中，默认选择"新工作表"单选按钮，单击"确定"按钮。

③在新创建的sheet1工作表中，将右侧"数据透视表字段"任务窗格中的"班级"字段拖动到"行"区域，将"性别"字段拖动到"列"区域，将"学号"和"语文"字段都拖动到"值"区域。

④将"sheet1"工作表重命名为"统计"。

（3）在"统计"工作表中，设置"成绩"工作表为数据源，完成数据透视表的创建。

①单击任意空白单元格，再单击"插入"选项卡→"表格"组→"数据透视表"按钮。

②在"创建数据透视表"对话框中，默认选中"选择一个表或区域"单选按钮，在"表/区域"框中设置数据源为"成绩! $A$1:$K$25"，选择放置数据透视表的位置为"现有工作表"，在"位置"框中设置"统计!$A$15"，单击"确定"按钮。

③在窗口右侧的"数据透视表字段"任务窗格中，将"姓名"字段拖动到"行"区域，将"数学"字段拖动到"值"区域。

9.4.2 数据透视表的编辑

对于已创建的数据透视表，还可以对其进行位置移动、更改数据、重新排序、筛选和分组等编辑操作。

1. 移动数据透视表

将数据透视表移动到其他位置，具体操作步骤如下：单击数据透视表中的任意一个单元格，在"数据透视表工具|分析"选项卡的"操作"组中，单击"移动数据透视表"按钮，即可设置数据透视表移动后的新位置，如图9-14所示。

2. 刷新数据

对于已创建的数据透视表，当数据源中的数据发生变化时，数据透视表中的内容可以通过刷新操作，实现数据更新。具体操作步骤如下：右击数据透视表中的任意一个单元格，在快捷菜单中选择"刷新"命令；或者在"数据透视表工具|分析"选项卡的"数据"组中单击"刷新"按钮。

3. 更改数据源

可以通过重设数据源区域来更改数据透视表中的数据来源。具体操作步骤如下：单击数据透视表中的任意一个单元格，在"数据透视表工具|分析"选项卡的"数据"组中单击"更改数据源"按钮，在"更改数据透视表数据源"对话框中进行新数据源区域的重设，如图9-15所示。

图9-14　数据透视表的移动　　　　图9-15　"更改数据透视表数据源"对话框

4. 值字段设置

通过以下三种常用操作方法，可以打开"值字段设置"对话框，对数据透视表中的值字段名称、值字段汇总方式、数值格式以及值显示方式等设置进行更改，如图9-16所示。

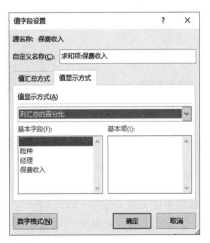

图9-16　值字段的设置

（1）单击数据透视表中的任意一个单元格，在右侧出现的"数据透视表字段"任务窗格中，单击"值"区域中所需字段的下拉按钮，在下拉列表中选择"值字段设置"命令。

（2）右击数据透视表"值"区域中的任意单元格，在快捷菜单中选择"值字段设置"命令。

（3）单击数据透视表"值"区域中的任意单元格，在"数据透视表工具|分析"选项卡的"活动字段"组中单击"字段设置"按钮。

5. 启用和禁用行/列总计

默认情况下，在数据透视表中会统计并显示出行和列的总计数据，通过设置可以启用或者禁用行/列的总计功能。例如，将数据透视表的总计功能设置为"仅对列启用"，则行数据统计功能被禁用，效果如图9-17所示。

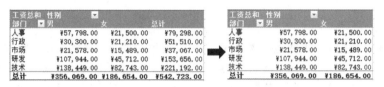

图9-17 设置"仅对列启用"功能

启用和禁用行/列总计功能的具体操作步骤如下：单击数据透视表中的任意一个单元格，在"数据透视表工具|设计"选项卡的"布局"组中，单击"总计"下拉按钮，在下拉列表中选择合适的命令选项，对行/列的总计功能进行启用或禁用，如图9-18所示。

6. 对数据透视表进行排序

根据"行""列"和"值"区域中的数据对数据透视表进行排序，有以下几种常用的方法。

（1）单击"行标签"/"列标签"右侧的下拉按钮，在下拉列表中选择"升序"/"降序"选项，即可根据"行"区域/"列"区域中的数据对数据透视表进行排序，也可以在下拉列表中选择"其他排序选项"命令，进行更多排序设置，如图9-19所示。

单击"值"区域中的任意单元格，在"数据"选项卡的"排序和筛选"组中单击"升序""降序"或"排序"按钮，即可根据"值"区域中的数据对数据透视表进行排序。

图9-18 行、列总计的启用/禁用

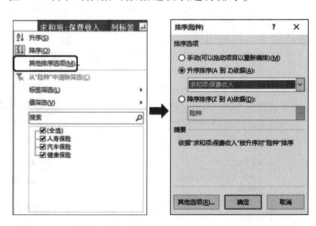

图9-19 对数据透视表进行排序

（2）在数据透视表中，右击"行""列"或"值"区域中的任意一个单元格，在快捷菜单中选择"排序"命令，然后在子菜单中选择"升序"/"降序"/"其他排序选项"命令。

7. 对数据透视表进行筛选

数据透视表生成后还可以进行条件设置，从而对数据实现进一步筛选，主要包括标签筛选/值筛选、使用切片器和日程表进行筛选等方式。

256

1）标签筛选/值筛选

在数据透视表中，单击"筛选器"字段右侧的下拉按钮可以进行数据的筛选，也可以单击"行标签"或"列标签"右侧的下拉按钮，在下拉列表中选择"标签筛选"或"值筛选"命令，通过条件设置，对"行"区域、"列"区域或"值"区域中的数据进行筛选，如图9-20所示，。

图 9-20 对数据透视表进行标签筛选/值筛选

如果要清除所有筛选结果，可以在"数据透视表工具|分析"选项卡的"操作"组中，单击"清除"下拉按钮，在下拉列表中选择"清除筛选"命令。

2）使用切片器和日程表进行筛选

对数据透视表使用切片器或日程表，可以快速切换筛选结果，使数据的筛选更加灵活和便捷。

（1）在数据透视表中插入一个或多个切片器，通过单击切片器中的选项，可以快速切换数据透视表的筛选和显示结果。

①插入切片器：选中数据透视表中的任意单元格，在"数据透视表工具|分析"选项卡的"筛选"组中，单击"插入切片器"按钮，在"插入切片器"对话框中选择一个或多个字段名，即可为选定的字段创建切片器，单击切片器中的选项即可实现对数据的快速筛选。例如，在一个包含各个班级学生成绩的数据透视表中，插入"班级"和"性别"切片器，在"性别"切片器中选择"女"、在"班级"切片器中选择"2班"，即可在数据透视表中快速筛选出2班女生的成绩数据，如图9-21所示。

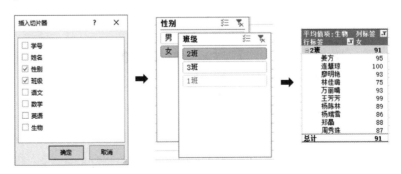

图 9-21 对数据透视表使用切片器

②清除切片器筛选结果：右击切片器，在快捷菜单中选择"从'（列标题）'中清除筛选器"命令，或者单击切片器右上角的"清除筛选器"按钮 🥢，均可清除切片器的筛选结果。

③删除切片器：右击切片器，在快捷菜单中选择"删除'（列标题）'"命令，或者按下"Delete"键，均可删除切片器。

注意：仅执行"删除切片器"操作，数据透视表不会自动清除切片器的筛选结果。

（2）在数据透视表中插入日程表，可以使数据按照日期/时间的指定进行分类，实现动态筛选，其操作方法与插入切片器的方法类似。例如，对数据透视表中的"日期"列数据插入日程表，使其可选择按"月"进行分类和筛选，如图9-22所示。

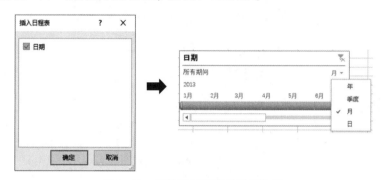

图9-22　对数据透视表使用切片器

8. 对数据透视表进行分组

在数据透视表中，可以根据日期/时间、数值关系为数据创建分组，便于对大量数据进行分类展示和计算，有利于数据的浏览与分析。

1）对日期/时间分组

根据日期/时间的关系可以对数据创建分组，例如，设置年、季度、月等步长值，使数据按照组合方式进行统计和显示。

具体操作步骤如下：在数据透视表中，选中日期所在列中的任意单元格，在快捷菜单中选择"创建组"命令，打开"组合"对话框，Excel会自动识别数据源中的起始日期和终止日期，如"2022/1/1 到 2022/7/1"，选择合适的"步长"选项，如"月"，可使数据按照月份实现分组显示和数据统计，如图9-23所示。

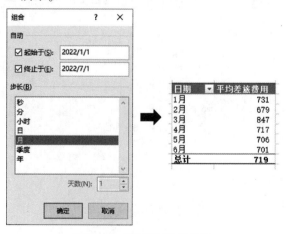

图9-23　对日期/时间分组

注意：默认情况下，"起始于"和"终止于"复选框被自动勾选，Excel软件会根据数据列的日期范围自动智能生成起始值和终止值。用户也可以在"起始于"和"终止于"右侧框中手动输入日期值，自定义分组的起始值和终止值。

2）对数值分组

根据数值的大小关系可以对数据创建分组，对不同区间范围内的数据进行分类统计。例如，在客户情况工作表中，要求统计出20～29岁、30～39岁、40～49岁、50～59岁这四个年龄区间的客户人数，具体操作步骤如下：

（1）在数据透视表中，右击数值所在列的任意单元格，在快捷菜单中选择"创建组"命令。

（2）在"组合"对话框中，分别设置分组的起始值、终止值和步长值。如图9-24所示，起始值为"20"，终止值为"59"，步长为"10"，即可完成各年龄段的分组统计。

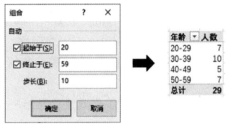

图9-24 对数值分组

9. 删除数据透视表

单击数据透视表中的任意一个单元格，在"数据透视表工具|分析"选项卡的"操作"组中，单击"选择"下拉按钮，在下拉列表中选择"整个数据透视表"命令，然后按下Delete键，即可删除整个数据透视表。

注意：若在"数据透视表工具|分析"选项卡的"操作"中，单击"清除"下拉按钮，在下拉列表中选择"全部清除"命令，则仅删除数据透视表中的数据，保留数据透视表区域。

【案例9-8】打开"案例9-8 数据透视表的编辑.xlsx"工作簿，按下列要求完成操作。

（1）在"工资"工作表中，对数据透视表进行编辑，统计出所有部门不同职务不同学历职工的平均工资总和，并设置数值为货币格式、显示2位小数；最后将该数据透视表移动到新工作表中。

（2）在"统计"工作表中，对第一个数据透视表进行编辑，移除对各班人数的统计数据，且不显示行/列总计；在数据源"成绩"工作表中，将E23和E24单元格的数据更改为"105"，更新数据透视表数据，然后对该数据透视表按照女生的语文总分从高到低排序。

（3）在"统计"工作表中，对第二个数据透视表进行编辑，修改"行标签"名称为"学生姓名"，然后筛选出数学成绩介于100～120之间的学生数据；将该数据透视表复制一份，放置于"统计"工作表中的任意位置，使其成为该工作表中的第三个数据透视表。

（4）在"统计"工作表中，清除第三个数据透视表的值筛选结果，然后插入切片器，将切片器中的选项设置为3列；最后，使用切片器在数据透视表中筛选出"1班"的学生。

（5）在"消费"工作表中，对第一个数据透视表创建组，使其按客户生日的"年份"和"季度"进行分组，以统计不同年龄层的客户的消费总金额；然后对第二个数据透视表创建组，使其按照消费金额设置分组，以"10 000"为步长值，分别统计出消费金额在10 000～30 000元区间的男、女顾客人数。

（6）在"发货"工作表中，取消数据透视表的分组效果；然后插入日程表，使其可按照发货日期的季度划分数据，并使用日程表筛选出2015年第三季度的数据。

【操作步骤】操作视频见二维码9-8。

（1）在"工资"工作表中，完成筛选器、值字段设置，并移动数据透视表。

二维码 9-8

①单击 B38 单元格右侧的筛选下拉按钮→"（全部）"选项。

②在数据透视表中，右击"值"区域中的任意一个单元格，在快捷菜单中单击"值字段设置"命令，打开"值字段设置"对话框，在"计算类型"列表框中单击"平均值"选项；单击"数字格式"按钮，打开"设置单元格格式"对话框，单击"货币"分类→"确定"按钮。

③单击数据透视表中的任意单元格，单击"数据透视表工具|分析"选项卡→"操作"组→"移动数据透视表"按钮，在"移动数据透视表"对话框中，单击"新工作表"单选按钮，再单击"确定"按钮。

（2）在"统计"工作表中，对第一个数据透视表进行移除值、禁用行/列总计以及排序操作。

①右击 F6:F8 区域中的任意单元格，在快捷菜单中单击"删除'计数项：学号'"命令。

②选中数据透视表中的任意单元格，单击"数据透视表工具|设计"选项卡→"布局"组→"总计"下拉按钮→"对行和列禁用"命令。

③单击"成绩"工作表标签，选中该工作表的 E23:E24 区域，输入"105"，按下快捷键 Ctrl+Enter。

④单击"统计"工作表标签，右击第一个数据透视表中的任意单元格，在快捷菜单中选择"刷新"命令。

⑤在"统计"工作表中，右击 C5:C7 区域中的任意单元格，在快捷菜单中单击"排序"命令→"降序"命令。

（3）在"统计"工作表中，对第二个数据透视表进行重命名行标签、筛选数据透视表和复制操作。

①单击"行标签"单元格，输入文本"学生姓名"。

②单击"学生姓名"单元格右侧下拉按钮→"值筛选"命令→"介于"命令，打开"值筛选"对话框，在两个空白输入框中分别填入数值"100"和"120"。

③选中 A15:B27 区域，按下快捷键 Ctrl+C，单击其他空白区域中的任意单元格，按下快捷键 Ctrl+V。

（4）在"统计"工作表中，对第三个数据透视表进行筛选操作。

①单击"学生姓名"单元格右侧的下拉按钮→"从'姓名'中清除筛选"命令。

②单击该数据透视表中的任意单元格，单击"数据透视表工具|分析"选项卡→"筛选"组→"插入切片器"按钮。

③在"插入切片器"对话框中，勾选"班级"复选框，单击"确定"按钮。

④在"切片器工具|选项"选项卡→"按钮"组→"列"框中，输入数值"3"，按下 Enter 键。

⑤在"班级"切片器中，单击"1 班"选项。

（5）在"消费"工作表中，分别对两个数据透视表进行分组操作。

①在第一个数据透视表中，右击"生日"列中的任意单元格，在快捷菜单中单击"创建组"命令。在"组合"对话框中，分别选择"年"和"季度"步长选项。

②在第二个数据透视表中，右击"消费金额"列中的任意单元格，在快捷菜单中单击"创建组"命令。在"组合"对话框中，分别输入起始值"10 000"、终止值"30 000"和步长值"10 000"。

（6）在"发货"工作表中，对数据透视表取消分组，创建日程表。

①右击"发货日期"列中的任意单元格，在快捷菜单中单击"取消组合"命令。

②单击该数据透视表中的任意单元格，单击"数据透视表工具|分析"选项卡→"筛选"组→"插入日程表"按钮。

③在"插入日程表"对话框中，勾选"发货日期"复选框，单击"确定"按钮。

④在"发货日期"日程表中，默认时间级别为"月"，单击右侧下拉按钮，在下拉列表中选择"季度"选项。最后，单击 2015 年"第 3 季度"日期区间下方的滑块。

9.5 创建图表

Excel 软件提供了多种图表类型，可以将工作表中的数据以图形、色彩和标签等元素更加形象地表现出来，使人们可以更直观地对各类数据进行对比和分析，发现数据之间的变化规律。

9.5.1 迷你图

迷你图是一种可以简单展示数据分布以及走向趋势的微型图表，分为折线图、柱形图和盈亏图三种类型，直接在工作表单元格中生成，可以突出标记如最大值、最小值和负值等特殊数值，如图 9-25 所示。

	A	B	C	D	E	F
1	地区	第1季度	第2季度	第3季度	第4季度	趋势图
2	北京	179.28	262.95	334.66	418.32	
3	上海	268.92	247.41	301.19	258.17	
4	深圳	192.43	238.35	256.57	229.08	

图 9-25　迷你图

1. 创建迷你图

在一个单元格中创建迷你图，使用填充柄可以在相邻单元格中快速生成同类型的迷你图。例如，要创建如图 9-25 所示的趋势图，具体操作步骤如下：

（1）单击要插入迷你图的单元格，如 F2 单元格。

（2）在"插入"选项卡的"迷你图"组中，选择需要创建的迷你图类型，如"折线图"。

（3）打开"创建迷你图"对话框，在"数据范围"框中设置生成迷你图的数据源范围，如"B2:E2"；在"位置范围"框中，会根据第（1）步中选择的单元格，自动生成迷你图的存放位置 F2，如图 9-26 所示。

（4）在 F2 单元格中生成迷你图后，通过拖动填充柄，

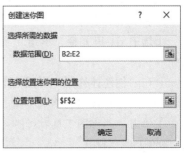

图 9-26　"创建迷你图"对话框

即可像复制公式一样，在其他相邻单元格如 F3、F4……中快速填充生成同类型的迷你图。

通过拖动填充柄生成的多个迷你图，Excel 会将其自动组合成"迷你图组"，用户只要对其中任意一个迷你图进行外观设置，即可改变整个迷你图组的外观。如果要取消迷你图组合，可以在"迷你图工具|设计"选项卡中，单击"分组"组中的"取消组合"按钮。

注意：在单元格中插入迷你图后，依旧可以进行数据的输入和编辑，迷你图可视为单元格的背景图像。

2. 编辑迷你图

迷你图创建后，还可以对其进行数据编辑、迷你图类型更改、突出显示特殊数据点、样式设置等操作。

1）更改迷你图的数据源和存放位置

如果要更改迷你图的数据源，可以选中迷你图所在的单元格，在"迷你图工具|设计"选项卡中，单击"迷你图"组中的"编辑数据"下拉按钮，在下拉列表中，若选择"编辑组位置和数据"命令，可以更改整个迷你图组的数据范围和存放位置；若选择"编辑单个迷你图的数据"命令，可仅更改单个迷你图的数据范围。

2）更改迷你图的类型

选中迷你图组中的任意单元格，在"迷你图工具|设计"选项卡中，单击"类型"组中的任意迷你图类型，可以对整个迷你图组进行类型更改。如果仅需更改单个迷你图的类型，可先取消迷你图组合，然后再进行迷你图类型的更改操作。

3）突出显示特殊数据点

如果要在迷你图上使用加粗或不同色彩的方式突出显示特殊数据点，可以在"迷你图工具|设计"选项卡的"显示"组中，勾选对应的复选框，强调最高值、最低值、负值、第一个值、最后一个值，或者标记所有数据点。

4）迷你图样式设置

选中迷你图，在"迷你图工具|设计"选项卡的"样式"组中，可以选择并应用合适的迷你图样式，也可以通过"迷你图颜色"和"标记颜色"下拉按钮，自定义设置迷你图颜色和各项特殊数据点标记的颜色。

5）删除迷你图

在"迷你图工具|设计"选项卡的"分组"中，单击"清除"下拉按钮，在下拉列表中选择删除单个迷你图或整个迷你图组。

【案例 9-9】打开"案例 9-9 迷你图"工作簿，按下列要求完成操作。

在"销售"工作表中，在 G4:G7 区域插入迷你折线图，显示 B4:F7 区域中的数值；然后为折线图设置任意一种样式，并将高点设置为红色。

【操作步骤】操作视频见二维码 9-9。

（1）在"销售"工作表中，创建迷你图。

①选中 G4 单元格，单击"插入"选项卡→"迷你图"组→"折线图"按钮。

②在"创建迷你图"对话框中，将"数据范围"设置为"B4:E4"。

（2）对迷你图进行格式编辑。

①单击"迷你图工具|设计"选项卡→"样式"组→"样式"列表框→"迷你图样式着色1，深色 25%"样式。

②单击"迷你图工具|设计"选项卡→"显示"组→"高点"复选框；再单击"标记颜色"

二维码 9-9

下拉按钮→"高点"选项→"红色"。

（3）拖动 G4 单元格右下方的填充柄，向下填充至 G7 单元格。

9.5.2　常用图表

在 Excel 中插入图表对象，可以更形象地表达数据的变化趋势，发现数据间的差异和内在规律，进行更多数据关系的综合分析。

1. 创建图表

Excel 图表包括柱形图、折线图、饼图、条形图和 XY 散点图等多种图表类型，可以根据实际需求选择一个最适合的图表类型来创建图表。

具体操作步骤如下：将需要在图表中显示的数据区域选中，在"插入"选项卡的"图表"组中，单击某个图表分类的下拉按钮，在下拉列表中选择一个图表类型；也可以单击"推荐的图表"按钮或"启动器"按钮 ，打开"插入图表"对话框，在其中选择一个图表类型。

2. 图表的构成元素

一个图表可以由图表区、绘图区、图表标题、坐标轴、坐标轴标题、网格线、数据系列、图例、数据标签等多个元素构成，通过增删和编辑各个图表元素，可以改变图表的显示效果。下面以图 9-27 所示的簇状柱形图为例，介绍图表中各种常见元素的名称及功能。

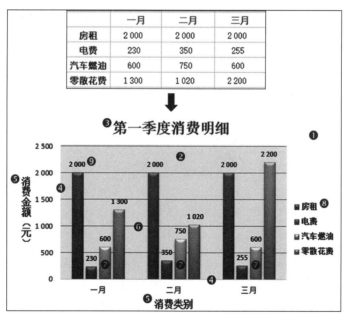

图 9-27　图表的常见构成元素

（1）图表区：是图表的基本区域，包含了图表中的所有元素，改变图表区的大小即调整图表尺寸。

（2）绘图区：图表的主要组成部分，是图表区内图形表示的区域，显示图表中最重要的数据信息，包含坐标轴、数据系列、网格线、数据标签等元素。

（3）图表标题：对整个图表内容的文字概括和说明，图表标题文本可自行输入，也可以将图表标题链接到数据源标题所在的单元格，使其可随着数据源标题的更新而变化。

（4）坐标轴：包括横坐标轴（X 轴）和纵坐标轴（Y 轴），通常用作分类轴和数值轴。有的图表类型不包含坐标轴元素，如饼图、旭日图等。

（5）坐标轴标题：包括横坐标轴标题和纵坐标轴标题，用于对坐标轴表达的内容进行文字概括和说明。

（6）网格线：包括水平网格线和垂直网格线，常用作分类的延伸线或数值轴刻度的辅助参考线。

（7）数据系列：数据源列表中的一行或一列可作为一个数据系列，如"房租"系列、"电费"系列、"汽车燃油"系列和"零散花费"系列，不同数据系列默认设置为不同颜色或图案；单击数据系列中的任意部分，可选中整个数据系列。

（8）图例：列出图表中各个数据系列的名称、图案和颜色。图例可隐藏，也可以改变显示的位置。

（9）数据标签：显示图表中各类数据的详细信息，包括数值、数据系列名称、数据类别名称、数值百分比等内容。

3. 编辑图表

1）更改数据源

如果要更改图表的数据源，可以在"图表工具|设计"选项卡的"数据"组中，单击"选择数据"按钮，打开"选择数据源"对话框进行设置，如图9-28所示。在其中不仅可以重设整个图表的数据源区域范围，也可以仅对数据系列、分类轴标签等元素进行数据源的添加、编辑和删除等操作。

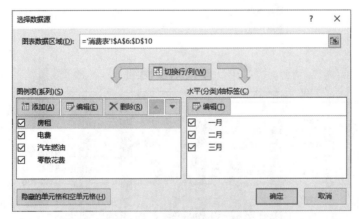

图 9-28　设置图表的数据源

2）切换行/列数据

插入图表时，默认情况下"系列"产生在"列"，图例中的"系列名"为数据源中的"列标题"，分类轴标签为数据源中的"行标题"。使用"切换行/列"功能，可以实现"系列产生在行"与"系列产生在列"的相互转换，即系列名与分类轴标签的相互转换。具体操作步骤如下：选中图表，在"图表工具|设计"选项卡的"数据"组中，单击"切换行/列"按钮；或者单击"选择数据"按钮，在"选择数据源"对话框中，单击"切换行/列"按钮。

如图9-29所示，簇状柱形图中的原系列名为数据源中的列标题"一月""二月"和"三月"，每个系列的数据均来自数据源中的列数据。进行"切换行/列"操作后，簇状柱形图从"系列产生在列"转换为"系列产生在行"，系列名转变为数据源中的行标题"房租""电费"

"汽车燃油"和"零散花费",每个系列的数据则来自数据源中的行数据。

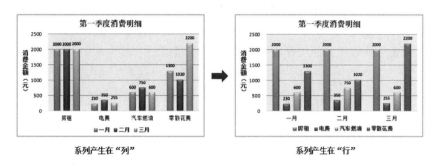

图 9-29 "切换行/列"操作

3）更改图表类型

选中图表,在"图表工具|设计"选项卡的"类型"组中,单击"更改图表类型"按钮,打开"更改图表类型"对话框,选择所需图表类型,即可对整个图表快速实现图表类型的更改。

若右击图表中的某个数据系列,在快捷菜单中选择"更改系列图表类型"命令,打开"更改图表类型对话框",在其中可以对任意数据系列进行图表类型的更改。如图 9-30 所示,为"房租""电费"和"汽车燃油"三个数据系列选择"簇状柱形图"图表类型,为"零散花费"数据系列选择"带数据标记的折线图"图表类型,从而生成组合图表。

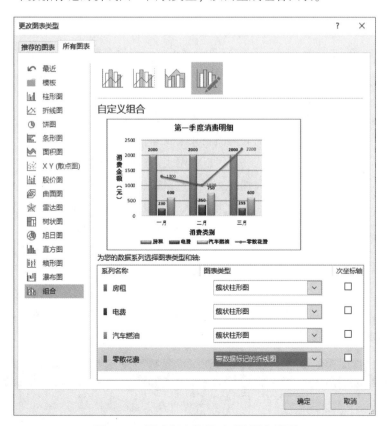

图 9-30 更改指定数据系列的图表类型

4）移动图表

选中要移动位置的图表，在"图表工具|设计"选项卡的"位置"组中，单击"移动图表"按钮，打开"移动图表"对话框，可以选择创建一个新的工作表单独放置该图表，也可以选择将该图表嵌入当前工作表或其他工作表中，如图9-31所示。

图9-31 "移动图表"对话框

5）更改图表的布局

选中要更改布局的图表，在"图表工具|设计"选项卡的"图表布局"组中，单击"快速布局"下拉按钮，可以浏览和应用各种预设的布局方案，展现不同的图表元素组合及排版效果。

6）更改图表的样式

选中要更改样式的图表，在"图表工具|设计"选项卡的"图表样式"组中，单击"图表样式"列表框右下角的"其他"按钮，可以浏览和应用各种预设的"图表样式"，还可以通过单击"更改颜色"下拉按钮选择合适的图表配色方案。

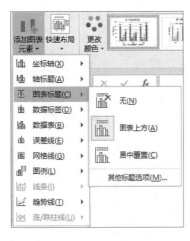

图9-32 添加图表元素

7）自定义添加和删除图表元素

选中图表，在"图表工具|设计"选项卡的"图表布局"组中，单击"添加图表元素"下拉按钮，根据实际需求，可以依次添加各项图表元素并指定其显示的位置，也可以将不需要的图表元素删除，如图9-32所示。

还可以在图表边框右侧单击"图表元素"按钮，通过勾选复选框来选择需要添加的图表元素，如图9-35所示。

8）修改图表元素的格式

为了使图表的布局更符合实际需求、美观合理，可以通过"图表工具|格式"选项卡或者任务窗格，对图表元素进行格式的设置和修改。

（1）选中任意图表元素，单击"图表工具|格式"选项卡，通过"形状样式"组和"艺术字样式"组中的按钮，可对所选图表元素进行轮廓颜色、填充颜色、形效效果等格式修改，如图9-33所示。

图9-33 "图表工具|格式"选项卡

（2）打开图表元素对应的任务窗格，可对图表元素进行更全面的格式设置和修改。例如，对于选定的数值轴，通过"设置坐标轴格式"任务窗格，可以进行填充与线条、大小与属性、坐标轴选项等多项数值轴格式的设置，如图9-34所示。

通过以下三种常用方法，可以打开图表元素对应的任务窗格。

①选中图表元素，在"图表工具|格式"选项卡的"当前所选内容"组中，单击"设置所选内容格式"按钮。

②双击图表元素，或者右击图表元素，在快捷菜单中选择"设置'（图表元素）'格式"命令。

③选中图表，在图表边框右侧单击"图表元素"按钮 ➕，然后将鼠标指针移向要修改格式的"图表元素"选项，如"坐标轴""图表标题""数据标签"等，单击其右侧的 ▶ 符号，在下级菜单中选择"更多选项"命令，如图9-35所示。

图9-34 "设置坐标轴格式"任务窗格

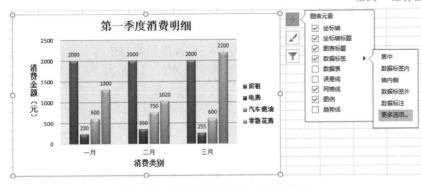

图9-35 设置图表元素的"更多选项"

【案例9-10】打开"案例9-10常用图表"工作簿，按下列要求完成操作。

（1）在"工资"工作表中，以分类汇总的结果为基础，在新工作表"chart1"中创建一个三维簇状条形图，对各个职称的工资平均值进行比较。将图表标题内容与A1单元格相链接，设置横坐标轴标题为"总工资（元）"，并将横坐标轴的最小刻度值设置为3 000，将坐标轴上的数字设置为带货币符号并保留整数，最后，分别为每个数据条填充不同的颜色。

（2）在"消费"工作表中，在G1:O14区域中创建一个复合饼图，展示三月份各类消费所占比例，并为图表标题、数据标签等图表元素设置合适的格式，使其呈现如样例图"案例9-10图表效果.jpg"所示的效果。

【操作步骤】操作视频见二维码9-10。

（1）在"工资"工作表中完成图表的创建和格式编辑。

①单击C6单元格，按住Ctrl键，再依次单击F6、C10、F10、C13、F13、C16和F16单元格，单击"插入"选项卡→"图表"组→"插入柱形图或条形图"下拉按钮→"三维簇状条形图"。

②单击图表标题的边框，在编辑栏中输入"="，然后单击A1单元格，按下Enter键。

二维码9-10

③单击图表边框右侧的"图表元素"按钮→"坐标轴标题"→"主要横坐标轴"，在横坐

标下方出现的"坐标轴标题"框中输入"总工资（元）"。

④右击横坐标轴，在快捷菜单中单击"设置坐标轴格式"命令，打开右侧任务窗格，在其中单击"坐标轴选项"选项卡→"坐标轴选项"组→"边界|最小值"框，输入"3 000"；再单击"数字"组→"类别"下拉按钮→"货币"选项，在"小数位数"框中输入"0"。

⑤单击图表中的任意数据条，再单击"助教平均值"数据条，单击"图表工具|格式"选项卡→"形状样式"组→"形状填充"下拉按钮→"蓝色"，使用相同的方法，依次将剩余三个数据条分别设置为"红色""绿色"和"紫色"。

⑥单击图表任意位置，单击"图表工具|设计"选项卡→"位置"组→"移动图表"按钮，打开"移动图表"对话框，单击"新工作表"单选按钮，单击"确定"按钮。

（2）在"消费"工作表中完成图表的创建和格式编辑。

①选中 A3：A11 区域，按住 Ctrl 键，再选中 D3：D11 区域，单击"插入"选项卡→"图表"组→"插入饼图或圆环图"下拉按钮→"复合饼图"，调整图表的大小和位置，使其置于 G1：O14 区域中。

②在"图表标题"框中输入文本"三月份各类消费所占比例"，设置标题字号为18、字体颜色为蓝色。

③单击图表边框右侧的"图表元素"按钮，取消"图例"复选框的勾选；右击饼图，在快捷菜单中单击"设置数据系列格式"命令，打开"设置数据系列格式"任务窗格，在"系列选项"选项卡的"系列选项"组中，将"第二绘图区中的值"设置为"4"，饼图分离程度设置为"10%"。

④单击图表边框右侧的"图表元素"按钮→"数据标签"→"更多选项"，打开"设置数据标签格式"任务窗格，在"标签选项"选项卡的"标签选项"组中，分别勾选"类别名称"和"百分比"，"标签位置"选择"数据标签外"。然后设置标签文本的字号为 10 号字，字体颜色为红色。

⑤单击图表区任意位置，在右侧"设置图表区格式"任务窗格中，单击"线条与填充"选项卡→"填充"组→"图片或纹理填充"单选按钮→"纹理"下拉按钮→"羊皮纸"选项。

9.5.3 数据透视图

数据透视图的数据源来自数据透视表，以图表的方式形象地展示出数据透视表中的数据。数据透视图与数据透视表相互关联，且必须存在于同一个工作簿中。

1. 创建数据透视图

1）通过数据列表创建数据透视图

可以为数据列表直接创建数据透视图，同时也会生成相关的数据透视表。具体操作步骤如下：选中数据列表或数据列表中的任意一个单元格，在"插入"选项卡的"图表"组中，单击"数据透视图"按钮，打开"创建数据透视图"对话框，设置数据透视图放置的位置；然后通过窗口右侧的"数据透视图字段"任务窗格，向数据透视图中的"筛选器""轴（类别）""图例（系列）"和"值"区域添加字段，操作方法与创建数据透视表类似。

2）通过数据透视表创建数据透视图

对于已经存在的数据透视表，可以为其创建一个相关联的数据透视图。具体操作步骤如下：单击数据透视表中的任意单元格，在"数据透视表工具|分析"选项卡的"工具"组中，单击"数据透视图"按钮，打开"插入图表"对话框，选择要创建的图表类型，即可生成与该数据透

视表数据相关联的数据透视图。

2. 编辑数据透视图

对于已创建的数据透视图，可以通过"数据透视图工具"的"分析""设计"和"格式"三个选项卡，如图9-36所示，实现图表分析、编辑图表元素、设置图表样式、更改图表类型和格式等编辑操作，对数据透视图进一步修饰和完善，其方法与编辑普通图表类似。

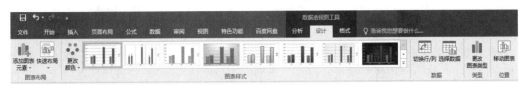

图9-36　"数据透视图工具 | 设计"选项卡

3. 清除数据透视图

选中数据透视图，在"数据透视图工具 | 分析"选项卡的"操作"组中，单击"清除"下拉按钮，在下拉列表中选择"全部清除"，可以将数据透视图和数据透视表中的数据全部清除。若选中数据透视图，按下"Delete"键，可将数据透视图删除。

注意：若删除数据相关联的数据透视表，那么数据透视图将会转变为普通图表。

【案例9-11】打开"案例9-11数据透视图"工作簿，按下列要求完成操作。

在"保费"工作表中，根据数据透视表中的数据，创建一个如"案例9-11数据透视图效果.jpg"所示的数据透视图，放置于F9:M22区域中，要求如下：

（1）对"保费收入"数据系列应用"簇状柱形图"图表类型；对"占比"数据系列应用"带数据标记的折线图"图表类型。

（2）透视图中不显示"货物运输保险"险种的数据。

（3）为透视图设置"样式2"图表样式。

（4）不显示网格线。

（5）折线的线条轮廓为"短划线"，数据标记为"菱形"。

（6）设置绘图区填充色为预设填充"浅色渐变–个性色6"。

（7）隐藏所有字段按钮。

【操作步骤】操作视频见二维码9-11。

二维码9-11

（1）在"保费"工作表指定的位置创建数据透视图，并设置合适的图表类型。

①单击数据透视表中的任意单元格，单击"数据透视表工具 | 分析"选项卡→"工具"组→"数据透视图"按钮。

②在"插入图表"对话框中，单击"柱形图"分类→"簇状柱形图"类型，单击"确定"按钮。

③右击任意柱形形状，在快捷菜单中单击"更改系列图表类型"命令。

④在"更改图表类型"对话框中，在系列名称"占比"右侧下拉列表中单击"带数据标记的折线图"类型，再勾选下拉列表框右侧的"次坐标轴"复选框，单击"确定"按钮。

⑤通过鼠标拖动的方式，调整透视图的大小和位置，使其位于F9:M22区域中。

（2）在"险种"筛选器中，取消"货物运输保险"复选框的勾选，单击"确定"按钮。

（3）单击数据透视图任意位置，再单击"数据透视表工具 | 设计"选项卡→"图表样式"组→"图表样式"列表框→"样式2"选项。

269

（4）单击数据透视图任意位置，再单击图表边框右侧的"图表元素"按钮→"网格线"复选框，取消网格线。

（5）设置数据系列线条轮廓和标记形状。

①右击折线上的任意位置，在快捷菜单中单击"设置数据系列格式"命令。

②在"设置数据系列格式"任务窗格中，单击"填充与线条"选项卡→"线条"分类→"线条"组→"实线"单选按钮，单击"轮廓颜色"下拉按钮→"蓝色"选项；单击"短划线类型"下拉按钮→"短划线"选项。

③在"设置数据系列格式"任务窗格中，单击"填充与线条"选项卡→"标记"分类→"数据标记选项"组→"内置"单选按钮→"类型"下拉按钮→"◆"选项，在"大小"框中输入"10"；单击"填充"组→"纯色填充"单选按钮；单击"填充颜色"下拉按钮→"红色"选项。

（6）选中图表"绘图区"，在"设置绘图区格式"任务窗格中，单击"填充与线条"选项卡→"填充"组→"渐变填充"单选按钮，单击"预设渐变"下拉按钮→"浅色渐变-个性色6"选项。

（7）单击"数据透视表工具|分析"选项卡→"显示/隐藏"组→"字段按钮"下拉按钮→全部隐藏。

本篇习题

某高校计算机基础教研室汇总了"素材.xlsx"文件，其中包括2022—2023学年2个学期的教师授课时数、课时费标准等数据，请帮忙算出每位教师的课时费。具体要求如下：

（1）将"素材.xlsx"另存为"计算机基础教研室课时费.xlsx"文件，下面的所有操作基于新保存的文件。

（2）在"工资汇总"工作表中，在"姓名"列左侧插入一个空列，输入列标题"序号"，在该列完成"01、02、03……"序列的填充，并完成以下格式设置。

①设置工作表标题跨列合并后居中，更改其字体及颜色、增大字号、加大行高，并设置水平及垂直居中对齐。

②适当调整数据区域的行高和列宽；设置所有数据垂直方向居中对齐、前6列数据水平方向居中对齐；对于与数值或金额有关的列，均设置为列标题居中、数值右对齐。

③将"课时数"列的数据保留两位小数；所有与金额相关的数据列，均添加"人民币货币"符号，且保留一位小数。

④对数据区域套用"中等深浅"分类、带标题行的表格格式，并将其转换为区域。

（3）使用"条件格式"功能，在"入职时间"列中，将2010年1月1日之后的单元格以一种明显的颜色进行填充，所用颜色深浅以不遮挡数据为宜；对"课时数"列进行数据验证设置，仅允许输入小于22的数值，否则，将弹出样式为"警告"的出错警告，错误信息为"仅可输入月平均课时！"。

（4）使用公式或函数求出相应的数据。

①根据"教师信息"工作表中的数据，使用VLOOKUP函数，完成"工资汇总"工作表中"职称"列的填充。

②在"授课信息"工作表的"班级"列右侧增加一列，列标题为"学时数"，然后根据"课程信息"工作表中的数据，完成"学时数"列的填充；为"学时数"列设置与"学期"列相同的格式；最后，为数据列表的标题设置跨列居中。

③在工作表"课时费标准"中，将A3:B6区域名称定义为"课时标准"，根据"课时费标准"工作表中的数据，运用公式求出"工资汇总"工作表中"课时费"列的数据（课时费＝课时数＊职称对应的课时费标准），要求在公式中引用所定义的名称"课时标准"。

④根据"授课信息"工作表中的数据，使用SUMIFS函数求出"工资汇总"工作表中"课时数"列的数据（注意：此处的课时数是月平均课时数，"授课信息"工作表中的"学时数"是年课时数）。

⑤根据入职时间，在"工资汇总"工作表的"工龄"列中，使用TODAY函数和INT函数计算教师的工龄（工作满一年才计入工龄）；然后计算出每位教师的工龄工资、应发工资和实发工资，其中，工龄工资＝工龄＊每年工龄工资（使用"工龄标准"工作表中的数据）、应发工资＝基本工资+工龄工资+课时费、实发工资＝应发工资-应扣税费。

⑥根据"扣税标准"工作表中的数据，使用IF函数计算出"工资汇总"工作表中每个员工的应扣税费。其中，应扣税费＝（应发工资-5 000）＊对应税率-对应速算扣除数。

（5）将"工资汇总"工作表标签颜色设置为红色，并复制两份副本，置于原表的右侧，将工作表名称分别更改为"筛选"和"分类汇总"。调整工作表的位置，使其按照以下顺序进行排列：工资汇总、筛选、分类汇总、数据透视表及图、教师信息、课程信息、授课信息、课时费标准、扣税标准、工龄标准。

（6）在"筛选"工作表中，使用"高级筛选"功能，选出实发工资在 10 000~50 000 元之间、工龄不到 10 年的教师信息，要求：条件区域为 $A$1:$C$2，在原数据区域中显示筛选结果。

（7）在"分类汇总"工作表中，在"实发工资"列的右侧增加"工资排名"列，使用分类汇总功能统计不同职称的教师每个月授课时数的最小值，并将每组结果分页显示；在"工资排名"列，使用 RANK 函数分别对各个职称组中的实发工资进行排名。

（8）基于"工资汇总"工作表创建一个数据透视表，将其放置在"数据透视表及图"工作表中，以 B3 单元格为数据透视表的起点位置，按性别分别统计不同职称教师的平均实发工资及人数信息，并设置平均"实发工资"列的数值格式为整数，完成效果如"数据透视表示例图.png"所示。

（9）在数据透视表下方的 B10:H24 区域插入一个组合图表，完成效果如"组合图表样例.png"所示，要求取消网格线。

（10）隐藏以下工作表：教师信息、课程信息、授课信息、扣税标准、工龄标准；设置"工资汇总"工作表的纸张大小为 A4，上、下、左、右页边距均为 2 厘米，在一页纸张范围内水平居中横向打印。

第五篇

演示文稿软件
PowerPoint 2016

Microsoft PowerPoint 是一款功能强大的演示文稿制作软件，是 Microsoft Office 办公软件套装中的重要组件之一。使用 PowerPoint 软件可以设计和制作图文并茂、动态交互、多媒体元素穿插的演示文稿，且支持多种方式的播放、输出和共享。演示文稿以其灵活的编辑性和丰富的多媒体表现力，被广泛应用于辅助教学、学术报告、企业培训、会议讨论、产品展示和宣传推广等多种交流场景中。

通过本篇内容的学习，可以掌握以下重要功能及应用：

- 创建演示文稿和编辑幻灯片
- 通过版式、设计主题和母版等功能，设计、美化和统一幻灯片外观
- 添加文本、图形图像、表格、图表、音频和视频等对象，丰富演示文稿中的多媒体元素
- 添加多种类型的动画、链接和切换效果，增强演示文稿的交互性
- 定义多种放映模式和导出效果，实现演示文稿的输出和发布

第 10 章

演示文稿的设计与制作

要设计和制作一个多元展示、内容丰富的演示文稿，需要掌握演示文稿的基本编辑技巧，学会如何在演示文稿中插入和编辑各种多媒体对象，实现对演示文稿的总体布局规划和外观设计。

10.1

演示文稿的基本编辑

演示文稿的基本编辑技巧主要包括对演示文稿视图模式的合理使用、对幻灯片进行创建和导入等基础操作，以及对幻灯片版式的应用和创建。

10.1.1 演示文稿视图

为了更全面地对演示文稿进行浏览和编辑，PowerPoint 软件提供了普通视图、幻灯片浏览视图、幻灯片放映视图、阅读视图、大纲视图、备注页视图和母版视图七种视图模式。

通过 PowerPoint 窗口状态栏右侧的视图按钮，可以进行普通视图、幻灯片浏览视图、阅读视图和放映视图的快速切换，如图 10-1（a）所示。也可以在"视图"选项卡的"演示文稿视图"和"母版视图"组中，进行更多视图的切换，如图 10-1（b）所示。

(a)　　　　　　　　　　　　　(b)

图 10-1　视图模式的切换

(a) 状态栏中的视图切换按钮；(b) "视图"选项卡中的视图切换按钮

1. 普通视图

普通视图是 PowerPoint 软件默认的视图模式，也是创建演示文稿文件最常用的视图模式，主要用于对整个演示文稿进行设计和制作，对每张幻灯片进行内容创建和编辑。普通视图窗口主要由幻灯片缩略图窗格、幻灯片编辑窗格和备注窗格组成。

（1）缩略图窗格：显示所有幻灯片的缩略图效果。在该窗格中，可以对幻灯片进行新建、复制、移动、删除和重新排列等操作。

（2）幻灯片编辑窗格：显示每张幻灯片中的具体内容。通过该窗格，可以在幻灯片中插入文本、图形和图像、表格和图表、音频和视频等多种对象，还可以对幻灯片进行外观设计等操作。

（3）备注窗格：显示幻灯片的文字备注内容，其内容不会在幻灯片放映时显示。在普通视图模式下，在备注窗格中只能输入和编辑文本，无法插入如图形和图像、表格和图表等其他多媒体对象。

2. 幻灯片浏览视图

在幻灯片浏览视图模式下，所有的幻灯片以缩略图的方式进行排列，在该视图模式下，可以快速浏览整个演示文稿的内容和结构，对幻灯片进行新建、插入、复制、移动和删除等操作，但是不能对幻灯片中的对象进行编辑和修改，如图 10-2 所示。

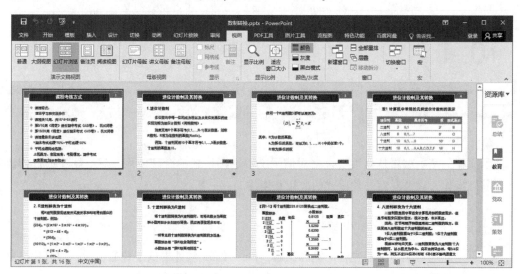

图 10-2　幻灯片浏览视图

3. 幻灯片放映视图

幻灯片放映视图以全屏的方式播放幻灯片中的内容。在该视图模式下，可以展示幻灯片切换、动画、链接、音频和视频播放等效果，但不能对幻灯片中的内容进行编辑和修改。

4. 阅读视图

在阅读视图模式下，幻灯片以窗口的形式放映幻灯片，如图 10-3 所示。与幻灯片放映视图效果不同的是，阅读视图模式下的放映窗口包含标题栏和状态栏，窗口可以自由移动和改变大小，可实现屏幕的多窗口播放操作，也可以使用状态栏中的按钮便捷控制幻灯片的播放。按下 Esc 键可退出阅读视图模式，恢复放映前的视图模式。

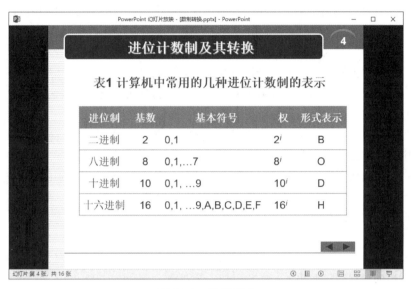

图 10-3　阅读视图

5. 大纲视图

在大纲视图模式下，也可以对幻灯片进行编辑和设计，其窗口结构与普通视图模式下的窗口结构相似，主要由大纲窗格、幻灯片编辑窗格和备注窗格组成。在左侧大纲窗格中仅显示各幻灯片占位符中的文本和大纲级别，不显示文本框、图形、图像、表格和图表等对象。

6. 备注页视图

备注页视图主要用于进行幻灯片备注内容的添加和编辑。在该视图模式下，演示文稿窗口上方展示幻灯片的缩略图，可浏览但不可编辑幻灯片中的内容；窗口下方则显示可编辑的备注占位符，在其中除了可以输入文本对象以外，还可以添加如图形、图像、艺术字、表格和图表等多媒体对象。

7. 母版视图

母版视图包括幻灯片母版、讲义母版和备注母版三种视图模式。在该视图模式下，可以快速为幻灯片、讲义或备注进行风格统一的格式设计，有效提高演示文稿的制作效率。例如，可以进行幻灯片版式设计、对所有或部分幻灯片进行相同的字符格式、背景、项目符号等设置。

10.1.2　幻灯片的基本操作

一个演示文稿是由多张幻灯片构成的。演示文稿新建后，需要添加和编辑幻灯片，幻灯片的基本操作技巧包括新建幻灯片、导入幻灯片、移动幻灯片、复制幻灯片、重用幻灯片、删除幻灯片、创建节等。

1. 新建幻灯片

随着演示文稿内容的增多，需要创建更多新幻灯片。在普通视图模式下，要在选定幻灯片的后面新建一张幻灯片，根据应用幻灯片版式的不同，可分为以下两种方式。

1）创建新幻灯片并继承前一张幻灯片（非标题幻灯片）的版式

（1）在幻灯片缩略图窗格中，选中一张幻灯片或单击幻灯片的下方，在"开始"选项卡的"幻灯片"组中，单击"新建幻灯片"按钮。

（2）在幻灯片缩略图窗格中，右击一张幻灯片或在幻灯片的下方右击，在快捷菜单中选择"新建幻灯片"命令。

（3）在幻灯片缩略图窗格中，选中一张幻灯片或单击幻灯片的下方，按下 Enter 键或快捷键 Ctrl+M。

2）创建新幻灯片并选择幻灯片版式

在幻灯片缩略图窗格中，选中一张幻灯片或单击幻灯片的下方，在"开始"选项卡的"幻灯片"组中，单击"新建幻灯片"下拉按钮，然后在下拉列表中选择所需的幻灯片版式。

2. 导入幻灯片

选中一张幻灯片，在"开始"选项卡的"幻灯片"组中，单击"新建幻灯片"下拉按钮，在下拉列表中选择"幻灯片（从大纲）"命令，打开"插入大纲"对话框，在其中选择要导入的文档，则可以将其他文档中的大纲文本导入生成幻灯片。Word 大纲级别的划分与转换幻灯片的规则，可参见"4.2.3 Word 与 PowerPoint 之间的数据共享"节中"1. 将 Word 文档转换为 PowerPoint 演示文稿"的相关介绍。

3. 移动幻灯片

对幻灯片进行移动操作以改变幻灯片的显示顺序，可以在多种视图模式下实现，以下介绍两种移动幻灯片的常用操作方法。

1）使用鼠标拖动的方法

在普通视图/大纲视图模式下，在左侧幻灯片缩略图窗格/大纲窗格中，选中要移动的幻灯片缩略图，按住鼠标左键将其拖动到目标位置；或者在幻灯片浏览视图模式下，选中要移动的幻灯片缩略图，也可以使用鼠标拖动的方式实现幻灯片的移动。

2）使用剪贴板的方法

在普通视图/大纲视图/幻灯片浏览视图模式下，选中要移动的幻灯片缩略图，执行"剪切"命令（快捷键 Ctrl+X），然后选中目标幻灯片缩略图，执行"粘贴"命令（快捷键 Ctrl+V），即可将选中的幻灯片移动到目标幻灯片的后面。

4. 复制幻灯片

使用 PowerPoint 软件的复制功能，可以在选中的幻灯片的后面直接生成一个幻灯片副本，也可以将幻灯片复制到其他指定位置。

1）复制生成幻灯片副本

使用以下三种方法可以直接为选定幻灯片生成副本幻灯片，并置于当前幻灯片之后。

（1）在普通视图/幻灯片浏览视图模式下，右击要复制的幻灯片的缩略图，在快捷菜单中选择"复制幻灯片"命令。

（2）在普通视图/大纲视图/幻灯片浏览视图模式下，选中要复制的幻灯片缩略图，在"开始"选项卡的"幻灯片"组中，单击"新建幻灯片"下拉按钮，在下拉列表中选择"复制选定幻灯片"命令。

（3）在普通视图/大纲视图/幻灯片浏览视图模式下，选中要复制的幻灯片缩略图，在"开始"选项卡的"剪贴板"组中，单击"复制"下拉按钮，在下拉列表中选择"复制（I）"命令。

2）将幻灯片复制到其他位置

在普通视图/大纲视图/幻灯片浏览视图模式下，选中要复制的幻灯片缩略图，执行"复制"

命令（快捷键 Ctrl+C），然后选中目标幻灯片缩略图，执行"粘贴"命令（快捷键 Ctrl+V），即可将选中的幻灯片复制到目标幻灯片的后面。

5. 重用幻灯片

利用重用幻灯片功能，可以在当前演示文稿中添加和使用其他演示文稿中的幻灯片，具体操作步骤如下：

（1）在"开始"选项卡的"幻灯片"组中单击"新建幻灯片"下拉按钮，在下拉列表中选择"重用幻灯片"命令。

（2）在打开的"重用幻灯片"任务窗格中，单击"浏览"下拉按钮可选择幻灯片来源，例如，选择"浏览文件"命令，打开"浏览"对话框，定位并选中要重用的幻灯片所在的演示文稿文件，单击"打开"按钮，"重用幻灯片"任务窗格中则显示出该演示文稿中所有幻灯片的缩略图。

（3）在"重用幻灯片"任务窗格中，单击任意一张幻灯片缩略图，即可将该幻灯片添加到当前演示文稿中。如果要将所有幻灯片都添加到当前演示文稿中，可右击任意一张幻灯片缩略图，在快捷菜单中选择"插入所有幻灯片"命令。

默认情况下，重用的幻灯片将继承当前演示文稿中的格式，如果要保留重用幻灯片的原有格式，可以先在"重用幻灯片"任务窗格中勾选"保留源格式"复选框，再执行重用幻灯片的插入操作。

6. 删除幻灯片

在普通视图/大纲视图/幻灯片浏览视图模式下，选中要删除的幻灯片缩略图，按下 Delete 键；或者右击幻灯片缩略图，在快捷菜单中选择"删除幻灯片"命令，均可将选中的幻灯片删除。

7. 创建节

当演示文稿中的幻灯片数量较多时，可以将演示文稿中的幻灯片分为不同的节，使演示文稿的内容结构一目了然，从而方便对幻灯片进行查询和分类管理，如图 10-4 所示。

1）新增节

为演示文稿创建新节主要有以下两种常用方法。

（1）在要创建新节的幻灯片上方右击，或者右击该幻灯片，在快捷菜单中选择"新增节"命令。

（2）在要创建新节的幻灯片上方单击，或者单击该幻灯片，在"开始"选项卡的"幻灯片"组中，单击"节"下拉按钮，在下拉列表中选择"新增节"命令。

2）重命名节

新节创建后，默认命名为"无标题节"。通过对节进行重命名，可以为该节设置一个合适的节名，主要有以下两种常用操作方法。

（1）右击节名，在快捷菜单中选择"重命名节"命令，在"重命名节"对话框中输入新的节名。

（2）单击节名，在"开始"选项卡的"幻灯片"组中，单击"节"下拉按钮，在下拉列表中选择"重命名节"命令，在"重命名节"对话框中输入新的节名。

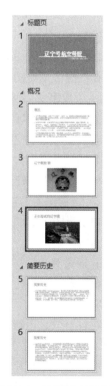

图 10-4　为演示文稿分节

3）删除节

对于不需要的节、节中包含的幻灯片，可以对其进行删除操作。

（1）如果仅需删除演示文稿中的分节效果而不删除幻灯片，可以使用以下两种常用操作方法。

①右击节名，在快捷菜单中选择"删除节"命令，可以将该节删除；在快捷菜单中选择"删除所有节"命令，则可以将该演示文稿中的所有分节删除。

②单击节名，在"开始"选项卡的"幻灯片"组中，单击"节"下拉按钮，在下拉列表中选择"删除节"命令或"删除所有节"命令。

（2）如果要将节以及该节中包含的所有幻灯片都删除，可以右击节名，在快捷菜单中选择"删除节和幻灯片"命令。

【案例 10-1】 打开"案例 10-1 幻灯片的基本操作.pptx"演示文稿，然后按下列要求完成操作。

（1）在演示文稿中添加四张幻灯片，第 1 张幻灯片版式为"标题幻灯片"，第 2~3 张幻灯片版式为"标题和内容"，第 4 张幻灯片版式为"图片与标题"。

（2）将第 2 张幻灯片和第 4 张幻灯片进行位置交换。

（3）在演示文稿的最后，插入"10.1.2 素材.pptx"演示文稿中的第 2 张幻灯片，要求保持原幻灯片的版式及主题。

（4）将最后一张幻灯片进行复制，生成幻灯片副本。

（5）按以下要求对演示文稿进行分节：第 1~4 张幻灯片为第一个节，节名为"空白"，第 5~6 张幻灯片为第二个节，节名为"计算机分类"。

【操作步骤】 操作视频见二维码 10-1。

二维码 10-1

（1）在"案例 10-1 幻灯片的基本操作.pptx"演示文稿中，新建四张幻灯片。

①在窗口右侧的"幻灯片"窗格中单击，生成第 1 张幻灯片。

②在左侧"缩略图"窗格中，单击第 1 张幻灯片缩略图，连续按下两次 Enter 键，生成第 2~3 张幻灯片。

③单击第 3 张幻灯片，单击"开始"选项卡→"幻灯片"组→"新建幻灯片"下拉按钮→"图片与标题"版式，生成第 4 张幻灯片。

（2）通过移动幻灯片操作，实现第 2 张和第 4 张幻灯片的位置互换。

①单击第 2 张幻灯片，按住鼠标左键将幻灯片拖动到第 4 张幻灯片的后面，使其成为第 4 张幻灯片。

②单击第 3 张幻灯片（原第 4 张幻灯片），按住鼠标左键将幻灯片拖动到第 1 张幻灯片的后面。

（3）通过重用幻灯片操作，将其他演示文稿中的幻灯片插入当前演示文稿中。

①单击第 4 张幻灯片，单击"开始"选项卡→"幻灯片"组→"新建幻灯片"下拉按钮→"重用幻灯片"命令。

②在右侧"重用幻灯片"任务窗格中，单击"浏览"下拉按钮→"浏览文件"命令，在"浏览"对话框中定位到"案例 10-1 素材.pptx"演示文稿文件，单击"打开"按钮。

③在"重用幻灯片"任务窗格中，先勾选"保留源格式"复选框，再单击"幻灯片 2"缩略图，在当前演示文稿中生成第 5 张幻灯片。

（4）右击第 5 张幻灯片，在快捷菜单中单击"复制幻灯片"命令，生成第 6 张幻灯片。

（5）为演示文稿创建两个节并重命名节。

①右击第 1 张幻灯片，在快捷菜单中单击"新增节"命令；再右击第 5 张幻灯片，在快捷菜单中单击"新增节"命令。

②右击第一个节名，在快捷菜单中单击"重命名节"命令，在"重命名节"对话框中，输入文本"空白"，单击"重命名"按钮；使用同样的方法，将第二个节重命名为"计算机分类"。

10.1.3 幻灯片版式

幻灯片版式是指使用占位符元素对幻灯片进行预先排版，实现幻灯片内容的初始化布局设计。占位符是可替换为文本、图形、图像、表格、图表、音频和视频等对象的虚线方框，主要分为标题占位符、文本占位符、内容占位符、图片占位符等多种类型。

根据格式设置、占位符类型以及布局排版的不同，可将幻灯片版式分为"标题幻灯片""标题和内容""节标题"和"两栏内容"等多种类型，如图 10-5 所示。幻灯片版式的类型、数量和排版效果与演示文稿所应用的主题相关，例如，"环保"主题默认包含 17 种幻灯片版式类型，"引用"主题则默认包含 14 种幻灯片版式类型。

图 10-5　默认"Office 主题"的 11 种内置幻灯片版式

1. 应用幻灯片版式

新建空白演示文稿时，第一张幻灯片默认应用"标题幻灯片"版式。从第二张幻灯片开始默认应用"标题和内容"版式，之后新建的幻灯片默认继承上一张幻灯片的版式类型。

1）新建幻灯片的同时选择幻灯片版式

在"开始"选项卡的"幻灯片"组中，单击"新建幻灯片"下拉按钮，在下拉列表中选择相应的幻灯片版式。

2）创建幻灯片之后更改幻灯片版式

选中要更改版式的幻灯片，在"开始"选项卡的"幻灯片"组中，单击"版式"下拉按钮，在下拉列表中选择所需的幻灯片版式。

2. 新建幻灯片版式

如果演示文稿中的内置版式不能满足实际需求，可以自定义创建一个新的幻灯片版式。具体操作步骤如下：

（1）在"视图"选项卡的"母版视图"组中，单击"幻灯片母版"按钮。

（2）在幻灯片母版视图模式下，在"幻灯片母版"选项卡的"编辑母版"组中单击"插入版式"按钮，即可在左侧窗格中，显示一个新创建的自定义版式缩略图。

（3）通过"母版版式"组中的"插入占位符"下拉按钮，可以在新建的版式中插入多个合适的占位符类型，并对其进行合理的排版布局，如图10-6所示。

对幻灯片版式完成格式及布局设计后，右击幻灯片版式，还可以通过快捷菜单中的相应命令，对选中的版式进行复制、删除和重命名等操作。

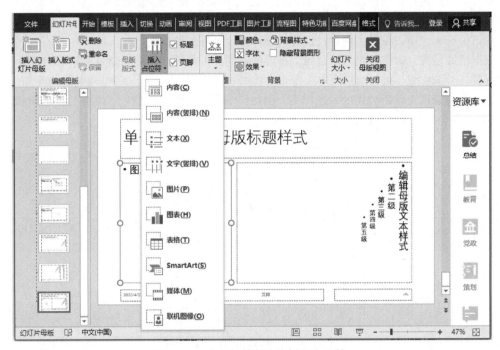

图10-6　在幻灯片版式中插入占位符

【案例10-2】打开"案例10-2幻灯片版式"演示文稿，然后按下列要求完成操作。

（1）在第1张幻灯片的标题占位符中输入标题文字"魅力青岛"，删除副标题占位符。

（2）将第2张幻灯片的版式更改为"两栏内容"，并在右栏的内容占位符中添加图片"案例10-2崂山.png"。

（3）将第3张幻灯片的版式更改为"竖排标题与文本"。

（4）自定义一个名为"new"的新版式，在该版式中，将标题占位符中的文本颜色改为标准蓝色，在标题占位符下方的左侧插入"内容"占位符、右侧插入"表格"占位符。其中，"内容"占位符高度为11厘米、宽度为15厘米，与标题占位符左对齐；"表格"占位符高度为11厘米、宽度为13厘米，与标题占位符右对齐。

（5）将"new"版式应用于第4张幻灯片。

【操作步骤】操作视频见二维码10-2。

（1）在第1张幻灯片中，将插入点定位到"标题占位符"中，输入"魅力青岛"；单击副标题占位符的边框线，按下Delete键。

（2）选中第2张幻灯片，单击"开始"选项卡→"幻灯片"组→"版式"下拉按钮→"两栏内容"版式；单击右栏内容占位符中的"图片"图标，

二维码10-2

在"插入图片"对话框中定位到"案例 10-2 崂山 .png"图片文件，单击"插入"按钮。

（3）选中第 3 张幻灯片，单击"开始"选项卡→"幻灯片"组→"版式"下拉按钮→"竖排标题与文本"版式。

（4）在幻灯片母版视图模式下，自定义新版式并进行格式和布局的设计。

①单击"视图"选项卡→"母版视图"组→"幻灯片母版"按钮。

②在左侧缩略图窗格中，单击任意一个版式的缩略图，单击"幻灯片母版"选项卡→"编辑母版"组→"插入版式"按钮。

③右击新版式，在快捷菜单中单击"重命名版式"命令，打开"重命名版式"对话框，输入"new"，单击"重命名"按钮。

④单击"标题"占位符边框，单击"开始"选项卡→"字体"组→"字体颜色"下拉按钮→"蓝色"选项。

⑤单击"幻灯片母版"选项卡→"母版版式"组→"插入占位符"下拉按钮→"内容"选项，在"标题占位符"下方的左侧，拖动鼠标生成"内容"占位符；使用类似的方法，在"标题占位符"下方的右侧，生成"表格"占位符。

⑥单击"内容"占位符边框，单击"绘图工具|格式"选项卡→"大小"组→"高度"框，输入"11 厘米"；然后在"宽度"框中输入"15 厘米"。

⑦选中"标题"占位符，按住 Ctrl 键，再选中"内容"占位符，单击"绘图工具|格式"选项卡→"排列"组→"对齐"下拉按钮→"左对齐"选项。

⑧同理，使用类似方法完成"表格"占位符的高度、宽度和对齐设置。

⑨单击"幻灯片母版"选项卡→"关闭"组→"关闭母版视图"按钮。

（5）选中第 4 张幻灯片，单击"开始"选项卡→"幻灯片"组→"版式"下拉按钮→"new"版式。

10.2

演示文稿的外观设计

通过对演示文稿主题的应用、幻灯片母版的编辑等操作，可以便捷地对演示文稿进行字体效果、背景样式、配色方案等外观设计，使演示文稿具有风格统一的格式效果。

10.2.1　幻灯片设计主题

PowerPoint 提供了多种内置的幻灯片设计主题方案，这些主题对布局排版、色彩搭配、背景图案、字符格式、项目符号等一整套格式进行预先定义和设置，供用户选择和快速应用。用户也可以根据实际需求对内置主题的配色方案、字体、效果和背景等设置进行修改。

1. 应用设计主题

演示文稿中的所有幻灯片默认使用"Office 主题"设计主题，用户可以根据实际需求，为演示文稿更换应用的主题，也可以为演示文稿中不同的幻灯片、不同的节分别应用不同的主题。

1）将主题应用于所有幻灯片

选中演示文稿中的任意一张幻灯片，在"设计"选项卡的"主题"组中，单击"主题"列表框右下方的"其他"按钮，在列表框中单击任意主题，即可将该主题应用于所有幻灯片；也可以右击任意主题，在快捷菜单中选择"应用于所有幻灯片"命令。

2）将主题应用于一张幻灯片

选中一张幻灯片，在主题列表框中右击任意主题，在快捷菜单中选择"应用于选定幻灯片"命令。

3）将主题快速应用于多张幻灯片

选中多张幻灯片，或单击节名以选中该节包含的所有幻灯片，单击"主题"列表框中的任意主题，即可将主题快速应用于所选幻灯片；也可以右击任意主题，在快捷菜单中选择"应用于选定幻灯片"命令。

2. 修改设计主题

对于已应用的设计主题，可以根据实际需求对配色、字体、图形效果、背景格式等设置进行修改。

1）自定义主题颜色

在"设计"选项卡的"变体"组中，单击"变体"列表框右下方的"其他"按钮，可以在"颜色"下拉列表中选择合适的"配色方案"选项，如"灰度""蓝色暖调""气流"等；也可以选择"自定义颜色"命令，在"新建主题颜色"对话框中自定义配置幻灯片的颜色方案，如图 10-7 所示。

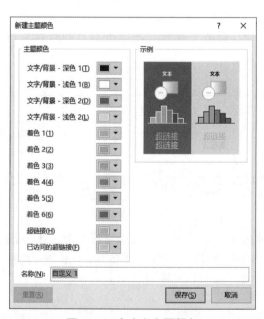

图 10-7　自定义主题颜色

2）自定义主题字体

在"设计"选项卡的"变体"组中，单击"变体"列表框右下方的"其他"按钮，在"字体"下拉列表中选择合适的字体组合方案；也可以选择"自定义字体"命令，在"新建主题字体"对话框中，自定义配置标题和正文的中英文字体组合方案，如图 10-8 所示。

284

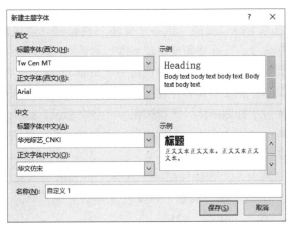

图 10-8　自定义主题字体

3）更改主题效果

除了可以自定义设置主题的颜色和字体，还可以更改"效果"方案。变体中的"效果"主要是针对形状、SmartArt 图形、艺术字等对象的轮廓、填充及阴影等效果的组合设置方案。单击"变体"列表框右下方的"其他"按钮，在"效果"下拉列表中选择合适的效果选项，可以快速改变幻灯片中各种对象的外观效果。

4）更改背景效果

为了使幻灯片的配色效果更美观、合理，常常需要更改背景颜色。更改幻灯片背景颜色有以下两种常用方法。

（1）在"设计"选项卡的"变体"组中，单击"变体"列表框右下方的"其他"按钮，在"背景样式"下拉列表中，可以选择与当前主题相关的 12 种内置背景样式，也可以选择"设置背景格式"命令，打开"设置背景格式"任务窗格，对背景填充效果进行自定义设置。

（2）在"设计"选项卡的"自定义"组中，单击"设置背景格式"按钮，也可以打开"设置背景格式"任务窗格。

【案例 10-3】打开"案例 10-3 幻灯片设计主题 .pptx"演示文稿，按下列要求完成操作。

（1）为演示文稿中的第 4 张和第 7 张幻灯片应用"水滴"主题，并将主题颜色修改为"紫红色"。

（2）除了第 4 张和第 7 张幻灯片，演示文稿中的其他幻灯片应用自定义设计主题"案例 10-3 ad. thmx"。

（3）对于应用"案例 10-3 ad. thmx"主题的所有幻灯片，要求将标题的中文字体和英文字体分别设置为华文彩云和 Arial Black，将正文的中文字体和英文字体分别设置为华文细黑和 Arial Narrow。

（4）将演示文稿中超级链接文本的颜色改为红色。

（5）隐藏第 4 张和第 7 张幻灯片的背景图形。

【操作步骤】操作视频见二维码 10-3。

二维码 10-3

（1）选中第 4 张幻灯片，按住 Ctrl 键，再选中第 7 张幻灯片；然后单击"设计"选项卡→"主题"组→"主题"列表框→"其他"按钮→"水滴"主题；再单击"变体"组→"变体"列表框→"其他"按钮→"颜色"下拉列表→"紫红色"选项。

（2）选中第 1 张幻灯片，按住 Ctrl 键，再依次选中第 2、3、5、6、8、9 张幻灯片；然后单击"设计"选项卡→"主题"组→"主题"列表框→"其他"按钮→"浏览主题"命令；在

"选择主题或主题文档"对话框中,定位到"案例10-3 ad. thmx"文件,单击"应用"按钮。

（3）单击"设计"选项卡→"变体"组→"变体"列表框→"其他"按钮→"字体"下拉列表→"自定义字体"命令,打开"新建主题字体"对话框,进行以下设置:

①单击"西文"分类→"标题字体"下拉按钮→"Arial Black"选项。

②单击"西文"分类→"正文字体"下拉按钮→"Arial Narrow"选项。

③单击"中文"分类→"标题字体"下拉按钮→"华文彩云"选项。

④单击"中文"分类→"正文字体"下拉按钮→"华文细黑"选项。

⑤单击"保存"按钮。

（4）单击"设计"选项卡→"变体"组→"变体"列表框→"其他"按钮→"颜色"下拉列表→"自定义颜色"命令。在"新建主题颜色"对话框中,单击"超链接"下拉按钮→"红色"选项。设置完毕,单击"保存"按钮。

（5）选中第4张幻灯片,按住Ctrl键,再选中第7张幻灯片;然后单击"设计"选项卡→"自定义"组→"设置背景格式"按钮,打开"设置背景格式"任务窗格,勾选"隐藏背景图形"复选框。

10.2.2 幻灯片母版

通过设计和编辑幻灯片母版,可以快速为演示文稿的所有幻灯片设计风格统一的外观、添加统一的元素。例如,为演示文稿中的每张幻灯片设置相同的标题和正文格式、多级项目符号,并添加共同的logo图片和水印。

1. 关于幻灯片母版

在"视图"选项卡的"母版视图"组中,单击"幻灯片母版"按钮,当前演示文稿即可进入幻灯片母版视图模式,如图10-9所示。在左侧的幻灯片缩略图窗格中,第一个幻灯片缩略图为幻灯片母版,下方的其他缩略图为与该母版相关联的幻灯片版式,对幻灯片母版的编辑效果会映射到与其相关联的幻灯片版式中。

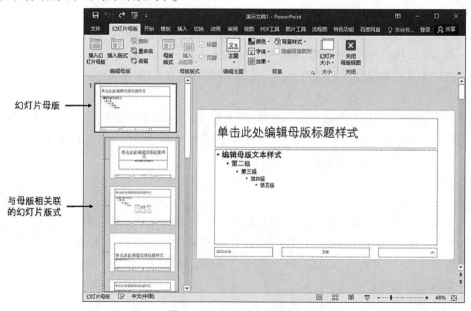

图10-9 幻灯片母版视图

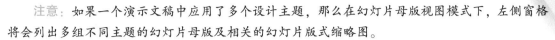

注意：如果一个演示文稿中应用了多个设计主题，那么在幻灯片母版视图模式下，左侧窗格将会列出多组不同主题的幻灯片母版及相关的幻灯片版式缩略图。

2. 编辑幻灯片母版

在幻灯片母版视图模式下，选中左侧窗格中的幻灯片母版缩略图，即可在右侧窗格中，对幻灯片母版进行格式设置、添加幻灯片的共同元素，例如字体格式、项目符号、背景设置、插入logo图像、添加水印效果等。选中左侧窗格中的某个版式缩略图，即可在右侧窗格中对该版式幻灯片进行设计和编辑，该编辑效果会被应用于与该版式相关联的所有幻灯片中。

在"幻灯片母版"选项卡的"编辑主题"组和"背景"组中，选择相关的按钮和选项，还可以对幻灯片母版进行主题、配色、字体和背景样式等外观设计。在幻灯片母版中完成的格式编辑效果，会统一应用于与该母版相关联的所有幻灯片版式中。

注意：在创建演示文稿的过程中，如果先进行幻灯片母版编辑，再新建和编辑幻灯片内容，则新建的幻灯片能更全面地应用母版所设置的格式效果；如果先编辑幻灯片，再设置母版格式，若母版的部分格式设置与该幻灯片的格式设置不同，那么这部分母版格式效果将无法应用到该幻灯片中。

3. 创建新的幻灯片母版

一个演示文稿可以包含多个幻灯片母版。在默认已有幻灯片母版的基础上，还可以再创建其他新的幻灯片母版。

具体操作步骤如下：进入幻灯片母版视图模式，在"幻灯片母版"选项卡的"编辑母版"组中，单击"插入幻灯片母版"按钮，或者在左侧窗格中右击幻灯片母版或任意版式缩略图，在快捷菜单中选择"插入幻灯片母版"命令，均可创建一组新的幻灯片母版和版式，新创建的母版默认应用"Office主题"设计主题。

如果要将新创建幻灯片母版中的版式效果应用到具体的幻灯片中，可以关闭幻灯片母版视图，在普通视图模式下，选中幻灯片，在"开始"选项卡的"幻灯片"组中，单击"版式"下拉按钮，在下拉列表中选择应用新建幻灯片母版中的幻灯片版式。

在母版中新增自定义版式的方法，可参见"10.1.3 幻灯片版式"节中关于新建幻灯片版式的介绍。

4. 重命名幻灯片母版

在幻灯片母版视图模式下，在左侧窗格中右击幻灯片母版缩略图，在快捷菜单中选择"重命名母版"命令，即可为幻灯片母版定义新名称。使用类似的方法，可为幻灯片版式定义新名称。

5. 复制幻灯片母版

使用复制幻灯片母版的功能，可以将幻灯片母版从一个演示文稿复制到另一个演示文稿中，使设计的母版效果可以在多个演示文稿中使用。

具体操作方法如下：在幻灯片母版视图模式下，在左侧窗格中右击要复制的幻灯片母版缩略图，在快捷菜单中选择"复制"命令，或按下快捷键Ctrl+C，然后打开另一个演示文稿并进入幻灯片母版视图模式，在左侧窗格中右击任意缩略图，在快捷菜单中选择"粘贴选项"中的"使用目标主题"/"保留源格式"命令，或者按下快捷键Ctrl+V。

【案例10-4】打开"案例10-4 幻灯片母版.pptx"演示文稿，按下列要求完成操作。

（1）将"案例10-4 图片1"设置为幻灯片母版的背景图片。

（2）在幻灯片母版的内容占位符中，将第一级项目符号更改为红色"★"符号。

（3）使用幻灯片母版功能，在所有应用"标题和内容"版式的幻灯片右上角添加艺术字制作的水印效果，文字内容为"共筑中国梦"。

（4）新建一个幻灯片母版，命名为"中国红"，将"案例10-4图片2"设置为该母版的背景图片。

（5）将"中国红"幻灯片母版中的"节标题""比较"和"两栏内容"这三个版式删除。

（6）为第一张幻灯片应用"中国红"母版中的"标题幻灯片"版式，为最后一张幻灯片应用"中国红"母版中的"空白"版式。

【操作步骤】操作视频见二维码10-4。

二维码10-4

（1）为幻灯片母版设置背景图片。

①单击"视图"选项卡→"母版视图"组→"幻灯片母版"按钮。

②在左侧窗格中，选中幻灯片母版缩略图，单击"幻灯片母版"选项卡→"背景"组→"背景样式"下拉按钮→"设置背景格式"命令。

③在"设置背景格式"任务窗格中，单击"填充"选项卡→"填充"组→"图片或纹理填充"单选按钮，再单击"插入图片来自"下方的"文件"按钮。

④在"插入图片"对话框中，定位到"案例10-4图片1"文件，单击"插入"按钮。

（2）更改演示文稿中所有内容占位符的一级项目符号为红色"★"符号。

①在幻灯片母版中，将光标定位到内容占位符的一级项目符号后面，单击"开始"选项卡→"段落"组→"项目符号"下拉按钮→"项目符号和编号"命令。

②在"项目符号和编号"对话框中，单击"自定义"按钮。

③在"符号"对话框中，单击"子集"下拉按钮→"几何图形符"选项→"★"选项，单击"确定"按钮。

④在"项目符号和编号"对话框中，单击"颜色"下拉按钮→"红色"选项，单击"确定"按钮。

（3）为所有应用"标题和内容"版式的幻灯片添加水印效果。

①在左侧窗格中，单击"标题和内容"版式缩略图，单击"插入"选项卡→"文本"组→"艺术字"下拉按钮→"填充-橙色，着色2，轮廓-着色2"选项。

②输入艺术字"共筑中国梦"，拖动艺术字对象，置于幻灯片版式右上角。

（4）新建一个幻灯片母版并重命名，然后设置背景图片。

①单击"幻灯片母版"选项卡→"编辑母版"组→"插入幻灯片母版"按钮。

②在左侧窗格中，右击新的幻灯片母版缩略图，在快捷菜单中单击"重命名母版"命令。

③在"重命名版式"对话框中，输入新的母版名称"中国红"。

④使用与第（1）题类似的方法，将"案例10-4图片2"设置为新母版的背景图片。

（5）单击"中国红"母版中的"节标题"版式缩略图，按下Delete键；使用类似方法，删除"比较"和"两栏内容"这两个版式；然后，单击"幻灯片母版"选项卡→"关闭"组→"关闭母版视图"按钮。

（6）在普通视图中，为幻灯片应用新母版中的版式。

①选中第一张幻灯片，单击"开始"选项卡→"幻灯片"组→"版式"下拉按钮→"中国红"母版→"标题幻灯片"版式。

②选中最后一张幻灯片，单击"开始"选项卡→"幻灯片"组→"版式"下拉按钮→"中国红"母版→"空白"版式。

10.3
多媒体对象的插入与编辑

在演示文稿幻灯片中，可以插入文本、图形、图像、图表、表格、音频和视频等多媒体对象，使演示文稿的内容更精彩和多元化。

10.3.1　文本

在幻灯片编辑过程中，插入文本元素是必不可少的操作，包括在占位符或文本框中输入文本、使用艺术字功能生成文本、在页眉和页脚插入日期或编号等文本。

1. 使用"文本框"输入文本

要在幻灯片中的任意位置输入文本，可以借助"文本框"工具，文本框分为"横排"和"竖排"两种。在普通视图模式下，在"插入"选项卡的"文本"组中单击"文本框"下拉按钮，可在下拉列表中选择在幻灯片中插入的文本框类型；也可以在"插入"选项卡的"插图"组中单击"形状"下拉按钮，在下拉列表中选择文本框类型。

2. 使用"占位符"输入文本

选定幻灯片版式（除"空白"版式外）后，幻灯片中会出现相应的占位符。可以在内容占位符和文本占位符中输入和编辑文字。与文本框不同的是，在普通视图模式下无法在幻灯片中插入占位符对象，需要进入幻灯片母版视图模式，在幻灯片版式中添加和编辑占位符，具体可参见"10.1.3 幻灯片版式"节中关于自定义幻灯片版式的介绍。

默认情况下，当占位符中输入的文本内容过多时，占位符会通过自动更改行距和文本字号等方式调整文本的显示效果，同时，占位符的左下方会出现一个"自动调整选项"下拉按钮，单击该按钮会出现如图 10-10 所示的下拉列表。用户可以根据实际情况选择合适的列表选项，使占位符中的文本实现自动调整。例如，选择"将文本拆分到两个幻灯片中"选项，可实现文本自动分页的显示效果；选择"将幻灯片更改为两列版式"选项，可将文本自动分为两栏显示。

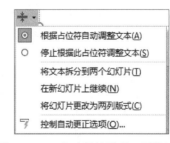

图 10-10　"自动调整选项"下拉列表

3. 使用"艺术字"输入文本

1）插入艺术字

插入"艺术字"对象，可以使文本具有彩色轮廓和填充、文字阴影、文字映像和文本变形等丰富多彩的艺术效果。在"插入"选项卡的"文本"组中单击"艺术字"下拉按钮，即可在下拉列表中选择插入艺术字的样式。插入艺术字后，还可以通过"绘图工具|格式"选项卡中的各项按钮，对其进行样式、填充、轮廓、形状效果等格式的更改。

2）普通文本与艺术字的相互转换

选中文本，在"绘图工具|格式"选项卡的"艺术字样式"组中，单击"艺术字样式"列表框中的任意样式，可将普通文本转换为艺术字效果；单击"艺术字样式"列表框中的"清除艺术字"命令，可将艺术字还原为普通文本。

4. 插入页眉和页脚

在普通视图、大纲视图或幻灯片浏览视图模式下，选中若干个幻灯片缩略图，在"插入"选项卡的"文本"组中单击"页眉和页脚""日期和时间"或"幻灯片编号"按钮，均可打开"页眉和页脚"对话框，如图10-11所示。通过"幻灯片"与"备注和讲义"这两个选项卡进行设置，可以在"幻灯片"或"讲义"的页眉/页脚位置，插入文本、日期和时间、幻灯片编号等对象。

图10-11 "页眉和页脚"对话框

下面介绍如何在幻灯片中插入日期和时间、幻灯片编号以及页脚内容。

1）插入日期和时间

通过以下两种常用方法，可以在幻灯片中插入日期和时间对象。

（1）在幻灯片版式指定的位置插入日期和时间：选中任意幻灯片，在"页眉和页脚"对话框中，勾选"日期和时间"复选框，可选择自动更新的日期或输入固定日期文本。通过这种方式插入的日期和时间，其具体显示位置与该幻灯片所应用的主题和版式相关。

（2）在任意指定位置插入日期和时间：除了在幻灯片版式指定的位置插入日期和时间，还可以在其他任意位置插入日期和时间文本。例如，将光标定位到任意文本框或占位符中，单击"日期和时间"按钮，打开如图10-12所示的"日期和时间"对话框，在其中选择要设置的日期/时间格式，即可在当前位置插入日期/时间。

2）插入幻灯片编号

通过以下两种常用方法，可以在幻灯片中插入幻灯片的编号。

（1）在幻灯片版式指定的位置插入编号：在"页眉和页脚"对话框中，勾选"幻灯片编号"复选框，可在幻灯片指定位置添加编号，其具体显示位置与该幻灯片所应用的主题和版式相关。

（2）在任意指定位置插入编号：将光标定位到任意文本框或占位符中，再单击"幻灯片编号"按钮，即可在当前位置插入幻灯片编号数字。

默认情况下，幻灯片编号从第一张幻灯片开始计数，起始编号为"1"。若要更改起始编号，可以在"设计"选项卡的"自定义"组中，单击"幻灯片大小"下拉按钮，在下拉列表中选择"自定义幻灯片大小"命令；在"幻灯片大小"对话框中，可设置幻灯片编号起始值，如图10-13所示。

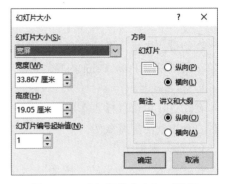

图 10-12 "日期和时间"对话框　　　　　图 10-13 "幻灯片大小"对话框

3）插入页脚文本

在"页眉和页脚"对话框中，勾选"页脚"复选框，并在下方文本框内输入具体的页脚文本内容，即可在幻灯片中添加页脚文本。页脚文本在幻灯片中的具体显示位置与该幻灯片所应用的主题和版式相关，并不一定显示在幻灯片页面底部。

在"页眉和页脚"对话框中完成日期、编号和页脚对象的设置后，若仅需要在选中的幻灯片中插入对象，可单击"应用"按钮；若需要在演示文稿的所有幻灯片中插入对象，可单击"全部应用"按钮；若勾选"标题幻灯片中不显示"复选框并单击"全部应用"按钮，那么除了应用"标题幻灯片"版式的幻灯片以外，演示文稿中的其他幻灯片都将插入对象。

【案例 10-5】 打开"案例 10-5 文本 .pptx"演示文稿，按下列要求完成操作。

（1）在第一张幻灯片中，将"魅力青岛"文本转换为任意样式的艺术字，然后将其设置为绿色文本轮廓，并转换为"朝鲜鼓"的形状样式。

（2）除标题幻灯片外，其他幻灯片均要求显示幻灯片编号、页脚、可自动更新的当前系统日期；第 2 张幻灯片编号须从 1 开始计数；页脚文字为"魅力青岛"。

【操作步骤】 操作视频见二维码 10-5。

（1）将第一张幻灯片中的文本转换为艺术字，并设置格式。

①选中"魅力青岛"文字，单击"绘图工具|格式"选项卡→"艺术字样式"组→"艺术字样式"列表框→"其他"按钮→"填充-白色，轮廓-着色 1，阴影"选项。

二维码 10-5

②单击"绘图工具|格式"选项卡→"艺术字样式"组→"文本轮廓"下拉按钮→"绿色"选项。

③单击"绘图工具|格式"选项卡→"艺术字样式"组→"文本效果"下拉按钮→"转换"选项→"朝鲜鼓"选项。

（2）在演示文稿中插入编号、页脚和日期，并更改起始编号。

①单击"插入"选项卡→"文本"组→"页眉和页脚"按钮/"日期和时间"按钮/"幻灯片编号"按钮。

②在"页眉和页脚"对话框中，分别勾选"日期和时间"复选框、"幻灯片编号"复选框和"页脚"复选框；在"页脚"框中，输入文本"魅力青岛"；勾选"标题幻灯片中不显示"复选框；单击"全部应用"按钮。

③单击"设计"选项卡→"自定义"组→"幻灯片大小"下拉按钮→"自定义幻灯片大小"命令。

④在"幻灯片大小"对话框中,在"幻灯片编号起始值"框中输入"0";单击"确定"按钮。

10.3.2 图片和图形

在幻灯片中插入图片和图形,可以丰富幻灯片的表现形式。在幻灯片中插入的图片和图形对象,既可以是 PowerPoint 内置的形状、SmartArt 对象,也可以是从外部数据源获取的图片。

1. 插入图片

在幻灯片中可以插入本地图片文件,或者通过互联网插入联机图片,还可以插入 PowerPoint 软件自动识别的屏幕截图。

1)插入本地图片

在"插入"选项卡的"图像"组中单击"图片"按钮,或者单击占位符中的"图片"图标,均可以打开"插入图片"对话框,在幻灯片中插入本地图片。

2)插入联机图片

在"插入"选项卡的"图像"组中单击"联机图片"按钮,或者单击占位符中的"联机图片"图标,均可以打开"插入图片"窗口。在其中可以通过"必应图像搜索"或者"OneDrive-个人"两种方式在互联网上搜索图片。

例如,在"插入图片"窗口中通过搜索关键字"键盘",如图 10-14(a)所示,即可获得如图 10-14(b)所示的图片搜索结果;通过单击"尺寸""类型"和"颜色"等下拉按钮并选择筛选条件,还可以进一步对图片进行搜索筛选;选中一个或多个图片,单击窗口下方的"插入"按钮,即可将所选的联机图片插入幻灯片中。

(a)

(b)

图 10-14 插入联机图片

(a)"插入图片"窗口;(b)搜索联机图片

3）插入屏幕截图

在"插入"选项卡的"图像"组中单击"屏幕截图"下拉按钮，如图 10-15 所示；若单击"可用的视窗"中提供的窗口截图缩略图，可直接将该窗口截图插入幻灯片中；若单击"屏幕剪辑"命令，则可以拖动鼠标自定义截图屏幕的范围，并将其插入幻灯片中。

图 10-15　插入屏幕截图

2. 插入形状

PowerPoint 软件提供了多种类型的内置形状，如线条、矩形、箭头、公式形状、流程图、星与旗帜等。在"插入"选项卡的"插图"组中，单击"形状"下拉列表，并选择合适的形状类型，即可在幻灯片中插入所需的形状，也可以将多个形状编辑和组合成所需的图形。

3. 插入与编辑 SmartArt 图形

SmartArt 是将各类形状、文本框以及图片等对象根据逻辑关系组合起来的智能图形，包括列表、流程、循环、层次结构和关系等多种分类。使用 SmartArt 图形，可以在幻灯片中快速便捷地插入各种格式化的框架结构图。

1）直接插入 SmartArt 图形

在"插入"选项卡的"插图"组中单击"SmartArt"按钮，或者单击占位符中的"插入 SmartArt 图形"图标，均可以打开如图 10-16 所示的"选择 SmartArt 图形"对话框，在对话框左栏选择 SmartArt 图形的分类，右栏则自动展示该分类下的 SmartArt 图形布局效果，每个图形均有名称，将鼠标指针移向任意 SmartArt 图形即可显示其名称。在对话框中选择所需的图形，将其插入幻灯片，然后在 SmartArt 图形中输入文本，完善数据内容。

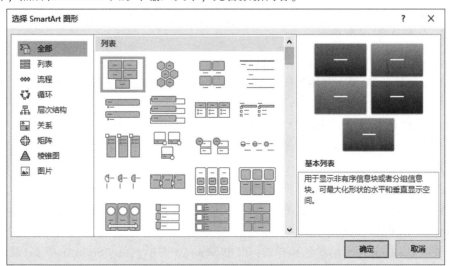

图 10-16　"选择 SmartArt 图形"对话框

2）将文本转换为 SmartArt 图形

如果幻灯片中已存在列表、流程、层次等关系的文本内容，可以将选定的文本内容转换为指定类型的 SmartArt 图形。

具体操作步骤如下：选中所有要转换的文本，对其右击，在快捷菜单中选择"转换为 Smart-Art"命令，在子菜单中选择所需的 SmartArt 图形。在转换过程中，文本的级别与 SmartArt 图形中的级别是相互对应的，如图 10-17 所示。

图 10-17　将文本转换为 SmartArt 图形

如果要将 SmartArt 图形还原为普通文字，可以在"SmartArt 工具|设计"选项卡的"重置"组中，单击"转换"下拉按钮，在下拉列表中选择"转换为文本"命令。

3）编辑 SmartArt 图形

对于已创建的 SmartArt 图形，可以对其进行添加形状、改变类型、颜色和样式等编辑操作，从而对 SmartArt 图形实现进一步的修饰和完善。

（1）在 SmartArt 图形中输入文本：除了可以在 SmartArt 图形的各个组成形状中直接输入文本，还可以在"SmartArt 工具|设计"选项卡的"创建图形"组中，单击"文本窗格"按钮，在"文本"窗格中输入文本。

（2）在 SmartArt 图形中新增形状：选中 SmartArt 图形中的某个形状，在"SmartArt 工具|设计"选项卡的"创建图形"组中，单击"添加形状"下拉按钮，通过下拉列表选择合适的选项，即可在选中形状的前、后、上、下等位置添加一个相同的形状；右击形状，在快捷菜单中选择"添加形状"命令，也可以完成以上添加形状的效果。

（3）更改 SmartArt 图形中的形状效果：SmartArt 图形中的形状类型和形状样式均可以进行修改和美化。

①SmartArt 图形中的形状类型可以根据需求自行更改。例如，将 SmartArt 图形中的"矩形"更改为"圆角矩形"，只要在"矩形"形状上右击，在快捷菜单中选择"更改形状"命令，在下拉列表中选择"圆角矩形"选项，即可完成形状的更换。

②通过更改各个形状的样式，可以进一步美化 SmartArt 图形。选中任意形状，单击"SmartArt 工具|格式"选项卡，即可在"形状样式"组中为选中形状更换形状样式、形状填充和轮廓等效果。

（4）更改 SmartArt 图形的布局：选中 SmartArt 图形，在"SmartArt 工具|设计"选项卡的"版式"组中，单击"版式"列表框右下方的"其他"按钮，即可展开列表框并在其中选择所需的 SmartArt 图形的布局效果。

（5）更改 SmartArt 图形的颜色和样式：选中 SmartArt 图形，在"SmartArt 工具|设计"选项卡的"SmartArt 样式"组中，单击"更改颜色"下拉按钮，可以更改 SmartArt 图形中各个形状的

颜色搭配效果；单击"SmartArt 样式"列表框中的任意样式，可以更改整个 SmartArt 图形的样式。

【案例10-6】打开"案例 10-6 图片和图形 . pptx"演示文稿，按下列要求完成操作。

（1）插入"案例 10-6 Logo. png"图片，使演示文稿每张幻灯片的右上方均显示该图片。

（2）将第 5 张幻灯片中的图片替换成"案例 10-6 图片 1. jpg"图片，并为该图片应用边缘柔化 10 磅的"柔化边缘矩形"样式。

（3）将最后一张幻灯片中的列表转换为 SmartArt 图形，布局为"基本循环"，并更改颜色为"彩色，个性色"，样式为"嵌入"。

（4）在 SmartArt 图形的正中间插入一个 8cm 的正圆形，将"案例 10-6 图片 2. jpg"作为其背景填充，并设置为"30%"的透明度。

【操作步骤】操作视频见二维码 10-6。

二维码 10-6

（1）进入幻灯片母版视图模式，在幻灯片母版中插入图片。

①单击"视图"选项卡→"母版视图"组→"幻灯片母版"按钮。

②单击幻灯片母版缩略图，单击"插入"选项卡→"图像"组→"图片"按钮。

③在"插入图片"对话框中，定位到"案例 10-6 Logo. png"文件，单击"插入"按钮；然后将图片移动到幻灯片母版的右上方。

④单击"幻灯片母版"选项卡→"关闭"组→"关闭母版视图"按钮。

（2）更改图片，并应用图片样式。

①在第 5 张幻灯片中，右击图片，在快捷菜单中单击"更改图片"命令。

②在"插入图片"窗口中，单击"从文件"右侧的"浏览"按钮。

③在"插入图片"对话框中，定位到"案例 10-6 图片 1. jpg"文件，单击"插入"按钮。

④单击更新的图片，单击"图片工具|格式"选项卡→"图片样式"组→"图片样式"列表框→"柔化边缘矩形"样式。

⑤右击图片，在快捷菜单中单击"设置图片格式"命令，打开右侧任务窗格，单击"效果"选项卡→"柔化边缘"组→"大小"框，将数值更改为"10 磅"。

（3）将列表转换为 SmartArt 图形，并更改颜色和样式。

①在第 8 张幻灯片中，选中并右击所有列表文字，在快捷菜单中单击"转换为 SmartArt"→"其他 SmartArt 图形"命令。

②在"选择 SmartArt 图形"对话框中，单击"循环"分类→"基本循环"布局。

③单击"SmartArt 工具|设计"选项卡→"SmartArt 样式"组→"更改颜色"下拉按钮→"彩色，个性色"选项，再单击"SmartArt 样式"列表框中的"嵌入"样式。

（4）插入形状对象，设置对齐效果和大小，更改背景和透明度。

①单击"插入"选项卡→"插图"组→"形状"下拉按钮→"椭圆"选项，拖动鼠标生成"椭圆"形状。

②单击"绘图工具|格式"选项卡→"大小"组→"高度"框，将数值更改为"8 厘米"，再将"宽度"框中的数值也更改为"8 厘米"。

③选中 SmartArt 图形对象，按住 Ctrl 键，再选中圆形对象，单击"绘图工具|格式"选项卡→"排列"组→"对齐"下拉按钮→"水平居中"选项，再单击"垂直居中"选项。

④选中圆形对象，单击"绘图工具|格式"选项卡→"形状样式"组→"形状填充"下拉按钮→"图片"命令。

⑤在"插入图片"窗口中，单击"从文件"右侧的"浏览"按钮。

⑥在"插入图片"对话框中，定位到"案例10-6图片2.jpg"文件，单击"插入"按钮。

⑦选中圆形对象，在右侧任务窗格中，单击"填充与线条"选项卡→"填充"组→"透明度"框，将数值更改为30%。

10.3.3 表格和图表

在演示文稿中插入图表和表格对象，可以对演示文稿中的文字内容添加辅助说明的效果，并使数据的展示更加直观和形象。

1. 插入表格

在"插入"选项卡的"表格"组中单击"表格"下拉按钮，或者单击占位符中的"插入表格"图标，均可在幻灯片中插入表格对象。

表格生成后，通过"表格工具|设计"和"表格工具|布局"选项卡，可以对其实现进一步的编辑，具体操作方法可参见"5.3.5 表格"节中关于表格编辑方面的介绍。

2. 插入图表

在"插入"选项卡的"插图"组中单击"图表"下拉按钮，或者单击占位符中的"插入图表"图标，均可打开"插入图表"对话框，在其中选择要创建的图表类型，即可在幻灯片中添加一个样本数据图表，该图表的数据源与弹出的 Excel 小窗口中的数据相关联，幻灯片中的图表效果会随着小窗口中数据的改变而变化，如图10-18所示。用户可以将所需数据手动输入 Excel 小窗口中，也可以将其他文档中的数据复制到该窗口中，替换原有的样本数据。

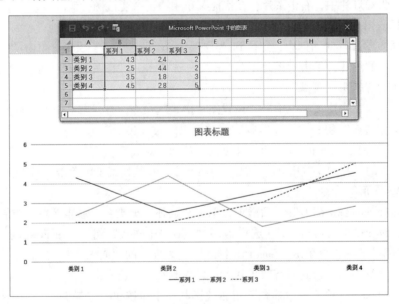

图 10-18　在幻灯片中插入图表

将 Excel 小窗口关闭后，若想要继续对图表数据进行编辑，可以在"表格工具|设计"选项卡中的"数据"组中单击"编辑数据"下拉列表，选择"编辑数据"或"在 Excel 中编辑数据"命令，再次打开 Excel 数据源窗口。

对幻灯片中的图表对象进行编辑修改，可以通过"图表工具|设计"和"图表工具|格式"这两个选项卡完成，其操作方法可参见"9.5.2 常用图表"节中关于 Excel 图表编辑方面的介绍。

【案例10-7】打开"案例10-7 表格和图表.pptx"演示文稿，参照"案例10-7 图表效果.JPG"中的效果，在演示文稿中创建和编辑图表。

（1）将第10张幻灯片中的表格转换为图表，图表类型为"带数据标记的折线图"。

（2）不显示图表标题；设置水平轴的坐标轴位置在"刻度线上"，设置垂直轴的"最小值"为"20"。

（3）将各数据系列中温度稳定（温度数值无变化）的折线部分设置为"方点"短画线线型。

（4）在"A温度（℃）"数据系列的第8个数据点下方插入一个"等腰三角形"形状，使其成为图表的一部分（该形状无法被移到图表外部）。

【操作步骤】操作视频见二维码10-7。

（1）删除表格并插入图表。

①在第10张幻灯片中，选中整个表格，按下快捷键Ctrl+X。

②单击"内容"占位符中的"插入图表"图标，在"插入图表"对话框中，单击"折线图"分类→"带数据标记的折线图"类型，单击"确定"按钮。

二维码10-7

③单击"Microsoft PowerPoint中的图表"窗口中的A1单元格，按下快捷键Ctrl+V。

④右击第5行的行标，在快捷菜单中单击"删除"命令。

⑤单击"图表工具|设计"选项卡→"数据"组→"切换行/列"按钮。

（2）编辑图表的标题和坐标轴。

①选中"图表标题"对象，按下Delete键。

②右击水平轴，在快捷菜单中单击"设置坐标轴格式"命令，打开右侧任务窗格，单击"坐标轴选项"选项卡→"坐标轴选项"组→"在刻度线上"单选按钮。

③选中垂直轴，在右侧任务窗格中，单击"坐标轴选项"选项卡→"坐标轴选项"组→"最小值"框，将数值更改为"20"。

（3）更改数据系列部分线型。

①选中"C温度（℃）"数据系列，再选中第8个数据点，在右侧任务窗格中，单击"填充与线条"选项卡→"线条"分类→"线条"组→"短划线类型"下拉按钮→"方点"选项；然后选中第9个数据点，按下F4键；再选中第10个数据点，按下F4键。

②选中"B温度（℃）"数据系列，再选中第9个数据点，按下F4键；选中第10个数据点，按下F4键。

③同理，完成"A温度（℃）"数据系列中的"方点"短划线设置。

（4）选中图表，单击"插入"选项卡→"插图"组→"形状"下拉按钮→"等腰三角形"形状，在图表中拖动鼠标生成等腰三角形，将其移动到如"案例10-7 图表效果.jpg"所示的位置。

10.3.4 音频和视频

在演示文稿中插入音频或视频文件，可以使幻灯片放映时播放指定的声音或视频，从而丰富演示文稿的表现力和感染力。

1. 添加音频

在幻灯片中添加音频，可以实现幻灯片的背景音乐、旁白和提示语音等效果的制作。

1）插入音频文件或录制音频

在"插入"选项卡的"媒体"组中单击"音频"下拉按钮，在下拉列表中，若选择"PC上的音频"命令，可以将本地声音文件插入幻灯片中；若选择"录制音频"命令，则可以使用麦克风进行语音录制并插入幻灯片中。

添加音频后，在幻灯片中会出现一个音频图标 ◀，选中该图标，则下方会自动出现一个播放栏，如图10-19所示。在播放栏上单击"播放/暂停"按钮 ▶ / ❚❚，可以控制音频的播放和暂停，单击"进度条""向前移动"按钮 ◀❙ 和"向后移动"按钮 ❙▶，均可以控制音频播放的进度。

2）编辑音频

如果要对幻灯片中插入的音频进行播放内容的剪裁，可以选中音频图标，在"音频工具|播放"选项卡的"编辑"组中，单击"剪裁音频"按钮，打开如图10-20所示的"剪裁音频"对话框，在其中设置播放音频的"开始时间"和"结束时间"。

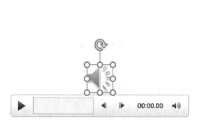

图 10-19 音频图标及播放栏

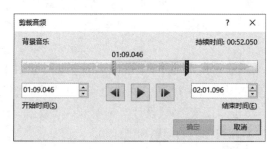

图 10-20 "剪裁音频"对话框

在"音频工具|播放"选项卡的"编辑"组中，通过设置"淡入"的时长，可以控制音频开始播放时音量从零逐步提升到正常音量的时长；通过设置"淡出"的时长，可以控制音频结束播放时音量从正常逐步降低为零的时长。

3）设置音频选项

在"音频工具|播放"选项卡的"音频选项"组中，可以对音频开始播放的条件、播放的方式、音频图标的显示等参数进行设置。

（1）设置音频开始播放的条件：在"开始"下拉列表中可选择音频播放的开始条件，默认选择"单击时"选项，即放映幻灯片后，通过单击音频图标使音频开始播放；若选择"自动"选项，则音频图标所在的幻灯片放映时，无须单击鼠标，音频可自动播放。

（2）设置音频跨幻灯片播放：默认情况下，音频只在音频图标所在的幻灯片放映时进行播放，一旦开始放映下一张幻灯片，音频则自动结束播放。若希望音频的播放不受幻灯片切换的影响，可以在"音频选项"组中勾选"跨幻灯片播放"复选框。

（3）设置循环播放音频：演示文稿中的幻灯片较多时，可能出现演示文稿还未放映完，而音频播放已经结束的情况。如果希望演示文稿放映的过程中音频的播放不会被终止，可以在"音频选项"组中勾选"循环播放，直到停止"复选框。

（4）设置放映时隐藏音频图标：如果不希望在放映的幻灯片中出现音频图标，可以在"音频选项"组中勾选"放映时隐藏"复选框，则幻灯片放映时，音频图标将被隐藏。

4）其他音频选项设置

在幻灯片中选中音频图标后，除了可以进行以上选项设置，还可以在"动画"选项卡中，

单击"动画"组的右下方单击"对话框启动器"按钮
，打开如图10-21所示的"播放音频"对话框，通
过"效果"和"计时"选项卡，对其他音频选项进行
设置，如开始播放、结束播放、延迟播放时长、重复
播放次数和触发条件等。

例如，要在放映第5~10张幻灯片时播放音频，
可以在第5张幻灯片中插入"跨幻灯片播放"的音频
对象，并在"播放音频"对话框中，将停止播放音频
的条件设置为"在6张幻灯片后"。

2. 添加视频

在幻灯片中插入视频文件或链接视频文件，可以
使幻灯片在放映时具有更形象、更直观的视觉表
现力。

1）插入视频文件

在"插入"选项卡的"媒体"组中单击"视频"
下拉按钮，在下拉列表中，若选择"联机视频"选
项，可以搜索并插入"YouTube"上的视频，或者通
过粘贴视频嵌入代码的方式插入视频；若选择"PC

图10-21　"播放音频"对话框

上的视频"选项，可以打开"插入视频文件"对话框，在其中选择视频文件并单击"插入"按
钮，可将本机上的视频文件插入幻灯片中。

在幻灯片中单击视频对象，在视频下方会出现如图10-22所示的播放栏。与音频播放栏的
功能类似，通过视频播放栏可以控制视频播放的进度；对视频对象的四周控点进行拖动调整，还
可以控制放映时视频比例的大小。

将视频文件插入幻灯片后，该视频成为演示文稿中的嵌入对象，即使视频源文件被删除或
移动，也不影响该视频在幻灯片中的播放。

2）链接视频文件

在"插入"选项卡的"媒体"组中单击"视频"下拉按钮，在下拉列表中选择"PC上的
视频"选项，在打开的"插入视频文件"对话框中选择视频文件，单击"插入"下拉按钮并选
择"链接到文件"选项，如图10-23所示，可将视频文件链接到幻灯片中。

图10-22　视频对象及播放栏

图10-23　"链接到文件"选项

将视频文件链接到幻灯片后，视频源文件一旦被删除或移动，该视频将无法在幻灯片中播放。

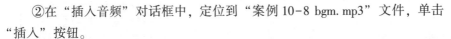

3）视频的编辑和选项设置

视频的编辑和选项设置的方法与音频类似，选中视频对象后，通过"视频工具|播放"选项卡，可以对视频进行剪裁播放内容、指定淡化持续时间、选择视频播放的开始条件、播放前隐藏视频窗口、全屏播放视频等多项编辑和设置。

【案例 10-8】打开"案例 10-8 音频和视频-1.pptx"演示文稿，按下列要求完成操作。

（1）将"案例 10-8 bgm.mp3"声音文件作为该演示文稿的背景音乐，要求从第一张幻灯片放映时即开始自动播放音乐，至演示结束停止。

（2）演示文稿放映时隐藏音频图标。

【操作步骤】操作视频见二维码 10-8。

二维码 10-8

（1）在幻灯片中插入音频文件，并设置播放效果。

①在第 1 张幻灯片中，单击"插入"选项卡→"媒体"组→"音频"下拉按钮→"PC 上的音频"命令。

②在"插入音频"对话框中，定位到"案例 10-8 bgm.mp3"文件，单击"插入"按钮。

③单击"音频工具|播放"选项卡→"音频选项"组→"开始"下拉按钮→"自动"选项，再依次单击"跨幻灯片播放"复选框和"循环播放，直到停止"复选框。

（2）单击"音频工具|播放"选项卡→"音频选项"组→"放映时隐藏"复选框。

【案例 10-9】打开"案例 10-9 音频和视频-2.pptx"演示文稿，按下列要求完成操作。

（1）在第 5 张幻灯片的内容占位符中插入视频文件"案例 10-9 视频.mp4"，剪辑视频使其只播放前 23.5 秒。

（2）将图片"案例 10-9 视频封面.jpg"设置为幻灯片中视频对象"案例 10-9 视频.mp4"的预览图像。

【操作步骤】操作视频见二维码 10-9。

二维码 10-9

（1）插入视频并对视频进行剪辑。

①在第 5 张幻灯片中，单击"内容"占位符中的"插入视频文件"图标。

②在"插入视频"窗口中，单击"来自文件"右侧的"浏览"按钮。

③在"插入视频文件"对话框中，定位到"案例 10-9 视频.mp4"文件，单击"插入"按钮。

④单击"视频工具|播放"选项卡→"编辑"组→"剪裁视频"按钮。

⑤在"剪裁视频"对话框中，在"结束时间"框中输入"23.5"，单击"确定"按钮。

（2）设置视频对象的预览图像。

①选中视频，单击"视频工具|格式"选项卡→"调整"组→"标牌框架"下拉按钮→"文件中的图像"命令。

②在"插入图片"窗口中，单击"从文件"右侧的"浏览"按钮。

③在"插入图片"对话框中，定位到"案例 10-9 视频封面.jpg"图片文件，单击"插入"按钮。

10.3.5　相册

利用创建"相册"的功能，可以将多张图片制作成相片集，以幻灯片放映的形式进行展示。

1. 创建相册

在"插入"选项卡的"图像"组中，单击"相册"按钮，或者单击"相册"下拉按钮，在下拉列表中选择"新建相册"命令，均可打开"相册"对话框，在该对话框中可进行以下设置并完成相册的创建。

1) 将图片插入相册

单击"文件/磁盘"按钮，通过"插入新图片"对话框将若干图片插入相册，如图 10-24 所示。

图 10-24　"相册"对话框

2) 将文本插入相册

单击"新建文本框"按钮，可以在"相册中的图片"列表框中插入"文本框"对象，使"图片"对象与"文本框"对象穿插排列于相册幻灯片中。例如，在一张幻灯片中插入两个文本框，效果如图 10-25 所示。

图 10-25　将文本插入相册

3) 编辑相册图片

在"相册中的图片"列表框中，勾选图片或文本框对象前面的复选框，单击"向上"或"向下"按钮，可以对所选对象进行排列顺序的调整，还可以单击"删除"按钮清除多余的对象。

301

在"相册中的图片"列表框中勾选的任意一张图片，单击右侧预览窗格下方的相关按钮，可对该图片进行旋转、对比度和亮度的调整。

4）设置图片选项

勾选"标题在所有图片下面"复选框，可将图片的主文件名显示在图片下方；勾选"所有图片以黑白方式显示"复选框，可将所有图片显示为黑白色效果。

5）设置相册版式

相册版式包括图片版式、相框形状和主题三个部分。

（1）单击"图片版式"下拉按钮中，在下拉列表中可以选择每张幻灯片中包含的图片个数，以及幻灯片中是否添加"标题"占位符。

（2）单击"相框形状"下拉按钮中，在下拉列表中可以设置图片边框的形状及样式。

（3）单击"主题"右侧的"浏览"按钮，打开"选择主题"对话框，在其中可以选择合适的主题文件，将其应用到"相册"演示文稿中。

2. 编辑相册

打开已经创建的"相册"演示文稿，在"插入"选项卡的"图像"组中，单击"相册"下拉按钮中的"编辑相册"命令，即可打开"编辑相册"对话框，在其中对相册进行修改和编辑。

【案例 10-10】按下列要求，利用 PowerPoint 软件创建一个相册。

（1）相册中包含"案例 10-10 八仙渡景区"~"案例 10-10 中山公园"8 张摄影图片。

（2）将"案例 10-10 崂山风景区"设置为相册的第一张图片。

（3）每张幻灯片包含四张图片，除标题幻灯片外，其他幻灯片中无标题占位符；所有图片设置为"居中矩形阴影"相框形状，且每张图片的下方显示与图片文件名相同的说明文字。

（4）为相册应用一个任意主题。

【操作步骤】操作视频见二维码 10-10。

二维码 10-10

（1）打开 PowerPoint 软件，创建相册并插入 8 张图片。

①单击"插入"选项卡→"图像"组→"相册"下拉按钮→"新建相册"命令。

②在"相册"对话框中，单击"文件/磁盘"按钮。

③在"插入新图片"对话框中，定位并选中"案例 10-10 八仙渡景区"~"案例 10-10 中山公园"8 张图片，单击"插入"按钮。

（2）在"相册"对话框的"相册中的图片"列表框中，勾选"案例 10-10 崂山风景区"复选框，单击两次列表框下方的上移按钮 。

（3）在"相册"对话框中，单击"图片版式"下拉按钮→"4 张图片"选项；单击"相框形状"下拉按钮→"居中矩形阴影"选项；勾选"标题在所有图片下面"复选框。

（4）在"相册"对话框中，单击"主题"框右侧的"浏览"按钮，在"选择主题"对话框中选中"Integral. thmx"主题，单击"选择"按钮；在"相册"对话框中，单击"创建"按钮。

第11章

演示文稿的交互与输出

在演示文稿中使用超链接、动画控制、幻灯片切换等功能，可以增强演讲者和观众之间的交互性，使演示放映效果更加丰富和生动。

11.1

超链接和动作

在放映幻灯片的过程中，使用超链接和动作设置，可以实现幻灯片之间的跳转，也可以实现打开网页和外部文件、运行指定程序等交互效果。

11.1.1 超链接

对于幻灯片中的文本、形状、图像、艺术字等多种对象，均可以创建超链接。

1. 创建超链接

选中要创建超链接的对象，在"插入"选项卡的"链接"组中，单击"超链接"按钮；或者右击要创建超链接的对象，在快捷菜单中选择"超链接"命令，均可以打开如图11-1所示的"插入超链接"对话框。在该对话框中，单击左侧"链接到"栏中的选项卡，然后在右栏中进行设置，即可将选中对象链接到现有文件或网页、本演示文稿或其他演示文稿中的指定幻灯片、新建文档或电子邮件地址。

图 11-1 "插入超链接"对话框

2. 编辑超链接

对于已经添加超链接的对象，如果要更改其链接内容，可以再次单击"超链接"按钮，或者右击该对象，在快捷菜单中选择"编辑超链接"命令，在"编辑超链接"对话框中进行超链接目标的修改。

3. 删除超链接

右击要删除超链接的对象，在快捷菜单中选择"取消超链接"命令，或者打开"超级链接"对话框，单击其中的"删除链接"按钮，均可删除已创建的超链接。

【案例 11-1】打开"案例 11-1 超链接.pptx"演示文稿，然后按下列要求完成操作。

(1) 在第 1 张幻灯片中，为标题占位符中的"报表"文本添加超链接，单击该文本可以打开地址为"https://www.xinnet.com/xinzhi/63/327354.html"的网页。

(2) 在第 2 张幻灯片中，将"1.报表的基本概念""2.创建报表"和"3.报表排序与分组"这三段文本分别链接到本文档中相关内容的幻灯片。

(3) 在第 2 张幻灯片中，为"4.使用计算控件"文本添加超链接，单击该文本可以跳转到"案例 11-1 使用计算控件.pptx"演示文稿中的第 2 张幻灯片。

(4) 在第 4 张幻灯片中，将 SmartArt 中"报表视图"所在的圆角矩形链接到第 9 张幻灯片。

【操作步骤】操作视频见二维码 11-1。

(1) 为文本对象添加超链接，链接到指定网页。

①在第 1 张幻灯片中，选中并右击文本"报表"，在快捷菜单中选择"超链接"命令。

②在"插入超链接"对话框中，在"地址"框中输入网址 https://www.xinnet.com/xinzhi/63/327354.html，单击"确定"按钮。

二维码 11-1

(2) 为文本对象添加超级链接，在本演示文稿中实现跳转。

①在第 2 张幻灯片中，选中文本"1.报表的基本概念"，单击"插入"选项卡→"链接"组→"超链接"按钮。

②在"插入超链接"对话框中，单击"本文档中的位置"选项卡→"请选择文档中的位置"列表框→"3.1.报表的基本概念"选项，然后单击"确定"按钮；使用类似的方法，为"2.创建报表"和"3.报表排序与分组"文本添加链接。

(3) 为文本对象添加超链接，使其跳转到其他演示文稿中的幻灯片。

①在第 2 张幻灯片中，选中文本"4.使用计算控件"，单击"插入"选项卡→"链接"组→

"超链接"按钮。

②在"插入超链接"对话框中，单击"现有文件或网页"选项卡→"浏览文件"按钮█。

③在"链接到文件"对话框中，定位到"案例11-1 使用计算控件.pptx"文件，单击"确定"按钮。

④在"插入超链接"对话框中，单击窗口右侧的"书签"按钮。

⑤在"文档中选择位置"对话框中，单击"2.使用计算控件"选项，单击"确定"按钮。

⑥在"插入超链接"对话框中，单击"确定"按钮。

（4）为形状对象添加超链接。

①在第4张幻灯片中，选中"报表视图"文本所在的形状，单击"插入"选项卡→"链接"组→"超链接"按钮。

②在"插入超链接"对话框中，单击"文本档中的位置"选项卡→"请选择文档中的位置"列表框→"9.幻灯片9"选项；然后单击"确定"按钮。

11.1.2　动作

可以为幻灯片中的文本、形状、图像、艺术字等对象设置动作，使得鼠标单击该对象或者移过该对象时会触发指定的动作，如跳转到其他幻灯片、运行指定程序、播放声音等。

1. 设置动作

在"动作设置"对话框的"单击鼠标"或"鼠标悬停"选项卡中，可以为幻灯片中的对象设置单击鼠标或鼠标移过时触发的动作效果。以下介绍为"动作按钮"对象和其他对象设置动作的操作步骤。

1）添加"动作按钮"

在"插入"选项卡的"插图"组中单击"形状"下拉按钮，在下拉列表中，选择"动作按钮"分类中任意按钮图标，在幻灯片中拖动鼠标即可生成"动作按钮"形状，同时会自动弹出"操作设置"对话框，在其中已为该"动作按钮"生成默认的动作设置，用户也可以根据实际需求修改该动作设置。

例如，在幻灯片中插入"动作按钮：前进或下一项"形状对象，自动打开如图11-2所示的对话框，在"单击鼠标"选项卡中，该动作按钮已被默认设置超链接到"下一张幻灯片"；此外，还可以追加更多动作设置，如勾选"播放声音"复选框，并在下拉列表中选择任意声音选项，则在放映幻灯片时，单击该动作按钮不仅可以跳转到下一张幻灯片，同时还会播放指定的声音效果。

2）为其他对象设置动作

除了"动作按钮"以外，还可以为其他对象进行动作设置。具体操作方法如下：选中要设置动作的对象，在"插入"选项卡的"链接"组中，单击"动作"按钮，打开"操作设置"对话框，在其中进行动作设置。

图11-2　"操作设置"对话框

2. 删除动作

选中要删除动作的对象，在"插入"选项卡的"链接"组中，选择"动作"按钮，打开"操作设置"对话框，分别在"单击鼠标"和"鼠标悬停"选项卡中，选择"无动作"单选按钮，即可将该对象上设置的所有动作删除。

如果为某个对象设置了"超链接到"的动作，那么右击该对象，在快捷菜单中选择"取消超链接"命令，也可以删除该动作。

【案例 11-2】打开"案例 11-2 动作 .pptx"演示文稿，然后按下列要求完成操作。

（1）在第 9 张幻灯片的右下方插入"动作按钮：后退或前一项"，要求单击该按钮时可返回最近观看的幻灯片。

（2）在第 3、7、11 张幻灯片中插入一个圆角矩形形状，在其中输入文本"返回"，当鼠标指针移过该形状时，可以跳转到第二张幻灯片。

（3）为最后一张幻灯片中的艺术字"数据库程序设计"添加动作设置，使单击该艺术字可跳转到演示文稿的第一张幻灯片，同时播放"鼓掌"声音。要求：即使调整演示文稿中幻灯片的顺序，单击该按钮依旧可以返回演示文稿的首张幻灯片。

【操作步骤】操作视频见二维码 11-2。

（1）在幻灯片中插入动作按钮并修改设置。

①在第 9 张幻灯片中，单击"插入"选项卡→"插图"组→"形状"下拉按钮→"动作按钮"分类→"动作按钮：后退或前一项"形状，在幻灯片的右下角拖动鼠标生成大小合适的动作按钮。

二维码 11-2

②在"操作设置"对话框中，单击"单击鼠标"选项卡→"超链接到"下拉按钮→"最近观看的幻灯片"选项，单击"确定"按钮。

（2）在幻灯片中插入形状并设置动作。

①在第 3 张幻灯片中，单击"插入"选项卡→"插图"组→"形状"下拉按钮→"矩形"分类→"圆角矩形"形状，在任意位置拖动鼠标生成大小合适的形状。

②右击形状，在快捷菜单中单击"编辑文字"命令，在形状中输入文字"返回"。

③选中形状，单击"插入"选项卡→"链接"组→"动作"按钮。

④在"操作设置"对话框中，单击"鼠标悬停"选项卡→"超链接到"单选按钮，再单击"超链接到"下拉按钮→"幻灯片…"选项。

⑤在"超链接到幻灯片"对话框中，选择"2. 幻灯片 2"选项，单击"确定"按钮。

⑥在"操作设置"对话框中，单击"确定"按钮。

⑦选中形状，按下快捷键 Ctrl+C；在第 7 张幻灯片中，按下快捷键 Ctrl+V；在第 11 张幻灯片中，再次按下快捷键 Ctrl+V。

（3）为艺术字添加动作设置，并播放声音。

①在最后一张幻灯片中，选中"数据库程序设计"艺术字，单击"插入"选项卡→"链接"组→"动作"按钮。

②在"操作设置"对话框中，单击"单击鼠标"选项卡→"超链接到"单选按钮，再单击"超链接到"下拉按钮→"第一张幻灯片"选项；勾选"播放声音"复选框，再单击"播放声音"下拉按钮→"鼓掌"选项；最后，单击"确定"按钮。

动画

为幻灯片中的文本、图形、图像等对象设置动画效果，在幻灯片放映时，各个对象可以按照指定的顺序和规则出现、消失，也可以发生属性状态的改变或按指定路线进行移动。通过各种动画效果，吸引观众的注意力、提高幻灯片的表现力和灵活性，有效促进了演讲者、演示文稿和观众三者之间的交互作用。

11.2.1　动画类型

在演示文稿中可设置的动画分为进入、退出、强调和动作路径四种类型，每种动画类型都包括多种不同的动画效果。

1. "进入"动画

在放映幻灯片时，"进入"动画类型表现为动画对象"从无到有"的变化过程。例如，对象以飞入、浮入、弹跳、由远至近翻转等效果逐步出现在屏幕上。该动画类型包括"出现""淡出""飞入""浮入""劈裂"等多种动画效果。

2. "退出"动画

在放映幻灯片时，"退出"动画类型表现为动画对象"从有到无"的变化过程。例如，对象以飞出、浮出、弹跳、旋转且收缩等效果逐步消失于屏幕中。该动画类型包括"消失""淡出""飞出""浮出""劈裂"等多种动画效果。

3. "强调"动画

在放映幻灯片时，"强调"动画表现为改变动画对象本身的属性状态，使其突出显示。例如，改变动画对象的大小、颜色、粗细或者使对象发生闪动和旋转等。该动画类型包括"陀螺旋""放大/缩小""变淡""字体颜色""下划线""加粗闪烁"等动画效果。

4. "动作路径"动画

在放映幻灯片时，"动作路径"动画表现为动画对象按照指定的设计路径实现移动的过程。例如，动画对象从左到右移动、弧形路径移动、绕菱形图案移动、沿着自定义绘制的路线移动等。该动画类型包括"直线""弧形""转弯""形状""自定义路径"等动画效果。

11.2.2　设置动画

为幻灯片中的对象设置动画效果，主要包括添加动画、设置效果选项、复制动画、动画计时和排序等操作。

1. 为对象添加动画

选择要添加动画的对象，在"动画"选项卡的"动画"组中，单击"动画效果"列表框右下方的"其他"按钮，在列表框中可选择合适的动画效果，也可单击"更多进入效果""更多退出效果"等命令，打开相应的对话框选择更多动画效果。

对于已经添加了一个动画效果的对象，若使用以上方法再次添加其他动画效果，则新添加的动画效果将会替换原有的动画效果，两个动画效果不会叠加。

如果需要对一个对象添加两个以上的动画效果，可以在"动画"选项卡的"高级动画"组中，单击"添加动画"下拉按钮，在下拉列表中选择新增的动画效果。重复以上操作即可为该对象添加多个动画效果。如图11-3所示，在"图片2"对象上添加了三个不同的动画效果。

2. 设置动画效果选项

为对象添加动画后，如果需要对动画进行效果选项的设置，可以在"动画"选项卡的"动画"组中，单击"效果选项"下拉按钮，在下拉列表中选择合适的选项。例如，为某个图表对象添加"进入"类型的"擦除"动画后，单击"效果"选项下拉按钮，如图11-4所示，在下拉列表中可以选择自底部、自左侧或自右侧等方向开始播放"擦除"动画；还可以选择按图表中的系列、类别或按系列中的元素等序列，分批次播放"擦除"动画效果。

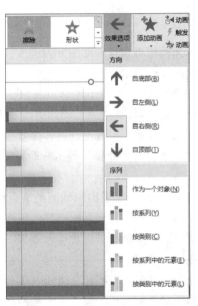

图11-3　为一个对象添加多个动画　　　　图11-4　"效果选项"设置

3. 复制动画

要将一个对象上添加的所有动画效果复制到另一个对象上，先选中要复制动画的源对象，在"动画"选项卡的"高级动画"组中单击"动画刷"按钮，然后再单击目标对象，即可完成动画的复制。以上操作过程中，若双击"动画刷"按钮，可进行多次动画复制操作。

4. 设置动画触发

为幻灯片中的对象添加动画后，默认情况下，放映时单击幻灯片中的任意位置均可触发动画的播放。如果要指定单击幻灯片中的某个对象来触发动画的播放，可以使用以下两种常用方法。

（1）在"动画"选项卡的"高级动画"组中，单击"触发"下拉列表中的选项来选择触发动画的对象，如图11-5所示。

（2）在"动画"选项卡的"动画"组中单击"对话框启动器"按钮 ，打开动画效果选项对话框，在"计时"选项卡中，单击"触发器"按钮，设置触发动画的对象。

5. 设置播放顺序

在"动画"选项卡的"高级动画"组中，单击"动画窗格"按钮，可在窗口右侧打开"动画窗格"任务窗格，如图 11-6 所示。在该任务窗格中，显示出当前幻灯片中设置的所有动画，并按播放的顺序进行排列，在其中选中任意动画，通过以下方法可以调整动画的播放顺序。

图 11-5　触发器设置

图 11-6　"动画窗格"任务窗格

（1）在"动画"选项卡的"计时"组中，或者在"动画窗格"任务窗格中，单击"向前移动"按钮▲或"向后移动"按钮▼。

（2）在"动画窗格"任务窗格中，选中动画，将其向前或向后拖动。

6. 计时设置

在"动画"选项卡的"计时"组中，可以对动画的开始方式、动画持续时间和延迟时间进行设置和修改。

1）"开始"方式的设置

动画"开始"播放的方式分为鼠标单击和自动播放两种，具体操作方法如下：在"动画窗格"任务窗格中选择要设置的动画，在"计时"组中单击"开始"下拉按钮，在下拉列表中选择"单击时""与上一动画同时"或"上一动画之后"。

（1）"单击时"开始播放动画：是动画"开始"方式的默认选项。幻灯片放映后，需要单击鼠标才能播放该动画。

（2）"与上一动画同时"开始播放动画：无须单击鼠标，该动画会自动与上一个动画同时开始播放。

（3）"上一动画之后"开始播放动画：无须单击鼠标，该动画会在上一个动画播放完毕后自动开始播放。

注意：如果为幻灯片中第一个动画设置"与上一动画同时"或"上一动画之后"的开始方式，则该幻灯片一旦放映，第一个动画即自动开始播放。

2）持续时间的设置

持续时间指动画从开始播放到结束所使用的时间。在"计时"组的"持续时间"框中，可以输入持续时间数值，也可以使用微调按钮对数值进行调整。

3）延迟时间的设置

如果对动画设置了"延迟时间"，则该动画开始启动后，需延迟指定的时长才会开始播放。例如，选中某个动画，在"计时"组中，设置"开始"方式为"单击时"，延迟时间为"0.5秒"，那么该动画将在单击鼠标后延迟0.5秒开始播放。

7. 设置其他动画效果

在"动画窗格"任务窗格中，选择任意一个动画对象，在"动画"选项卡的"动画"组的右下方，单击"对话框启动器"按钮，或者右击该动画对象，在快捷菜单中选择"计时"命令，均可以打开该动画效果选项对话框，如图11-7所示。在该对话框中，通过"效果"和"计时"选项卡，还可以对该动画对象进行多项动画效果设置，如播放时伴随的声音、动画文本、动画重复播放次数和触发条件等。

图11-7　动画重复播放次数设置

【案例11-3】打开"案例11-3设置动画效果.pptx"演示文稿，然后按下列要求完成操作。

（1）为第1张幻灯片中的标题文本"物质的状态"添加动画，单击时，使其能按"圆角正方形"的动作路径逐字进行移动并重复两次，待该动画播放完毕2秒后，副标题文本"走进物理"自动以"弹跳"方式出现。

（2）在第2张幻灯片中，为SmartArt图形添加动画，单击一次鼠标后，SmartArt图形中的三个级别分别以"浮入"效果依次出现；然后，将第三级对象的"浮入"动画方向设置为"下浮"。

（3）在第3张幻灯片中，为"液体"和"气体"文本对象添加与"固体"文本对象相同的动画效果，三个文本对象的动画在播放的同时，三个图片对象也同时播放"跷跷板"动画以实现强调效果；以上动画播放完毕，单击鼠标，三个图片对象则同时放大且持续时间为5秒。

（4）在第4张幻灯片中，单击幻灯片中的标题文本对象，则内容占位符中的每行文本依次间隔1秒以"随机线条"的方式消失。注意：若单击幻灯片的其他位置，不会播放动画。

（5）在第10张幻灯片中，为图表添加"自左侧"的"擦除"进入动画，要求图表动画"按系列"出现，且图表背景无动画效果。

【操作步骤】操作视频见二维码11-3。

（1）在第1张幻灯片中，对"标题"和"副标题"文本添加动画效果。

①选中"标题"占位符，单击"动画"选项卡→"动画"组→"动画"列表框→"其他"按钮→"其他动作路径"命令。

②在"更改动作路径"对话框中，单击"特殊"分类中的"圆角正方形"选项，单击"确定"按钮。

二维码11-3

③单击"动画"组右下方的"对话框启动器"按钮。

④在"圆角正方形"对话框中，单击"效果"选项卡→"动画文本"下拉按钮→"按字母"选项；再单击"计时"选项卡→"重复"下拉按钮→"2"选项；单击"确定"按钮。

⑤选中"副标题"占位符，单击"动画"选项卡→"动画"组→"动画"列表框→"进

入"分类→"弹跳"选项。

⑥选中"副标题"占位符，单击"动画"选项卡→"计时"组→"开始"下拉按钮→"上一动画之后"选项；然后在"延迟"框中输入数值"2"，按下 Enter 键。

（2）在第二张幻灯片中，对 SmartArt 对象添加动画效果。

①选中 SmartArt 对象，单击"动画"选项卡→"动画"组→"动画"列表框→"进入"分类→"浮入"选项。

②单击"动画"选项卡→"动画"组→"效果选项"下拉按钮→"一次级别"选项。

③单击"动画"选项卡→"高级动画"组→"动画窗格"按钮。

④在右侧任务窗格中，单击"图示 2：直接连接符 40"选项，单击"动画"选项卡→"计时"组→"开始"下拉按钮→"上一动画之后"选项；再单击"图示 2：固态是物质…"选项，单击"动画"选项卡→"计时"组→"开始"下拉按钮→"上一动画之后"选项。

⑤在右侧任务窗格中，单击"图示 2：固态是物质…"选项，按住 Shift 键，再单击"图示 2：气体与液体…"选项，然后单击"动画"选项卡→"动画"组→"效果选项"下拉按钮→"下浮"选项。

（3）在第 3 张幻灯片中，为文本和图片添加动画效果。

①选中"固体"文本，在"动画"选项卡的"高级动画"组中，双击"动画刷"按钮，然后分别单击"液体"文本和"气体"文本，再单击"格式刷"按钮。

②同时选中三个图片，单击"动画"选项卡→"动画"组→"动画"列表框→"强调"分类→"跷跷板"选项。

③在右侧任务窗格中，单击"图片 7"选项，单击"动画"选项卡→"计时"组→"开始"下拉按钮→"与上一动画同时"选项。

④同时选中三个图片，单击"动画"选项卡→"高级动画"组→"添加动画"下拉按钮→"强调"分类→"放大/缩小"选项。

⑤单击"动画"选项卡→"计时"组→"持续时间"框，输入数值"5"，按下 Enter 键。

（4）在第 4 张幻灯片中，为文本对象添加动画并设置触发器。

①选中"内容"占位符，单击"动画"选项卡→"动画"组→"动画"列表框→"退出"分类→"随机线条"选项。

②单击"动画"选项卡→"高级动画"组→"触发"下拉按钮→"单击"选项→"标题1"选项。

③在右侧任务窗格中，单击第二个动画选项，按住 Shift 键，再单击最后一个动画选项，单击"动画"选项卡→"计时"组→"开始"下拉按钮→"上一动画之后"选项；然后在"延迟"框中输入数值"1"，按下 Enter 键。

（5）在第 10 张幻灯片中，为图表对象添加动画。

①选中"图表"对象，单击"动画"选项卡→"动画"组→"动画"列表框→"进入"分类→"擦除"选项。

②单击"动画"选项卡→"动画"组→"效果选项"下拉按钮→"自左侧"选项，再单击"按系列"选项。

③在右侧任务窗格中，选中第一个动画选项"内容占位符 12：背景"，按下 Delete 键。

11.3

幻灯片的切换

幻灯片的切换方式是指放映演示文稿时,从前一张幻灯片切换到后一张幻灯片的方式,包括切换时的动态视觉效果、切换的时长以及切换过程播放的声音等。

11.3.1 切换方式的添加

PowerPoint 为幻灯片的切换提供了多种不同类型的预设切换效果,极大地提高了各幻灯片之间过渡衔接时的视觉效果。

1. 应用切换效果

选择一张或多张幻灯片,在"切换"选项卡的"切换到此幻灯片"组中,单击"切换效果"列表框中的任意一种切换效果,即可为所选的幻灯片应用该切换效果,如图 11-8 所示。

图 11-8 幻灯片"切换效果"列表框

2. 选择效果选项

为幻灯片应用一种切换效果后,在"切换"选项卡的"切换到此幻灯片"组中,单击"效果选项"下拉按钮,还可以为幻灯片的切换选择不同的"效果选项"。例如,为幻灯片应用"形状"切换效果后,可以进一步选择圆、菱形、加号等效果选项,如图 11-9 所示。

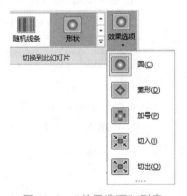

11.3.2 切换属性的设置

对于已添加切换效果的幻灯片,可以在"切换"选项卡的"计时"组中,对换片声音、换片方式、换片持续时间等切换属性进行设置,如图 11-10 所示。

图 11-9 "效果选项"列表

图 11-10 "切换"选项卡的"计时"组

1. 设置换片声音

在"计时"组中单击"声音"下拉按钮，可以在下拉列表中选择合适的声音选项，使幻灯片在切换的同时播放指定的声音。

2. 设置持续时间

在"计时"组的"持续时间"框中，单击微调按钮或者直接输入数值，均可以指定幻灯片切换的持续时长。

3. 设置换片方式

默认情况下，通过单击鼠标可以实现幻灯片的切换。如果在"计时"组中取消"单击鼠标时"复选框的勾选，仅勾选"设置自动换片时间"复选框并设置自动换片的间隔时间，则无须点击鼠标即可实现幻灯片的自动切换；如果同时勾选"单击鼠标时"和"设置自动换片时间"复制框，那么这两种换片方式可以共同生效。

【案例11-4】打开"案例11-4切换属性的设置.pptx"演示文稿，然后按下列要求完成操作。

（1）为演示文稿设置切换方式，要求同一节的幻灯片统一切换方式、不同节的幻灯片切换方式不同。

（2）设置第2个节中每张幻灯片的自动换片时间为3秒钟，同时也可以使用鼠标控制换片。

（3）第3个节中的幻灯片切换时将伴随"风铃"声音的播放。

【操作步骤】操作视频见二维码11-4。

（1）单击"第1节"节名，单击"切换"选项卡→"切换到此幻灯片"组中→"切换效果"列表框→"淡出"选项。使用类似方法，为第2节幻灯片设置"推进"切换方式，为第3节幻灯片设置"分割"切换方式。

（2）单击"第2节"节名，单击"切换"选项卡→"计时"组→"设置自动换片时间"复选框，并在右侧框中输入数值"3"，按下Enter键。

二维码11-4

（3）单击"第3节"节名，单击"切换"选项卡→"计时"组→"声音"下拉按钮→"风铃"选项。

11.4

演示文稿的放映和输出

演示文稿设计和制作完毕后，可以对演示文稿进行放映设置，使其配合演讲者演说、观众浏览和展台播放等现实场景实现合理的放映演示；还可以对演示文稿进行打包、转换文件格式或打印输出，更好地实现信息传播。

11.4.1 演示文稿的放映

将演示文稿的窗口切换到放映视图模式，幻灯片即开始全屏播放。根据演示文稿放映的实际场景情况，可以预先对演示文稿的放映方式、放映范围、放映时长等参数进行设置，并对放映过程进行控制。

1. 幻灯片的放映控制

对幻灯片的放映控制，包括开始放映时对幻灯片的选择控制、放映过程中对幻灯片的切换和跳转控制，以及放映结束时的退出控制等操作。

1）控制开始放映

通过以下操作，可以控制演示文稿从第一张幻灯片开始放映，或者从当前选定的幻灯片开始放映。

（1）从第一张幻灯片开始放映：选中演示文稿中的任意一张幻灯片，在"幻灯片放映"选项卡的"开始放映幻灯片"组中，单击"从头开始"按钮，或者按下 F5 键，可使演示文稿从第一张幻灯片开始放映。

（2）从当前幻灯片开始放映：选中演示文稿中的任意一张幻灯片，然后使用以下三种常用方法，使演示文稿从当前幻灯片开始放映。

①单击演示文稿状态栏中的"幻灯片放映"按钮 ▽。

②在"幻灯片放映"选项卡的"开始放映幻灯片"组中，单击"从当前幻灯片开始"按钮。

③按下快捷键 Shift+F5。

2）控制放映的过程

在幻灯片放映的过程中，通过鼠标或键盘操作可以对幻灯片进行选择和控制，实现上一张、下一张、第一张、最后一张等幻灯片的切换。

（1）切换到上一张幻灯片：在屏幕上右击并在快捷菜单中选择"上一张"命令，或将鼠标滚轮向前滚动，均可返回上一张幻灯片的放映；也可以通过键盘按下 Backspace 键、PageUp 键、"↑"或"←"方向键，切换到上一张幻灯片。

（2）切换到下一张幻灯片：在屏幕上单击、在屏幕上右击并在快捷菜单中选择"下一张"命令，或将鼠标滚轮向后滚动，均可切换到下一张幻灯片；也可以通过键盘按下 Enter 键、Space 键、PageDown 键、"↓"或"→"方向键，切换到下一张幻灯片。

注意：若在幻灯片中添加了动画效果，使用以上操作方法，可实现上一个动画与下一个动画的切换。

（3）切换到第一张/最后一张幻灯片：按下 Home/End 键，可以快速切换到演示文稿的第一张/最后一张幻灯片。

（4）切换到任意一张幻灯片：在屏幕上右击并在快捷菜单中选择"查看所有幻灯片"命令，屏幕中将显示所有幻灯片的缩略图，单击任意一张幻灯片，可快速切换到该幻灯片。

3）退出放映模式

演示文稿播放完毕会自动退出放映模式，若想自行控制退出放映，可以右击放映的任意幻灯片，在快捷菜单中选择"结束放映"命令，或者按下 Esc 键，立即结束当前演示文稿的放映，并从放映视图模式返回放映前的视图模式。

2. 设置放映方式

在"幻灯片放映"选项卡的"设置"组中，单击"设置幻灯片放映"按钮，打开"设置放映方式"对话框，在其中可进行放映类型、放映选项、放映范围和换片方式等设置，如图 11-11 所示。

1）选择"放映类型"

幻灯片放映包括演讲者放映（全屏幕）、观众自行浏览（窗口）、在展台浏览（全屏幕）三种不同类型。在"设置放映方式"对话框的"放映类型"组中，可以根据实际情况选择一种合适的放映类型。

图 11-11　"设置放映方式"对话框

（1）演讲者放映（全屏幕）：该放映方式是演示文稿默认设置的放映方式，幻灯片的放映进度通常由演讲者控制。该放映类型主要适用于演讲者根据幻灯片内容进行演讲和解说的场景，如课堂教学、公司会议、项目介绍和产品推介等。

（2）观众自行浏览（窗口）：幻灯片以窗口的形式展示，观众可以使用窗口下方的"上一张""菜单""下一张"等按钮，根据浏览速度自由控制幻灯片的播放进度。该放映类型主要适用于由观众自行浏览幻灯片的场景，如展览会上的产品介绍、广告宣传等。

（3）在展台浏览（全屏幕）：演示文稿中的幻灯片根据事先设置好的切换时间自动循环放映，观众无法控制幻灯片放映的进度。该放映类型主要适用于在展厅或橱窗上全屏幕循环播放幻灯片内容的场景，如画册作品展出、广告宣传图片滚动播放等。

2）设置"放映选项"

在"设置放映方式"对话框的"放映选项"组中，可以选择是否循环放映幻灯片、放映时是否添加旁白和动画等选项，也可以设置放映时绘图笔和激光笔的默认颜色。

3）设置放映幻灯片的范围

在"设置放映方式"对话框的"放映幻灯片"组中，可以选择放映演示文稿中的所有幻灯片，或设置幻灯片放映的起始页和终止页，也可以根据事先设定好的"自定义放映"的方案（可参见本节第5点中关于自定义幻灯片放映的介绍）播放演示文稿中指定的若干幻灯片。

4）选择"换片方式"

在"设置放映方式"对话框的"换片方式"组中，可以选择使用鼠标"手动"控制幻灯片的切换，也可以选择使用事先设定好的排练计时时间（参见本节第4点中关于设置排练计时方法的介绍），实现幻灯片的自动切换。

注意：如果在"设置放映方式"对话框中选择了"在展台浏览（全屏幕）"放映类型，则换片方式将默认选择"如果存在排练时间，则使用它"选项，即幻灯片默认按照排练时间自动播放。

3. 隐藏幻灯片

如果希望演示文稿中的部分幻灯片在放映过程中被隐藏，可以选中幻灯片，在"幻灯片放映"选项卡的"设置"组中，单击"隐藏幻灯片"按钮；也可以右击幻灯片的缩略图，在快捷菜单中单击"隐藏幻灯片"命令。幻灯片被设置隐藏后，其缩略图效果如图 11-12 所示。

如果要取消幻灯片的隐藏状态，可以选中幻灯片后，再次单击"隐藏幻灯片"按钮，或者右击幻灯片的缩略图，在快捷菜单中再次单击"隐藏幻灯片"命令。

4. 使用排练计时

使用排练计时功能，可以对演示文稿的自动播放过程进行放映预演排练，并精确记录每张幻灯片的播放时长及整个演示文稿的播放总时长。以下介绍对演示文稿使用排列计时的操作方法。

（1）在"幻灯片放映"选项卡的"设置"组中，单击"排练计时"按钮，当前演示文稿将进入放映录制状态，同时在屏幕左上角出现如图 11-13（a）所示的"录制"工具栏。

（2）通过单击工具栏中的"下一项"按钮，或者直接单击幻灯片，可以继续播放下一个动画或切换到下一张幻灯片，同时对动画或幻灯片的放映时长进行计时。

（3）单击工具栏中的"暂停录制"按钮，可以对录制过程实施暂停。

（4）单击工具栏中的"重复"按钮，可以对当前幻灯片进行重新放映和计时。

图 11-12 幻灯片的隐藏

（5）演示文稿排练播放完毕，将自动弹出如图 11-13（b）所示的对话框，单击"是"按钮，则保留本次排练计时的结果；单击"否"按钮，则取消此次排练计时的结果。

注意：如果对演示文稿多次进行排练计时，则新的排练计时记录将自动覆盖旧记录。

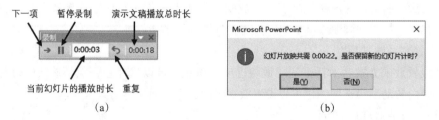

图 11-13 排练计时的"录制"

（a）"录制"工具栏；（b）结束排练计时

（6）排练计时完成后，通过窗口状态栏右侧的"幻灯片浏览"视图按钮，可以查看每张幻灯片的排练计时播放时长，如图 11-14 所示。如果需要修改部分幻灯片的播放时长，可以选中幻灯片，然后单击"切换"选项卡，在"计时"组的"设置自动换片时间"框中进行时长修改。

5. 自定义幻灯片放映

由于演示场景和观众群体的差异，需要为不同的演示需求定义不同的放映方案，使同一个演示文稿的放映可以展示出不同的幻灯片组合。自定义放映方案的具体操作步骤如下：

（1）在"幻灯片放映"选项卡的"开始放映幻灯片"组中，单击"自定义幻灯片放映"下拉按钮，在下拉列表中选择"自定义放映"命令。

（2）在"自定义放映"对话框中，单击"新建"按钮。

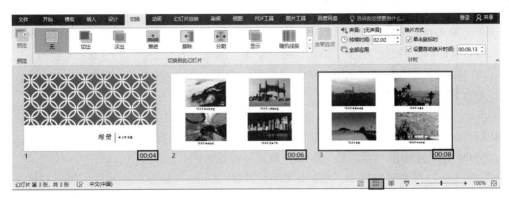

图 11-14　幻灯片的排练时长

（3）在"定义自定义放映"对话框中，在"幻灯片放映名称"框中为该方案定义一个合适的名称。

（4）在对话框的左侧列表框中勾选该方案需要放映的若干幻灯片，然后单击"添加"按钮，将选中的幻灯片添加到右侧自定义放映列表框中，如图 11-15（a）所示。

（5）使用对话框最右侧的"向上""删除"和"向下"按钮，可以对该方案中的幻灯片实现播放顺序的调整和删减。

自定义方案设置完毕，可单击"自定义幻灯片放映"下拉按钮进行查看，如图 11-15（b）所示。单击所需的方案选项，如"方案 A"，则该方案中的幻灯片组合立即进行放映演示。

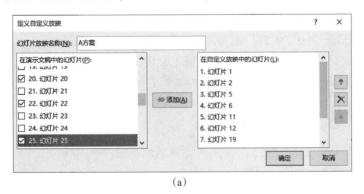

（a）　　　　　　　　　　　　　　　　（b）

图 11-15　自定义幻灯片放映

（a）"定义自定义放映"对话框；（b）查看自定义方案

【案例 11-5】 打开"案例 11-5 演示文稿的放映-1.pptx"演示文稿，按下列要求完成操作。

（1）在演示文稿中创建一个放映方案，该放映方案包含第 1、3、5、6、7、11 页幻灯片，将该方案命名为"放映方案 A"。

（2）设置演示文稿由观众自行浏览且自动循环播放。

【操作步骤】 操作视频二维码 11-5。

（1）创建和命名自定义放映方案。

①单击"幻灯片放映"选项卡→"开始放映幻灯片"组→"自定义幻灯片放映"下拉按钮→"自定义放映"选项。

②在"自定义放映"对话框中，单击"新建"按钮。

③在"定义自定义放映"对话框中，在"幻灯片放映名称"框中输入文

二维码 11-5

本"放映方案 A"。

④在"定义自定义放映"对话框中，在左侧列表框中单击勾选第 1、3、5、6、7、11 张页幻灯片前面的复选框，单击"添加"按钮；然后单击"确定"按钮。

⑤在"自定义方案"对话框中，单击"关闭"按钮。

（2）设置演示文稿的放映方式。

①单击"幻灯片放映"选项卡→"设置"组→"设置幻灯片放映"按钮。

②在"设置放映方式"对话框中，单击"观众自行浏览（窗口）"单选按钮，勾选"循环放映，按 Esc 键终止"复选框；然后单击"确定"按钮。

【案例 11-6】打开"案例 11-6 演示文稿的放映-2.pptx"演示文稿，然后按下列要求完成操作。

（1）为演示文稿应用排练计时，然后将第 3 张幻灯片的切换时间修改为 3 秒。

（2）将演示文稿设置为展台自动循环放映方式，且循环放映时不播放第 1 张幻灯片。

【操作步骤】操作视频二维码 11-6。

（1）应用排练计时并修改第 3 张幻灯片的切换时间。

①单击"幻灯片放映"选项卡→"设置"组→"排练计时"按钮。

②在排练计时放映视图中，单击鼠标控制每张幻灯片的播放时长；播放完毕，在"Microsoft PowerPoint"对话框中单击"是"按钮。

二维码 11-6

③在第 3 张幻灯片中，单击"切换"选项卡→"计时"组→"自动设置换片时间："框，输入数值"3"，按下 Enter 键。

（2）设置演示文稿的放映方式。

①单击"幻灯片放映"选项卡→"设置"组→"设置幻灯片放映"按钮。

②在"设置放映方式"对话框中，单击"在展台浏览（全屏幕）"单选按钮；再单击"从…到…"单选按钮，在起始放映编号框中将数值"1"改为"2"；最后，单击"确定"按钮。

11.4.2 演示文稿的导出

制作完成的演示文稿可以被导出，从而转换为其他格式的文件，例如 PDF、视频或基于 Word 文档的讲义等，也可以将演示文稿打包成 CD 文件夹。导出后的文件可以使用其他相应软件打开和浏览。

1. 创建 PDF/XPS 文档

将演示文稿转换为 PDF 或 XPS 文档，可以固化演示文稿中的数据和格式，使幻灯片的布局和内容不被他人轻易更改。转换成功后，使用 PDF 或 XPS 阅读器可方便地浏览文档中的内容。创建 PDF/XPS 文档的具体操作步骤如下：

（1）在"文件"选项卡中选择"导出"命令。

（2）在"导出"窗格中，单击"创建 PDF/XPS 文档"选项，在右侧"创建 PDF/XPS 文档"面板中，单击"创建 PDF/XPS"按钮。

（3）在"发布为 PDF 或 XPS"对话框中，设置转换文件的"文件名"并定位文件的保存路径，即可完成 PDF/XPS 文件的创建。

2. 创建视频文件

演示文稿可以被转换为 MPEG-4（.mp4）和 Windows Media（.wmv）这两种格式的视频文件，转换后即可通过视频播放器观看演示文稿的内容，包括幻灯片自动切换、动画、旁白和其他多媒体对象的播放。创建视频文件的具体操作步骤如下：

（1）在"文件"选项卡中选择"导出"命令。

（2）在"导出"窗格中，单击"创建视频"选项，在右侧"创建视频"面板中，可以设置演示文稿的转换质量，包括文件大小和分辨率，还可以选择使用放映计时和录制旁白，并设置每张幻灯片自动播放的秒数，如图11-16所示。

（3）单击"创建视频"按钮，打开"另存为"对话框，在其中输入生成视频的"文件名"并保存，即可完成视频文件的创建。

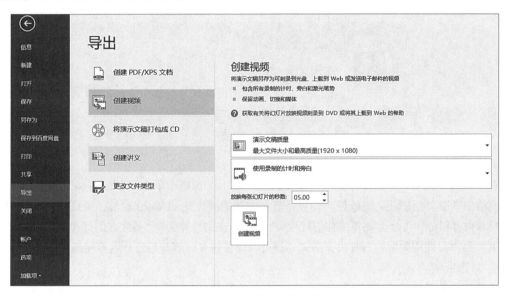

图11-16 导出为视频文件

3. 打包成 CD

使用"将演示文稿打包成 CD"功能，可以将演示文稿与嵌入的对象、链接的文件以及其他相关文件和程序，全部复制和封装在一个文件夹中，或者复制并刻录到 CD 光盘上。打包后的演示文稿可以在没有安装 PowerPoint 软件的计算机上进行放映。

1）将演示文稿打包成 CD

在"文件"选项卡中选择"导出"命令，在"导出"窗格中，单击"将演示文稿打包成 CD"选项，在右侧窗格中单击"打包成 CD"按钮，打开"打包成 CD"对话框，如图11-17所示。如果要将演示文稿打包到指定的文件夹中，可以单击"复制到文件夹"按钮；如果事先已经配备刻录机和可写入 CD 光盘，还可以单击"复制到 CD"按钮，将演示文稿打包刻录到 CD 光盘中。

在打包的过程中，可以通过"打包成 CD"对话框中的"添加"和"删除"按钮，增删

图11-17 打包成 CD

要打包的文件，默认情况下，演示文档中链接的文件和嵌入的 TrueType 字体会被设置与演示文稿一起打包。通过"打包成 CD"对话框中的"选项"按钮，可以修改以上默认设置。

2）放映打包的演示文稿

对于打包后刻录到CD光盘中的演示文稿，可在光盘运行后实现自动放映；对于打包到指定文件夹的演示文稿，如果需要在没有安装PowerPoint软件的情况下进行放映，可以通过双击打开PresentationPackage文件夹中的PresentationPackage. html文件，单击"下载查看器"按钮，下载和安装PowerPoint播放器，如图11-18所示。启动PowerPoint播放器后，即可播放打包的演示文稿文件。

图11-18　下载PowerPoint播放器

4. 创建讲义文件

在"文件"选项卡中选择"导出"命令，在"导出"窗格中单击"创建讲义"选项，然后在右侧窗格中单击"创建讲义"按钮，即可将演示文稿内容发送到Word软件，生成的Word文档根据布局和内容划分，可分为"备注在幻灯片旁""空行在幻灯片旁""备注在幻灯片下""空行在幻灯片下"和"只使用大纲"五种讲义版式，还可以设置讲义内容与幻灯片内容相链接。

5. 创建放映格式文件

将演示文稿转换为放映格式的文件后，双击放映格式文件即可立即开始演示文稿的放映。但是，这种格式的文件仅支持放映浏览，其中的幻灯片内容不能被编辑和修改。创建放映格式文件的操作步骤如下：

（1）在"文件"选项卡中选择"导出"命令。

（2）在"导出"窗格中，单击"更改文件类型"选项，在右侧"更改文件类型"面板中，单击"PowerPoint放映（∗.ppsx）"选项。

（3）在"另存为"对话框中，设置生成文件的"文件名"并定位保存路径，即可完成放映格式文件的创建。

【案例11-7】打开"案例11-7演示文稿的导出.pptx"演示文稿，然后按下列要求完成操作。

（1）将演示文稿打包到名为"案例11-7 PPT打包"的文件夹中；当运行"案例11-7 PPT打包"文件夹中的"案例11-7演示文稿的导出.pptx"演示文稿时，需要输入密码"11.4.2"。

（2）将第4张幻灯片中的视频设置为自动播放；然后将演示文稿转换成"互联网质量"的视频文件，视频文件名为"案例11-7演示文稿的导出.mp4"，视频中每张幻灯片放映时间至少为3 s。

【操作步骤】操作视频二维码11-7。

（1）对演示文稿进行打包操作。

①单击"文件"选项卡→"导出"命令→"导出"窗格→"将演示文稿打包成CD"选项→"打包成CD"按钮。

②在"打包成CD"对话框中，单击"选项"按钮。

二维码11-7

③在"选项"对话框中，单击"打开每个演示文稿时所用密码"框，输入文本"11.4.2"，单击"确定"按钮；在"确认密码"对话框中，再次输入文本"11.4.2"，单击"确定"按钮。

④在"打包成 CD"对话框中，单击"复制到文件夹"按钮。

⑤在"复制到文件夹"对话框中，将"文件夹名称"框中的文本修改为"案例 11-7 PPT 打包"；单击"浏览"按钮。

⑥在"选择位置"对话框中，定位到"第 11 章 演示文稿的交互和输出"文件夹，单击"选择"按钮。

⑦在"复制到文件夹"对话框中，单击"确定"按钮。

⑧在"Microsoft PowerPoint"对话框中，单击"是"按钮。

⑨在"打包成 CD"对话框中，单击"关闭"按钮。

（2）将演示文稿转换成视频文件。

①在第 4 张幻灯片中，单击视频对象，单击"视频工具|播放"选项卡→"视频选项"组→"开始"下拉按钮→"自动"选项。

②单击"文件"选项卡→"导出"命令→"导出"窗格→"创建视频"选项。

③在"创建视频"面板中，单击第一个下拉按钮→"互联网质量"选项；单击"放映每张幻灯片的秒数"框，输入数值"3"；单击"创建视频"按钮。

④在"另存为"对话框中，定位到"第 11 章 演示文稿的交互和输出"文件夹，"文件名"默认为"案例 11-7 演示文稿的导出 . mp4"；单击"保存"按钮。

11.4.3　演示文稿的打印

在"文件"选项卡中选择"打印"命令，在"打印"窗格中可以对演示文稿进行多项打印设置，包括设置打印幻灯片的范围和选择打印版式等。

1）设置打印范围

在"打印"窗格中，单击"打印范围"下拉按钮，在下拉列表中选择合适的选项，可以打印演示文稿中的所有幻灯片、仅打印选中的若干幻灯片、仅打印当前幻灯片，或者打印指定范围的幻灯片，如图 11-19 所示。例如，选择"自定义范围"选项，设置幻灯片范围为"1-3,8"，则仅打印演示文稿中的第 1、2、3、8 这 4 张幻灯片。

2）设置幻灯片的打印版式

可以根据每页纸张的打印内容和布局，选择合适的打印版式。在"打印"窗格中，单击"打印版式"下拉按钮，在下拉列表中可以选择整页幻灯片、备注页、大纲和讲义四种打印版式，如图 11-20 所示。

图 11-19　"打印范围"下拉列表

（1）整页幻灯片：每页纸张仅打印一张幻灯片，打印纸质纸张的数量与打印幻灯片的张数相同。

（2）备注页：每页纸张打印一张幻灯片及其备注内容，幻灯片显示在打印纸张上方，备注内容显示在幻灯片的下方。

（3）大纲：打印大纲视图模式下大纲窗格中的内容，不打印幻灯片和备注。

（4）讲义：可以选择每页纸张打印的幻灯片数量以及幻灯片排列的方式。例如，选择"6 张垂直放置的幻灯片"讲义版式，则每页纸张打印 6 张幻灯片，幻灯片以缩略图的方式按指定的顺序排列在打印纸张上，如图 11-21 所示。

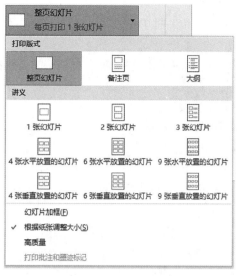

图 11-20 "打印版式"下拉列表

图 11-21 6 张垂直放置的幻灯片

如果需要在"讲义"打印纸张中添加页眉和页脚，可以单击"打印面板"最下方的"编辑页眉和页脚"按钮，在"页眉和页脚"对话框的"备注和讲义"选项卡中，勾选并设置页眉、页脚、日期和编码等对象，即可在每页纸张的指定位置显示相应的内容，如图 11-22 所示。

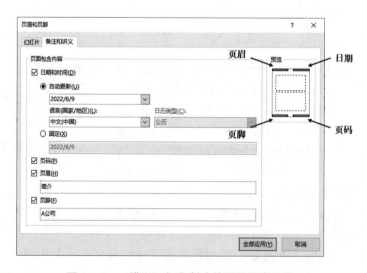

图 11-22 "讲义"打印版式的页眉页脚设置

本篇习题

某高校张老师正在准备有关数据挖掘技术介绍的培训课件，打开"ppt素材.pptx"演示文稿，按照下列要求帮助张老师组织资料、完成该课件的制作：

（1）将第1张幻灯片中的标题文字"聚类算法研究"设置任意"艺术字"样式，并将文字轮廓设置为标准蓝色，再将该艺术字转换为"朝鲜鼓"形状。

（2）按下列要求将演示文稿分为三节，为第1节（"概论"节）应用一种设计主题，为第2、3节应用另一种设计主题。

节名	包含的幻灯片
概论	1~4
聚类的方法	5~10
聚类举例	11~12

（3）在第2张幻灯片中，插入"BackMusic.mp3"文件作为第2~4张幻灯片的背景音乐，隐藏音频图标，要求放映第2张幻灯片时自动开始播放音乐，第4张幻灯片放映结束后背景音乐停止。

（4）通过"幻灯片母版"视图，对幻灯片母版完成以下设计：

①仅保留"标题幻灯片""标题和内容""空白""两栏内容""标题和竖排文字"这5种默认版式，删除其他多余版式。

②在最下方添加一个新版式，命名为"标题和Smart"，要求在该版式的"标题"占位符的下方插入"SmartArt"和"文字（竖排）"这两个占位符，要求：两个占位符等宽，且"SmartArt"占位符置于"文字（竖排）"占位符的左侧。

③将演示文稿所有幻灯片中的一级文本设置为深蓝色字体、字号26，并将项目符号更换为图片"pic.jpg"。

④为"标题幻灯片"版式设置任意的预设渐变填充背景，透明度为70%。

⑤在所有幻灯片的下方插入艺术字"DM"，单击该艺术字将跳转到演示文稿的第一张幻灯片。

（5）将第4张幻灯片内容占位符中的文字转换为合适的SmartArt对象，要求转换后SmartArt图形中的文字字号不小于18号字。

（6）为第5张幻灯片中的各列表文字分别设置链接，单击各行文字可以分别跳转到第6~10这五张幻灯片；然后，分别在这五张幻灯片中添加一个动作按钮，单击按钮可以跳转到最近观看的幻灯片。

（7）利用相册功能，新建一个名为"相册"的演示文稿，按以下要求完成操作并保存文件。

①相册中包含"原始数据.jpg""初始划分.jpg""迭代划分..jpg"和"划分完成.jpg"四张图片，且图片按以上顺序排列显示。

②四张图片显示在同一张幻灯片中，该幻灯片中还显示标题占位符，标题文字为"基于K-means算法的数据点聚类过程"。

③图片相框的形状为"简单框架，黑色"，每张图片的下方显示该图片的文件名。

（8）将"相册.pptx"演示文稿中的第2张幻灯片重用到"ppt素材.pptx"演示文稿中，替换原有的第11张幻灯片，且应用"ppt素材.pptx"演示文稿的版式及主题。

（9）按照以下要求，完成动画设置效果：

①在第4张幻灯片中，为SmartArt图形添加动画，使SmartArt图形伴随着"硬币"声音逐个按分支顺序"弹跳"进入。

②在第7张幻灯片中，单击鼠标，自右上角飞入第一个椭圆形标注形状（形状文字为"'自底向上'的方法"），5秒后自右下角自动飞入第二个椭圆形标注形状（形状文字为"'自顶向下'的方法"），再次单击鼠标，两个形状同时在3秒内按照原路径飞出。

③放映第11张幻灯片时，标题自动以任意动画方式进入幻灯片；单击鼠标后，第1个图片和第4个图片自动互换位置，动画持续时长为3秒。

（10）为演示文稿插入幻灯片编号，编号从"1"开始，标题幻灯片中不显示编号。

（11）将第9张幻灯片中的文本自动拆分为两张幻灯片显示；然后，分别为这两张幻灯片内容占位符中的文字设置合适的行距。

（12）设置演示文稿为循环放映方式，若不单击鼠标，幻灯片10秒钟后会自动切换至下一张。

参 考 文 献

[1] 吉燕. 全国计算机等级考试二级教程——MS Office 高级应用与设计 [M]. 北京：高等教育出版社，2022.

[2] 教育部考试中心. 全国计算机等级考试二级教程——MS Office 高级应用与设计上机指导 [M]. 北京：高等教育出版社，2022.

[3] 苏红旗. 全国计算机等级考试一级教程——计算机基础及 MS Office 应用 [M]. 北京：高等教育出版社，2022.

[4] 杨华，卓琳，张洁玲，等. Office 高级应用案例教程 [M]. 北京：高等教育出版社，2020.